U0353498

土壤环境监测技术要点分析

（第二辑）

TURANG HUANJING JIANCE
JISHU YAODIAN FENXI (DIERJI)

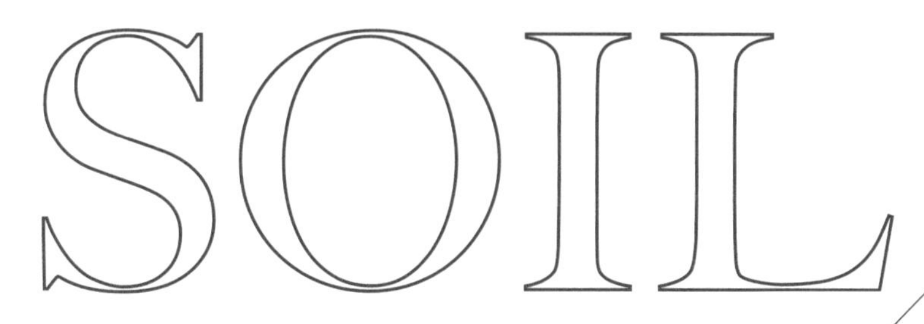

中国环境监测总站 编

中国环境出版集团·北京

图书在版编目（CIP）数据

土壤环境监测技术要点分析．第二辑 / 中国环境监测总站编．
—北京：中国环境出版集团，2018. 12
ISBN 978-7-5111-3885-9

Ⅰ.①土…　Ⅱ.①中…　Ⅲ.①土壤环境—土壤监测—研究
Ⅳ.① X833

中国版本图书馆 CIP 数据核字（2018）第 300009 号

出 版 人　武德凯
责任编辑　赵惠芬
责任校对　任　丽
封面设计　彭　杉

出版发行　中国环境出版集团
（100062　北京市东城区广渠门内大街 16 号）
网　　址：http：//www.cesp.com.cn.
电子邮箱：bjgl@cesp.com.cn.
联系电话：010-67112765（编辑管理部）
010-67112736（环境技术图书出版中心）
发行热线：010-67125803，010-67113405（传真）

印　　刷　北京中科印刷有限公司
经　　销　各地新华书店
版　　次　2018 年 12 月第 1 版
印　　次　2018 年 12 月第 1 次印刷
开　　本　787×960　1/16
印　　张　30.75
字　　数　430 千字
定　　价　128.00 元

【版权所有。未经许可，请勿翻印、转载，侵权必究】
如有缺页、破损、倒装等印装质量问题，请寄回本集团更换。

中国环境出版集团郑重承诺：

中国环境出版集团合作的印刷单位、材料单位均具有中国环境标志产品认证；
中国环境出版集团所有图书“禁塑”。

编委会成员

主　编　王业耀

副主编　夏　新　田志仁　姜晓旭

编　委　封　雪　杨　楠　于　勇　李宗超

陆泗进　赵晓军

参加编写人员

第一篇　前处理

负 责 人　姜晓旭　陆泗进

主要编写　姜晓旭　于　勇　于　雯　吴　昊

编　　写　（以姓氏笔画为序）

马可婧　李宗超　赵晓军　姚常浩　倪晓坤　黎玉清

审　　核　于　勇　姜晓旭

汇　　稿　李宗超　李　妤

审　　定　杨　楠　姜晓旭

第二篇　理化性质测定

负 责 人　田志仁　封　雪

主要编写　田志仁　于晓晴　夏　新　封　雪　张　艳

编　　写　（以姓氏笔画为序）

于　勇　王俊伟　东　明　刘　蓉　孙文静　吴庆梅

金　辉　姜晓旭　洪　欣　倪晓坤　蒋　月　谢振伟

审　　核　谢振伟　田志仁　洪　欣　吴庆梅

汇　　稿　蒋　月　倪晓坤

审　　定　夏　新　田志仁

第三篇　无机元素和化合物测定

负 责 人　田志仁　刘　蓉

主要编写　刘　蓉　田志仁　吴庆梅　张　艳　杜治舜

编　　写　（以姓氏笔画为序）

王俊伟　乌云图雅　东　明　孙文静　李　妤　李宗超

杨　楠　封　雪　姜晓旭　洪　欣　谢振伟

审　　核　洪　欣　田志仁　杜治舜　吴庆梅　王俊伟

汇　　稿　封　雪　徐伊莎

审　　定　夏　新　田志仁

第四篇　有机项目测定

负 责 人　姜晓旭　吴　昊

主要编写　贺小敏　吴　昊　田志仁　邹家素　谢振伟

于　雯　姜晓旭

编　　写　（以姓氏笔画为序）

马可婧　王　婷　王英英　李元宜　杨丽莉　何书海

张　渝　张晓龄　封　雪　赵　峥　姚常浩　倪晓坤

郭　丽　黎玉清

审　　核　田志仁　吴　昊　于　雯　施敏芳　黎玉清

汇　　稿　杨　楠　李元宜

审　　定　田志仁　夏　新

前　言

2016年国务院公布了《土壤污染防治行动计划》，明确要求建设国家土壤环境质量监测网络，形成土壤环境监测能力，并定期开展土壤环境质量监测。

为规范土壤环境监测技术，保证数据质量和可比性，根据《土壤环境质量标准》（GB 15618—1995）监测项目及相关要求，中国环境监测总站组织全国15个省级和2个地市级环境监测机构等单位，在总结多年土壤环境监测工作经验和网络建设实践的基础上，梳理和总结了点位布设、样品采集和制备的技术要点，并就4个理化指标、8个重金属元素和两类有机物测试项目的14个标准方法文本进行技术分析，在不改变标准方法原文的条件下，以标注的方式对监测过程中的关键性内容进行了全面解读。

本书可供土壤环境监测人员和质量管理人员在监测工作中参照使用，也可供其他土壤环境监测技术人员阅读参考。

由于时间匆忙和水平有限，书中有疏漏和不当之处在所难免，恳请读者批评指正。

第二辑说明

《土壤环境监测技术要点分析》由中国环境出版集团于2017年出版，在国家土壤环境监测工作中起到了有力的技术指导作用，在土壤环境监测界获得了良好的反响。

结合近两年的实际监测工作经验和土壤环境监测业务发展需要，中国环境监测总站组织全国18个省级和4个地市级环境监测机构的技术人员编写了《土壤环境监测技术要点分析（第二辑）》。本书主要内容包括5个理化指标、7个无机物和13个（类）有机物共25个标准方法的技术和质量控制要点分析，涉及的测试项目包括pH、阳离子交换量、铍元素、氟化物、氰化物、挥发性有机物、酚类、多氯联苯和二噁英等。全书共四篇十一章，在不改变标准方法原文的条件下，以标注的方式对监测过程中的关键性内容进行了全面解读。

本书可供土壤环境监测技术和质量管理人员在监测工作中参照使用，也可供其他土壤环境监测人员阅读参考。

由于编者的水平和经验有限，书中有疏漏和不当之处在所难免，敬请同行专家和广大读者批评指正。

编　者

2018 年 11 月于北京

目 录

第一篇

前处理

《土壤和沉积物 有机物的提取 加压流体萃取法》（HJ 783—2016）技术和质量控制要点

（一）概述

加压流体萃取，又称快速溶剂萃取（ASE）或加速溶剂萃取，是一种快速提取土壤、沉积物和固体废物中半挥发性或不挥发性有机污染物的前处理方式。该方法的基本原理是在高温（50~200℃）和高压（1 000~3 000 psi 或 10.3~20.6 MPa）的条件下，用有机溶剂萃取样品中的目标物质。

对于固体样品的预处理，比较常见的方法主要有传统的索氏提取法和超声萃取法，还有后来出现的微波萃取法、超临界流体萃取法和加压流体萃取法。几种萃取方式中，除加压流体萃取法以外的几种萃取方法或多或少地存在萃取时间长、溶剂用量多、操作步骤烦琐以及不易实现自动化等缺点。

加压流体萃取很好地克服了上述诸多缺点，在高温条件下溶剂黏度降低，溶剂进入样品基体的阻力减小，随温度的逐渐升高，溶剂在基体中扩散系数逐渐增大；同时高温条件下，样品基体中的“水封微孔”也能得到更好的释放，有利于溶剂与萃取物更充分地接触。而高压条件下，易挥发的有机溶剂的沸点升高，能在高温条件下保持液体状态，进而大大提高了待测物在溶剂中的溶解度。另外，由于加压流体萃取的萃取效率高，萃取时间短，待测物在高温条件下的热降解率很低，这也保证了该方法的可靠性。

（二）标准方法解读

警告：实验中所使用的有机溶剂及标准物质均含有毒化合物，使用过程应在通风橱中进行，操作时应按规定要求佩戴防护器具，避免接触皮肤和衣物。

1 适用范围

本标准规定了提取土壤和沉积物中有机物的加压流体萃取法。

本标准适用于土壤和沉积物中有机磷农药、有机氯农药、氯代除草剂、多环芳烃、邻苯二甲酸酯、多氯联苯等半挥发性有机物和不挥发性有机物的提取，详见附录 A。若通过验证，本标准也可适用于土壤和沉积物中其他有机物的提取。

2 规范性引用文件

本标准内容引用了下列文件或其中的条款。凡是未注明引用日期的文件，其有效版本适用于本标准。

GB 17378.3　海洋监测规范　第 3 部分：样品采集、贮存与运输

GB 17378.5　海洋监测规范　第 5 部分：沉积物分析

HJ 613　土壤　干物质和水分的测定　重量法

HJ/T 166　土壤环境监测技术规范

3 方法原理

将处理后的土壤或沉积物样品加入密闭容器中，选择合适的有机溶剂，在加压、加热条件下，处于液态的有机溶剂与土壤或沉积物样品充分接触，将土壤或沉积物中的有机物提取到有机溶剂中。

4 试剂和材料

除非另有说明，分析时均使用符合国家标准的优级纯试剂。实验用水为新制备的不含有机物的超纯水或蒸馏水。

4.1 二氯甲烷（CH_2Cl_2）：农残级。

4.2 正己烷（C_6H_{14}）：农残级。

4.3 丙酮（C_3H_6O）：农残级。

4.4 丙酮－二氯甲烷混合溶液：1+1。

用丙酮（4.3）和二氯甲烷（4.1）按 1∶1 的体积比混合。

4.5 丙酮－正己烷混合溶液：1+1。

用丙酮（4.3）和正己烷（4.2）按 1∶1 的体积比混合。

4.6 磷酸：ρ（H_3PO_4）=1.69 g/ml，优级纯。

4.7 磷酸溶液：1+1。

用磷酸（4.6）和实验用水按 1∶1 的体积比混合。

4.8 丙酮－二氯甲烷－磷酸溶液的混合溶液：250+125+15。

用丙酮（4.3）、二氯甲烷（4.1）和磷酸溶液（4.7）按 250∶125∶15 的体积比混合。

4.9 干燥剂：粒状硅藻土[1]或其他等效干燥剂，20~100 目。

使用前应对干燥剂进行净化处理，具体方法：于 400℃烘 4 h，或用有机溶剂（4.1 或 4.2 或 4.3）浸洗[2]，去除干扰物。

要点分析

[1] 商品化的硅藻土一般为桶装或瓶装，务必确保每次取用完后盖紧盖子，避免杂质和水分污染硅藻土，导致空白值偏高。净化处理后的硅藻土应密闭保存，长时间不用须进行再次净化处理。

[2] 用溶剂浸洗可有效除去干燥剂中的杂质等干扰物，但是蒸干有机溶剂的过程会比较烦琐，不易操作。如干燥剂空白值不高，可只选用烘烤的方式同时去除水分和杂质，由于在 400℃时仍有部分杂质无法去除，建议选 450~550℃效果更好。

4.10 石英砂：20~30 目。

使用前须进行净化处理，具体方法同干燥剂的净化处理（4.9）。

4.11 氮气：纯度≥ 99.999 %[3]。

5 仪器和设备

5.1 加压流体萃取装置：加热温度范围为 100~180℃[4]；压力可达 2 000 psi（约合 13.8 MPa）。配备 40 ml、60 ml 或其他规格的玻璃接收瓶[5]（螺纹瓶盖，涂有硅树脂的 PTFE 密封垫）；金属材质专用漏斗；专用的玻璃纤维滤膜[6]等。

5.2 萃取池：11 ml、22 ml、34 ml、66 ml 或其他规格。不锈钢材质，或可耐 2 000 psi（约合 13.8 MPa）压力的其他材料，萃取池内部经过特殊抛光处理；上、下两端分别配有螺旋纹密封盖和不锈钢砂芯。

要点分析

[3] 加压流体萃取设备所需压力较高，气瓶减压阀分压一般设置在 1.2 MPa，而一般的仪器设备设置在 0.4~0.6 MPa。在集中供气的实验室放置加压流体萃取设备，房间要进行特殊设置。

[4] 通常萃取温度会设置在 100℃或更高，但萃取个别易分解的样品时，可将温度设置在 60℃或 80℃。

[5] 玻璃接收瓶应为无色透明，不建议使用棕色玻璃瓶。加压流体萃取装置在收集萃取液时，其有一种光线感应装置，会测试接收瓶是否就位和感应接收瓶中的液面高度，防止萃取液过多而溢出接收瓶。若接收瓶为棕色瓶，则会干扰感应装置的工作，使仪器频繁报错。接收瓶上编号的位置应低于样品盘的高度或萃取完成后再进行编号。

[6] 在萃取目数较大、粒径较小的样品时，为防止样品穿透玻璃纤维滤膜，可以放置两层滤膜。放置滤膜时注意，滤膜与萃取池内壁接触紧密，滤膜边缘不能有较大褶皱。

5.3 土壤筛：孔径 1 mm，金属网。

5.4 研钵：玛瑙、玻璃或陶瓷等材质制成。

5.5 一般实验室常用仪器和设备。

6 样品

6.1 采集与保存

按照 HJ/T 166 的相关规定进行土壤样品的采集和保存。按照 GB 17378.3 的相关规定进行沉积物样品的采集和保存。

将土壤和沉积物样品分装于清洁、无干扰的具塞棕色玻璃瓶中[7]，加盖，密封。运输过程中应避光、冷藏保存，尽快运回实验室进行分析，途中避免干扰引入或样品被破坏。如不能及时分析，应于 4℃以下冷藏、避光和密封保存，测定半挥发性有机物的样品保存时间为 10 天，不挥发性有机物为 14 天。

6.2 试样的制备

6.2.1 干燥脱水

将样品放在搪瓷盘或不锈钢盘上，混匀，除去枝棒、叶片、石子、玻璃、废金属等异物，按照 HJ/T 166 进行四分法粗分。样品的干燥[8]可依据目标物的性质选择以下不同的方式。

要点分析

[7] 可选择使用带聚四氟乙烯衬垫的棕色螺口玻璃瓶，将样品装满，不留空隙。

[8] 具体的干燥方法按照不同待测物的分析测试标准方法或技术规范的要求来选择，并保证样品混合均匀。

方法一：测定多氯联苯等不挥发性有机物和非极性有机物的样品，应在室温条件下避光、风干[9]。

方法二：需要测定新鲜样品时，使用冻干法进行干燥脱水[10]。

方法三：需要测定新鲜样品时，也可采用干燥剂脱水方法。称取适量的新鲜样品，加入一定量的硅藻土[11]（4.9）充分混匀、脱水，在研钵（5.4）中反复研磨[12]成细小颗粒（约 1 mm），充分拌匀直至呈散粒状，全部转入萃取池（5.2）中进行萃取。

注 1：所有样品均不能使用烘箱干燥。

注 2：如果土壤或沉积物样品存在明显的水相，应先进行离心分离水相，再选择上述合适的方式进行干燥处理。

6.2.2 均化筛分

将风干（方法一）或冻干脱水后（方法二）的样品进行研磨、过筛（5.3），均化处理成约 1 mm 的细小颗粒。

要点分析

[9] 可在实验室的通风橱中进行避光、风干，也可在专用的土壤干燥箱中进行风干，但需要控制温度，避免待测物的挥发。

[10] 样品进行冷冻干燥时，用平底玻璃培养皿装样，再用锡箔纸覆盖在上面，同时用针头在其上扎若干小孔，既保证水分蒸发，又不至于使土壤样品暴露在外。若样品含水量过高，用玻璃培养皿盛放时，注意预防器皿破裂。

[11] 不能用无水硫酸钠代替，因其易造成加压流体萃取池和管路堵塞。

[12] 研磨过程一定要细致，此步骤中加干燥剂脱水的效果如何将直接影响样品的萃取效率。如果脱水效果不好，土壤基体中的水封微孔过多，阻碍了溶剂与土壤的有效接触，会降低萃取效率。因此，在萃取池体积允许情况下，可加入过量干燥剂，进行充分的脱水研磨。

6.3 含水率的测定

土壤样品水分的测定按照 HJ 613 执行，沉积物样品含水率的测定按照 GB 17378.5 执行。

7 试样的萃取

7.1 萃取池选择

一般情况下，11 ml 的萃取池（5.2）可装 10 g 试样，22 ml 萃取池（5.2）可装 20 g 试样，34 ml 萃取池（5.2）可装 30 g 试样（萃取池的具体规格参见仪器说明书）。

注 3：试样称取量取决于后续使用的分析方法灵敏度、分析目的和样品污染程度，土壤或沉积物试样应控制在 10~30 g。

7.2 试样的装填

取洗净的萃取池[13]（5.2）拧紧底盖，垂直放在水平台面上。将专用的玻璃纤维滤膜放置于其底部，顶部放置专用漏斗[14]。用小烧杯称取适量试样[15]（6.2），如需加入替代物或同位素内标[16]，应一并加入试样中，轻微晃动小烧杯使其混入试样。按编号将试样依次通过专用漏斗小心转移至萃

要点分析

[13] 清洗萃取池时，可用金属镊子夹取甲醇溶剂浸泡的脱脂棉，反复擦拭萃取池内壁，再用吸管吸取甲醇溶剂淋洗萃取池内壁，放置通风橱内自然晾干。

[14] 每次用漏斗转移完试样后，需清洁干净，避免试样间的交叉污染。

[15] 也可以用称量纸称取适量试样，每次称量都需要更换称量纸，避免试样间的交叉污染。

[16] 加入替代物或待测物质加标时，微量注射针不宜接触试样。

取池（5.2），移去漏斗，拧紧顶盖（应避免试样粘在萃取池螺纹上或洒落）。竖直平稳[17]拿起萃取池（5.2），再次拧紧两端盖子[18]，将其竖直平稳放入加压流体萃取装置（5.1）样品盘中。

在每个萃取池对应位置上放置干净的接收瓶，记录每个样品对应的萃取池（5.2）和接收瓶的编号。对应接收瓶体积，一般为萃取池体积的0.5~1.4倍，不同仪器会有所不同。

注4：装入试样后的萃取池上端，应保证留有0.5~1.0 cm高的空间；若萃取池上端空间大于1.0 cm，应加入适量石英砂（4.10）。

7.3 溶剂的选择

根据目标物推荐使用以下溶剂或混合溶剂：

7.3.1 有机磷农药

二氯甲烷（4.1）；或丙酮－二氯甲烷混合溶液（4.4）。

7.3.2 有机氯农药

丙酮－二氯甲烷混合溶液（4.4）；或丙酮－正己烷混合溶液（4.5）。

7.3.3 氯代除草剂

丙酮－二氯甲烷－磷酸溶液的混合溶液（4.8）。

7.3.4 多环芳烃

丙酮－正己烷混合溶液（4.5）。

要点分析

[17] 移动萃取池时，需保持竖直平稳，不能翻转，避免上层试样接触萃取池上盖，造成污染和堵塞上盖里的不锈钢砂芯。

[18] 拧紧萃取池盖子时，用手拧紧即可，如在萃取过程中仪器提示萃取池压力不足，则需暂停仪器，取下萃取池再度拧紧。

7.3.5 多氯联苯

正己烷（4.2）；或丙酮－二氯甲烷混合溶液（4.4）；或丙酮－正己烷混合溶液（4.5）。

7.3.6 其他半挥发性有机物

丙酮－二氯甲烷混合溶液（4.4）；或丙酮－正己烷混合溶液（4.5）。

7.4 萃取条件

载气压力：0.8 MPa；

加热温度：100 ℃（有机磷农药也可选择80 ℃，多氯联苯可选择120℃）；萃取池压力：1 200~2 000 psi（约合 8.3~13.8 MPa）；

预加热平衡：5 min；

静态萃取时间：5 min；

溶剂淋洗体积：60% 池体积；

氮气（4.11）吹扫时间：60 s（可根据萃取池体积适当增加吹扫时间，以便彻底淋洗样品）；静态萃取次数：1~2 次。

上述参数为本方法优化参考条件，也可根据目标化合物或不同仪器选择其他参考条件。

7.5 试样的自动萃取

条件设置后，启动程序，仪器自动完成萃取。

萃取结束后，依次取下接收瓶，按分析方法要求进行萃取液浓缩、净化等后续处理和分析。

7.6 空白试验

取相同质量的石英砂（4.10）替代试样，按照与试样的萃取（7.1~7.5）相同步骤进行操作。

8 注意事项

8.1 萃取过程应在通风条件下进行。

8.2 萃取过程中不可使用自燃点在40~200℃范围内的萃取溶剂（如二硫化碳、乙醚和1,4-二氧杂环己烷等）。

8.3 有机溶剂在使用前应进行脱气处理。有机溶剂传感器的错误提示须进行故障排查，一般是由于溶剂泄漏引起，应仔细检查是否密封好萃取池，或密封垫是否失效。有时也会因照射在接收瓶附近的光线太强而报警。

8.4 当转移萃取池中的试样或清洗萃取池时，应避免萃取池内壁出现划痕影响萃取效果。

8.5 在萃取氯代除草剂时使用了丙酮－二氯甲烷－磷酸溶液的混合溶液（4.8），应用丙酮（4.3）将仪器的所用管线冲洗干净。

8.6 使用过的萃取池应进行彻底清洗，以免造成样品交叉污染和残留样品堵塞萃取池内不锈钢砂过滤垫。具体清洗方法：将萃取池全部拆开，用热水、有机溶剂（4.1或4.2或4.3）和实验用水分别在超声波清洗器中依次清洗。

8.7 所有玻璃器皿应用洗涤液、自来水依次清洗后，用铬酸洗液浸泡过夜，再用自来水、实验用水依次清洗，烘干，备用，以防有机物残留。

8.8 当溶剂、温度和压力等萃取条件改变时，应重新验证萃取回收率。

9 废物处置

实验中产生的有机废液等有害废物应分类存放，集中保管，送有资质的单位处理。

附 录 A
（资料性附录）
加压流体萃取法提取化合物参考名单

附表 A 给出了加压流体萃取法提取土壤或沉积物中部分有机化合物的参考名单。

附表 A　加压流体萃取法提取的部分有机物参考名单

序号	名称	英文名	CAS 号
有机氯农药			
1	α- 六六六	α-BHC	319-84-6
2	γ - 六六六	γ - BHC	58-89-9
3	β- 六六六	β- BHC	319-85-7
4	δ - 六六六	δ - BHC	319-86-8
5	七氯	Heptachlor	76-44-8
6	艾氏剂	Aldrin	309-00-2
7	环氧七氯	Heptachlor epoxide	1024-57-3
8	γ - 氯丹	Gamma chlordane	5103-74-2
9	α- 硫丹	α-Endosulfan Ⅰ	1031-07-8
10	α- 氯丹	α-Chlordane	5103-71-9
11	狄氏剂	Dieldrin	60-57-1
12	4,4- 滴滴伊	4,4-DDE	72-55-9
13	异狄氏剂	Endrin	72-20-8
14	β- 硫丹	Beta-endosulfan Ⅱ	33213-65-9
15	4,4- 滴滴滴	4,4-DDD	72-54-8
16	异狄氏剂醛	Endrin aldehyde	7421-93-4
17	硫丹硫酸酯	Endosulfan sulfate	1031-07-8
18	4,4- 滴滴涕	4,4-DDT	50-29-3
19	异狄氏剂酮	Endrin ketone	53494-70-5
20	甲氧滴滴涕	Methoxychlor	72-43-5
21	灭蚁灵	Mirex	2385-85-5

序号	名称	英文名	CAS 号
有机磷农药			
22	乐果	Dimethoate	60-51-5
23	乙拌磷	Disulfoton	298-04-4
24	速灭磷	Mevinphos	7786-34-7
25	二嗪磷	Diazinon	333-41-5
26	丙硫磷	Tokuthion	34643-46-4
27	硫丙磷	Bolstar	35400-43-2
28	皮蝇磷	Ronnel	299-84-3
29	伐灭磷	Famphur	52-85-7
30	甲基对硫磷	Methyl parathion	298-00-0
31	甲拌磷	Phorate	298-02-2
32	治螟磷	Sulfotep	3689-24-5
33	治线磷	Thionazin	297-97-2
34	毒死蜱	Thlorpyrifos	2921-88-2
氯代除草剂			
35	2,4-D	2,4-Dichlorophenoxyacetic acid	94-75-7
36	2,4- 滴丁酸甲酯	2,4 DB-2-ethylhexyl ester	18625-12-2
37	2,4,5- 三氯苯氧乙酸	（2,4,5-richlorophenoxy）acetic acid	93-76-5
38	2,4,5- 涕丙酸甲酯	2,4,5-TP methyl ester	4841-20-7
多环芳烃			
39	萘	Naphthalene	91-20-3
40	2- 甲基萘	2-Methylnaphthalene	91-57-6
41	苊	Acenaphthylene	83-32-9
42	苊烯	Acenaphthene	208-96-8
43	芴	Fuorene	86-73-7
44	菲	Phenanthrene	85-01-8
45	蒽	Anthracene	120-12-7
46	荧蒽	Fluoranthene	206-44-0
47	芘	Pyrene	129-00-0
48	苯并 [*b*] 荧蒽	Benzo[*b*]fluoranthene	205-99-2
49	䓛	Chrysene	218-01-9
50	苯并 [*k*] 荧蒽	Benzo[*k*]fluoranthene	207-08-9
51	苯并 [*a*] 芘	Benzo[*a*]pyrene	50-32-8
52	苯并 [*a*] 蒽	Benzo[*a*] anthracene	56-55-3
53	茚并 [1,2,3-*cd*] 芘	Indeno[1,2,3-*cd*]pyrene	193-39-5

序号	名称	英文名	CAS 号
54	二苯并 [*a*, *h*] 蒽	Dibenzo[*a*,*h*]anthracene	53-70-3
55	苯并 [*ghi*] 芤	Benzo[*ghi*]perylene	191-24-2
多氯联苯			
56	2,4,4'-三氯联苯	PCB28	7012-37-5
57	2,2',5,5'-四氯联苯	PCB52	35693-99-3
58	2,2',3,4,4',5'-六氯联苯	PCB138	35065-28-2
59	2,2',4,5,5'-五氯联苯	PCB101	37680-73-2
60	2,2',4,4',5,5'-六氯联苯	PCB153	35065-27-1
61	2,2',3,4,4',5,5'-七氯联苯	PCB180	35065-29-3
62	2,3',4,4,5'-五氯联苯	PCB118	31508-00-6
其他半挥发性有机物			
63	*N*-亚硝基二甲胺	*N*-Nitrosodimethylamine	621-64-7
64	*N*-亚硝基二正丙胺	*N*-Nitrosodi-n-propylamine	621-64-7
65	苯酚	Phenol	108-95-2
66	2-氯苯酚	2-Chlorophenol	95-57-8
67	2-甲基苯酚	2-Methyl-Phenol	95-48-7
68	4-甲基苯酚	4-Methylphenol	106-44-5
69	2-硝基苯酚	2-Nitrophenol	88-75-5
70	2,4-二甲苯酚	2,4-Dimethylphenol	105-67-9
71	2,4-二氯苯酚	2,4-Dichloro-phenol	120-83-2
72	4-氯-3-甲基酚	4-Chloro-3-methyl-phenol	59-50-7
73	2,4,6-三氯苯酚	2,4,6-Trichloro-phenol	1988-6-2
74	4-硝基苯酚	4-Nitrophenol	100-02-7
75	六氯环戊二烯	1,3-Cyclopentadiene, 1,2,3,4,5,5-Hexachloro-	77-47-4
76	2,4,5-三氯苯酚	2,4,5-Trochlorophenol	95-95-4
77	五氯苯酚	Pentachlorophenol	87-86-5
78	4,6-二硝基-2-甲酚	4,6-Dinitro-2-methylphenol	534-52-1
79	2,4-二硝基苯酚	2,4-Dinitrophenol	51-28-5
80	2,4-二硝基甲苯	2,4-Dinitrotoluene	121-14-2
81	硝基苯	Benzene, nitro	98-95-3
82	2,6-二硝基甲苯	2,6-Dinitrotoluene	606-20-2

序号	名称	英文名	CAS 号
83	2- 硝基苯胺	2-Nitroaniline	88-74-4
84	3- 硝基苯胺	3-Nitroaniline	99-09-2
85	4- 硝基苯胺	4-Nitroaniline	100-01-6
86	4- 氯苯胺	4-Chloroaniline	106-47-8
87	1,3- 二氯苯	Benzene, 1,3-dichloro	541-73-1
88	1,4- 二氯苯	Benzene, 1,4-dichloro	106-46-7
89	1,2- 二氯苯	Benzene, 1,2-dichloro	95-50-1
90	1,2,4- 三氯苯	Benzene, 1,2,4-trichloro	120-82-1
91	六氯苯	Hexachlorobenzene	118-74-1
92	咔唑	Carbazole	86-74-8
93	六氯丁二烯	1,3-Butadiene,1,1,2,3,4,4-hexachloro	87-68-3
94	六氯乙烷	Hexachloroethane	118-74-1
95	双（2- 氯乙氧基）甲烷	Methane, bis（2-chloroethoxy）	111-91-1
96	偶氮苯	Azobenzene	103-33-3
97	4- 溴二苯基醚	4-Bromophenyl phenyl ether	101-55-3
98	双（2- 氯乙基）醚	Bis（2-chloroethyl） ether	111-44-4
99	4- 氯苯基苯基醚	4-Chlorophenyl phenyl ether	7005-72-3
100	双（2- 氯异丙基）醚	Bis（2-chloroisopropyl）ther	108-60-1
101	异佛尔酮	Isophorone	78-59-1
102	二苯并呋喃	Dibenzofuran	132-64-9
103	邻苯二甲酸二正丁酯	Dibutyl phthalate	84-74-2
104	双（2- 乙基己基）邻苯二甲酸酯	Bis（2-ethylhexyl）phthalate	117-81-7
105	邻苯二甲酸二甲酯	Dimethyl phthalate	131-11-3
106	邻苯二甲酸二乙酯	Diethyl Phthalate	84-66-2
107	丁基苄基邻苯二甲酸酯	Benzyl butyl phthalate	85-68-7
108	邻苯二甲酸二正辛酯	Di-n-octyl phthalate	117-84-0
109	2- 氯萘	Naphthalene, 2-chloro-	91-58-7

第二篇

理化性质测定

第一章
pH 测定

《森林土壤 pH 值的测定》（LY/T 1239—1999）技术和质量控制要点

（一）概述

见《土壤环境监测技术要点分析》“第二篇　理化性质测定　第一章　pH 测定《土壤检测　第 2 部分：土壤 pH 的测定》（NY/T 1121.2—2006）”。

（二）标准方法解读

1 应用范围

本标准规定了采用电位法测定森林土壤 pH 的方法。

本标准适用于森林土壤 pH 的测定。

2 方法要点

用于浸提的水[1]或盐溶液[2]（酸性土壤为 1 mol/L 氯化钾，中性和碱性土壤采用 0.01 mol/L 氯化钙）与土之比为 2.5∶1，盐土用 5∶1，枯枝落叶层及泥炭层用 10∶1。加水或盐溶液后经充分搅匀，平衡 30 min，然后将 pH 玻璃电极和甘汞电极插入浸出液中，用 pH 计测定。也可用毫伏计测定其电动势值，再换算成 pH。

3 试剂

3.1 pH 4.01 标准缓冲液[3]：10.21 g 在 105 ℃烘过的苯二甲酸氢钾（$KHC_8H_4O_4$，分析纯），用水溶解后稀释至 1 L，即为 0.05 mol/L 苯二甲酸氢钾溶液。

要点分析

[1] 见《土壤环境监测技术要点分析》“第二篇　理化性质测定　第一章　pH 测定《土壤检测　第 2 部分：土壤 pH 的测定》（NY/T 1121.2—2006）”注 [6]。

[2] 采用氯化钾和氯化钙做浸提液可以掩蔽土壤盐分的影响，但电解质中的阳离子会把交换性氢离子从土壤黏粒上代换下来，会降低土壤 pH 测定值。

[3] 见《土壤环境监测技术要点分析》“第二篇　理化性质测定　第一章　pH 测定《土壤检测　第 2 部分：土壤 pH 的测定》（NY/T 1121.2—2006）”注 [2]。

3.2　pH 6.87 标准缓冲液：3.39 g 在 50℃烘过的磷酸二氢钾（KH_2PO_4，分析纯）和 3.53 g 无水磷酸氢二钠（Na_2HPO_4，分析纯），溶于水中定容至 1 L，即为 0.025 mol/L 磷酸二氢钾及 0.025 mol/L 磷酸氢二钠溶液。

3.3　pH 9.18 标准缓冲液：3.80 g 硼砂（$Na_2B_4O_7 \cdot 10H_2O$，分析纯）[4]溶于无二氧化碳的冷水中定容至 1L，即 0.01 mol/L 硼砂溶液。此溶液的 pH 易于变化，应注意保存。

3.4　1 mol/L 氯化钾溶液：74.6 g 氯化钾（KCl，化学纯）溶于 400 ml 水中，该溶液 pH 在 5.5~6.0，然后稀释至 1 L。

3.5　0.01 mol/L 氯化钙溶液：147.02 g 氯化钙（$CaCl_2 \cdot 2H_2O$，化学纯）溶于 200 ml 水中，定容至 1 L，即为 1.0 mol/L 氯化钙溶液。吸取 10 ml 1.0 mol/L 氯化钙溶液于 500 ml 烧杯中，加 400 ml 水，用少量氢氧化钙或盐酸调节 pH 为 6 左右，然后定容至 1L，即为 0.01 mol/L 氯化钙溶液。

要点分析

[4] 四硼酸钠长时间放置可能会失去结晶水，不可使用。

4 主要仪器

酸度计；玻璃电极[5]；饱和甘汞电极[6]；pH 复合电极[7]。

要点分析

[5] 玻璃电极：①干放的电极使用前应在 0.1 mol/L 盐酸溶液或水中浸泡 12 h 以上，使之活化。②使用时应先轻轻振动电极，使其内的溶液流入球泡部分，防止气泡存在。③电极球泡部分极易破损，使用时必须仔细、谨慎，最好用专用套管保护。④短期内不使用时，可将电极浸泡保存于水中；如长期不用，可在纸盒内干放。⑤玻璃电极表面不能沾有油污，忌用浓硫酸或铬酸洗液清洗玻璃电极表面。不能在强碱及含氟化物的介质或黏土等胶体体系中停放过久，以免损坏电极或引起电极反应迟钝。

[6] 饱和甘汞电极：①电极应随时由电极侧口补充饱和氯化钾溶液或氯化钾固体。不使用时可以存放于饱和氯化钾溶液中或前端用橡皮套套紧干放。②使用时应先将电极侧口的小橡皮塞拔下，使氯化钾溶液维持一定的流速。③不可长时间浸于被测溶液中，以防氯化钾溶液流出污染待测试液。④不可直接接触会侵蚀汞和甘汞的试液，如浓度较高的 S^{2-} 溶液等；此时应改用双液接的盐桥，在外套管内灌注氯化钾溶液；也可用琼脂盐桥。琼脂盐桥的制备方法为：称取优等琼脂 3 g 和氯化钾（分析纯）10 g，放入 150 ml 烧杯中，加水 100 ml，在水浴中加热溶解，再用滴管将溶化了的琼脂溶液灌注于直径约为 4 mm 的 U 形管中，中间不得存在气泡，两端灌满，最将其后浸于 1 mol/L 的氯化钾溶液中。

[7] 见《土壤环境监测技术要点分析》“第二篇　理化性质测定　第一章　pH 测定《土壤检测　第 2 部分：土壤 pH 的测定》（NY/T 1121.2—2006）”注 [1]。

5 测定步骤

5.1 待测液的制备：称取通过 2 mm 筛孔的风干土样 10 g[8] 于 50 ml 高型烧杯中，加入 25 ml 无二氧化碳的水或 1mol/L 氯化钾溶液（酸性土测定用）或 0.01 mol/L 氯化钙溶液（中性、石灰性或碱性土测定用）[9]。枯枝落叶层或泥炭层样品称 5 g，加水或盐溶液 50 ml。用玻璃棒剧烈搅动 1~2 min，静置 30 min，此时应避免空气中氨或挥发性酸等的影响[10]。

5.2 仪器校正[11]：用与土壤浸提液 pH 接近的缓冲液校正仪器，使标准缓冲液的 pH 与仪器标度上的 pH 相一致。

5.3 测定：在与上述相同的条件下，把玻璃电极与甘汞电极插入土壤悬液中[12]，测 pH。每份样品测完后，即用水冲洗电极，并用干滤纸将水吸干[13]。

要点分析

[8] 见《土壤环境监测技术要点分析》“第二篇　理化性质测定　第一章　pH 测定《土壤检测　第 2 部分：土壤 pH 的测定》（NY/T 1121.2—2006）”注 [5]。

[9] 浸提剂可根据分析测试目的或委托方要求选择。

[10] 见《土壤环境监测技术要点分析》“第二篇　理化性质测定　第一章　pH 测定《土壤检测　第 2 部分：土壤 pH 的测定》（NY/T 1121.2—2006）”注 [4]。

[11] 见“第二篇　理化性质测定　第一章　pH 测定《土壤检测　第 2 部分：土壤 pH 的测定》（NY/T 1121.2—2006）”注 [3]。

[12] 玻璃电极插入土壤悬液后应轻微摇动，以除去玻璃表面的水膜，加速平衡，这对于缓冲性弱和 pH 较高的土壤尤为重要。饱和甘汞电极最好插在上部清液中，以减少由于土壤悬液影响接触电位而造成的测试误差。

[13] 见《土壤环境监测技术要点分析》“第二篇　理化性质测定　第一章　pH 测定《土壤检测　第 2 部分：土壤 pH 的测定》（NY/T 1121.2—2006）”注 [9]。

6 结果计算

一般的 pH 计可直接读出 pH，不需要换算。

7 允许偏差 [14]

两次称样平行测定结果允许差为 0.1 pH；室内严格掌握测定条件和方法时，精密 pH 计的允许差可降至 0.02 pH。

（三）实验室注意事项

（1）长时间存放不用的玻璃电极需要在水中浸泡 24 h，使之活化后才能使用。暂时不用的可浸泡在水中，长期不用时，要干燥保存。玻璃电极表面受到污染时，需进行处理。甘汞电极腔内要充满饱和氯化钾溶液，在室温下应该有少许氯化钾结晶存在，但氯化钾结晶不宜过多，以防堵塞电极与被测溶液的通路。玻璃电极的内电极与球泡之间、甘汞电极内电极和多孔陶瓷末端芯之间不得有气泡。

（2）电极在悬液中所处的位置对测定结果有影响，要求将甘汞电极插入上部清液中，尽量避免与泥浆接触 [15]。

（3）pH 读数时摇动烧杯会使读数偏低 [16]，要在摇动后稍加静止再读数。

要点分析

[14] 见《土壤环境监测技术要点分析》“第二篇　理化性质测定　第一章　pH 测定《土壤检测　第 2 部分：土壤 pH 的测定》（NY/T 1121.2—2006）”注 [12]。

[15] 见《土壤环境监测技术要点分析》“第二篇　理化性质测定　第一章　pH 测定《土壤检测　第 2 部分：土壤 pH 的测定》（NY/T 1121.2—2006）”注 [13]。

[16] 见《土壤环境监测技术要点分析》“第二篇　理化性质测定　第一章　pH 测定《土壤检测　第 2 部分：土壤 pH 的测定》（NY/T 1121.2—2006）”注 [14]。

（4）操作过程中避免酸碱蒸汽侵入。

（5）标准溶液在室温下一般可保存 1~2 月，在 4℃冰箱中可延长保存期限。用过的标准溶液不要倒回原液中混存，发现浑浊、沉淀现象，就不能再使用。

（6）温度影响电极电位和水的电离平衡。测定时，要用温度补偿器调节至与标准缓冲液、待测试液温度保持一致。标准溶液 pH 随温度稍有变化，校准仪器时可参考“第二篇　理化性质测定　第一章　pH 测定《土壤检测　第 2 部分：土壤 pH 的测定》（NY/T 1121.2—2006）”表 2。

（7）在连续测量 pH ＞ 7.5 的样品后，建议将玻璃电极在 0.1 mol/L 盐酸溶液中浸泡一下，防止电极由碱引起的响应迟钝。

《土壤 pH 值的测定》（NY/T 1377—2007）技术和质量控制要点

（一）元素概述

见《土壤环境监测技术要点分析》“第二篇　理化性质测定　第一章　pH 测定《土壤检测　第 2 部分：土壤 pH 的测定》（NY/T 1121.2—2006）”。

（二）标准方法解读

1 范围

本标准规定了以水或 1 mol/L KCl 溶液或 0.01 mol/L $CaCl_2$ 溶液为浸提剂，采用电位法测定土壤 pH 的方法。

本标准适用于各类土壤的 pH 测定。

2 规范性引用文件

下列文件中的条款通过本标准的引用而成为本标准的条款。凡是注明日期的引用文件，其随后所有的修改单（不包括勘误的内容）或修订版均不适用于本标准，然而，鼓励根据本标准达成协议的各方研究是否可使用这些文件的最新版本。凡是未注日期的引用文件，其最新版本适用于本标准。

GB/T 6682　分析实验室用水规格和试验方法

3 原理

当规定的指示电极和参比电极浸入土壤悬浊液时，构成一原电池，其电动势与悬浊液的 pH 有关，通过测定原电池的电动势即可得到土壤的 pH。

4 试剂和材料

除非另有说明，在分析中仅使用确认为分析纯的试剂。

4.1 水：pH 和电导率应符合 GB/T 6682 规定的至少三级的规格，并应除去二氧化碳。

无二氧化碳水[1]的制备方法：将水注入烧瓶中（水量不超过烧瓶体积的 2/3），煮沸 10 min，放置冷却，用装有碱石灰干燥管的橡皮塞塞进。如制备 10~20 L 较大体积的不含二氧化碳的水，可插入一玻璃管到容器底部，通氮气到水中 1~2 h，以除去被水吸收的二氧化碳。

4.2 氯化钾溶液：c（KCl）=1 mol/L。称取 74.6 g 氯化钾溶于水，并稀释至 1 L。

4.3 氯化钙溶液：c（$CaCl_2$）= 0.01 mol/L。称取 1.47 g 氯化钙（$CaCl_2 \cdot 2H_2O$）溶于水，并稀释至 1 L。

4.4 pH 标准缓冲溶液[2]

pH 标准缓冲溶液应用 pH 基准试剂配制。如贮存于密闭的聚乙烯瓶中，则配制好的 pH 标准缓冲溶液至少可稳定一个月。不同温度下各标准缓冲液的 pH 见表 1。

要点分析

[1] 见《土壤环境监测技术要点分析》“第二篇　理化性质测定　第一章　pH 测定《土壤检测　第 2 部分：土壤 pH 的测定》（NY/T 1121.2—2006）”注 [6]。

[2] 见《土壤环境监测技术要点分析》“第二篇　理化性质测定　第一章　pH 测定《土壤检测　第 2 部分：土壤 pH 的测定》（NY/T 1121.2—2006）”注 [2]。

表 1　不同温度下各标准缓冲溶液的 pH

温度 /℃	苯二甲酸盐标准缓冲溶液	磷酸盐标准缓冲溶液	硼酸盐标准缓冲溶液
10	4.00	6.92	9.33
15	4.00	6.90	9.27
20	4.00	6.88	9.22
25	4.01	6.86	9.18
30	4.01	6.85	9.14

4.4.1　苯二甲酸盐标准缓冲溶液，*c*（$C_6H_4CO_2HCO_2K$）=0.05 mol/L。称取 10.21 g 于 110~120℃干燥 2 h 的邻苯二甲酸氢钾（$C_6H_4CO_2HCO_2K$），溶于水，转移至 1 L 容量瓶中，用水稀释至刻度，混匀。

4.4.2　磷酸盐标准缓冲溶液，*c*（KH_2PO_4）=0.025 mol/L，*c*（Na_2HPO_4）= 0.025 mol/L。称取 3.40 g 于 110~120℃干燥 2 h 的磷酸二氢钾（KH_2PO_4）和 3.55 g 磷酸氢二钠（Na_2HPO_4），溶于水，转移到 1 L 容量瓶中，用水稀释至刻度，混匀。

4.4.3　硼酸盐标准缓冲溶液，*c*（$Na_2B_4O_7$）=0.01 mol/L。称取 3.81 g 四硼酸钠（$Na_2B_4O_7 \cdot 10H_2O$）[3]，溶于水，转移到 1 L 容量瓶中，用水稀释至刻度，混匀。

5 仪器

5.1 检测实验室常用仪器设备。

5.2 pH 计：精度高于 0.1 单位，有温度补偿功能。

要点分析

[3] 见“第二篇　理化性质测定　第一章　pH 测定《森林土壤 pH 值的测定》（LY/T 1239—1999）”注 [4]。

5.3 电极：玻璃电极和饱和甘汞电极[4]，或 pH 复合电极[5]。当 pH 大于 10 时，应使用专用电极[6]。

5.4 振荡机或搅拌器。

6 试样的制备

6.1 风干

新鲜样品应进行风干。将样品平铺在干净的纸上，摊成薄层，于室内阴凉通风处风干，切忌阳光直接暴晒。风干过程中应经常翻动样品，加速其干燥。风干场所应防止酸、碱等气体及灰尘的污染。当土样达到半干状态时，宜及时将大土块捏碎。亦可在不高于 40℃条件下干燥土样。

6.2 磨细和过筛

用四分法分取适量风干样品，剔除土壤以外的侵入体，如动植物残体、砖头、石块等，再用圆木棍将土样碾碎，使样品全部通过 2 mm 孔径的试验筛。过筛后的土样应充分混匀，装入玻璃广口瓶、塑料瓶或洁净的土样袋中，备用。储存期间，试样应尽量避免日光、高温、潮湿、酸碱气体等的影响。

要点分析

[4] 见“第二篇　理化性质测定　第一章　pH 测定《森林土壤 pH 值的测定》（LY/T 1239—1999）”注 [5] 和注 [6]。

[5] 见《土壤环境监测技术要点分析》“第二篇　理化性质测定　第一章　pH 测定《土壤检测　第 2 部分：土壤 pH 的测定》（NY/T 1121.2—2006）”注 [1]。

[6] 见《土壤环境监测技术要点分析》“第二篇　理化性质测定　第一章　pH 测定《土壤检测　第 2 部分：土壤 pH 的测定》（NY/T 1121.2—2006）”注 [10]。

7 分析步骤

7.1 试样溶液的制备

称取 10.0 g±0.1 g 试样[7]，置于 50 ml 的高型烧杯或其他适宜的容器中，并加入 25 ml 水（或氯化钾溶液或氯化钙溶液）[8]。将容器密封后，用振荡机或搅拌器，剧烈振荡或搅拌 5 min，然后静置 1~3 h。

7.2 pH 计的校正[9]

依照仪器说明书，至少使用两种 pH 标准缓冲溶液进行 pH 计的校正。

7.2.1 将盛有缓冲溶液并内置搅拌子的烧杯置于磁力搅拌器上，开启磁力搅拌器。

7.2.2 用温度计测量缓冲溶液（或土壤悬浊液）的温度，并将 pH 计的温度补偿旋钮调节到该温度上。有自动温度补偿功能的仪器，此步骤可省略。

7.2.3 搅拌平稳后将电极插入缓冲溶液中，待读数稳定后读取 pH。

7.3 试样溶液 pH 的测定

测量试样溶液的温度，试样溶液的温度与标准缓冲溶液的温度之差不应超过 1℃。pH 测量时，应在搅拌的条件下或事前充分摇动试样溶液后，将电极插入试样溶液中[10]，待读数稳定后读取 pH。

要点分析

[7] 见《土壤环境监测技术要点分析》“第二篇 理化性质测定 第一章 pH 测定《土壤检测 第 2 部分：土壤 pH 的测定》（NY/T 1121.2—2006）”注 [5]。

[8] 见“第二篇 理化性质测定 第一章 pH 测定《森林土壤 pH 值的测定》（LY/T 1239—1999）”注 [9]。

[9] 见《土壤环境监测技术要点分析》“第二篇 理化性质测定 第一章 pH 测定《土壤检测 第 2 部分：土壤 pH 的测定》（NY/T 1121.2—2006）”注 [3]。

[10] 见“第二篇 理化性质测定 第一章 pH 测定《森林土壤 pH 值的测定》（LY/T 1239—1999）”注 [12]。

8 结果计算

直接读取 pH，结果保留一位小数。并应标明浸提剂的种类[11]。

9 精密度[12]

在重复性条件下获得的两次独立测定结果的绝对差值不大于 0.1 pH。不同实验室测定结果的绝对值不大于 0.2 pH。

（三）实验室注意事项

（1）长时间存放不用的玻璃电极需要在水中浸泡 24 h，使之活化后才能使用。暂时不用的玻璃电极可浸泡在水中，长期不用时，要干燥保存。玻璃电极表面受到污染时，需进行处理。甘汞电极腔内要充满饱和氯化钾溶液，在室温下应有少许氯化钾结晶存在，但氯化钾结晶不宜过多，以防堵塞电极与被测溶液的通路。玻璃电极的内电极与球泡之间、甘汞电极内电极和多孔陶瓷末端芯之间不得有气泡。

（2）电极在悬液中所处的位置对测定结果有影响，要求将甘汞电极插入上部清液中，尽量避免与泥浆接触[13]。

要点分析

[11] 浸提剂种类对测定结果存在一定程度的影响，故报出测定结果时应注明所使用浸提剂的种类。

[12] 见《土壤环境监测技术要点分析》“第二篇　理化性质测定　第一章　pH 测定《土壤检测　第 2 部分：土壤 pH 的测定》（NY/T 1121.2—2006）”注 [12]。

[13] 见《土壤环境监测技术要点分析》“第二篇　理化性质测定　第一章　pH 测定《土壤检测　第 2 部分：土壤 pH 的测定》（NY/T 1121.2—2006）”注 [13]。

（3）pH 读数时摇动烧杯会使读数偏低[14]，要在摇动后稍加静止再读数。

（4）操作过程中避免酸碱蒸气侵入。

（5）标准溶液在室温下一般可保存 1~2 个月，在 4℃冰箱中可延长保存期限。用过的标准溶液不要倒回原液中混存，发现浑浊、沉淀，就不能够再使用。

（6）温度影响电极电位和水的电离平衡。测定时，要用温度补偿器调节至与标准缓冲液、待测试液温度保持一致。标准溶液 pH 随温度稍有变化，校准仪器时可参考“第二篇　理化性质测定　第一章　pH 测定《土壤检测　第 2 部分：土壤 pH 的测定》（NY/T 1121.2—2006）”表 2。

（7）在连续测量 pH ＞ 7.5 的样品后，建议将玻璃电极在 0.1 mol/L 盐酸溶液中浸泡一下，防止电极由碱引起的响应迟钝。

要点分析

[14] 见《土壤环境监测技术要点分析》“第二篇　理化性质测定　第一章　pH 测定《土壤检测　第 2 部分：土壤 pH 的测定》（NY/T 1121.2—2006）”注 [14]。

《土壤元素的近代分析方法》pH 的测定技术和质量控制要点

（一）元素概述

见《土壤环境监测技术要点分析》“第二篇　理化性质测定　第一章　pH 测定《土壤检测　第 2 部分：土壤 pH 的测定》（NY/T 1121.2—2006）”。

（二）标准方法解读

1 方法原理

土壤试液或悬浊液的 pH 用 pH 玻璃电极为指示电极，以饱和甘汞电极为参比电极，组成测量电池，可测出试液的电动势，由此通过仪表可直接读取试液的 pH。

2 干扰及消除

土壤样品宜过 20 目筛（1 mm），因为土壤过细过粗对 pH 测定均有影响。土样应贮存在密闭玻璃瓶中，要防止空气中的氨、二氧化碳及酸碱性气体的影响。

3 方法适用性

本方法适用于一般土壤、沉积物样品 pH 的测定。

4 仪器

4.1 pH 计：读数精度 0.02 pH，玻璃电极、饱和甘汞电极。

4.2 磁力搅拌器。

5 试剂

5.1 pH 4.01 标准缓冲溶液[1]：称取经 105℃烘干 2 h 的邻苯二甲酸氢钾 10.21 g，用蒸馏水溶解，稀释至 1 000 ml，在 20℃的 pH 为 4.01。

5.2 pH 6.87 标准缓冲溶液：称取磷酸二氢钾 3.39 g 和无水磷酸氢二钠 3.53g 溶于蒸馏水中加水至 1 000 ml，此溶液在 25℃的 pH 为 6.87。

5.3 pH 9.18 标准缓冲溶液；称取四硼酸钠（$Na_2B_4O_7 \cdot 10H_2O$）[2] 溶于蒸馏水中，加水至 1 000 ml，此溶液在 25℃的 pH 为 9.18。

5.4 无二氧化碳蒸馏水[3]：将蒸馏水置烧杯中，加热煮沸数分钟，冷后放在磨口玻璃瓶中备用。

6 试液的制备

称取过 20 目筛的土样 10 g[4]，加无二氧化碳蒸馏水 25 ml，轻轻摇动，使水土充分混合均匀。投入一枚磁搅拌子[5]，放在磁力搅拌器上搅拌

要点分析

[1] 见《土壤环境监测技术要点分析》“第二篇　理化性质测定　第一章　pH 测定《土壤检测　第 2 部分：土壤 pH 的测定》（NY/T 1121.2—2006）”注 [2]。

[2] 见“第二篇　理化性质测定　第一章　pH 测定《森林土壤 pH 值的测定》（LY/T 1239—1999）”注 [4]。

[3] 见《土壤环境监测技术要点分析》“第二篇　理化性质测定　第一章　pH 测定《土壤检测　第 2 部分：土壤 pH 的测定》（NY/T 1121.2—2006）”注 [6]。

[4] 见《土壤环境监测技术要点分析》“第二篇　理化性质测定　第一章　pH 测定《土壤检测　第 2 部分：土壤 pH 的测定》（NY/T 1121.2—2006）”注 [5]。

[5] 搅拌前检查并确保磁搅拌子无沾污。

1 min[6]。放置 30 min，待测。

7 pH 计校标[7]

开机预热 10min，将浸泡 24 h 以上的玻璃电极浸入 pH 6.87 标准缓冲溶液中，以甘汞电极为参比电极，将 pH 计定位在 6.87 处，反复几次至不变为止。取出电极，用蒸馏水冲洗干净，用滤纸吸去水分，再插入 pH 4.01（或 9.18）标准缓冲溶液中复核其 pH 是否正确（误差在 ±0.2 pH 单位即可使用，否则要选择合适的玻璃电极）。

8 测量

用蒸馏水冲洗电极，并用滤纸吸去水分[8]，将玻璃电极和甘汞电极插入土壤试液或悬浊液中[9]，读取 pH[10]，反复 3 次，用平均值作为测量结果。

要点分析

[6] 见《土壤环境监测技术要点分析》“第二篇　理化性质测定　第一章　pH 测定《土壤检测　第 2 部分：土壤 pH 的测定》（NY/T 1121.2—2006）”注 [8]。

[7] 见《土壤环境监测技术要点分析》“第二篇　理化性质测定　第一章　pH 测定《土壤检测　第 2 部分：土壤 pH 的测定》（NY/T 1121.2—2006）”注 [3]。

[8] 见《土壤环境监测技术要点分析》“第二篇　理化性质测定　第一章　pH 测定《土壤检测　第 2 部分：土壤 pH 的测定》（NY/T 1121.2—2006）”注 [9]。

[9] 见“第二篇　理化性质测定　第一章　pH 测定《森林土壤 pH 值的测定》（LY/T 1239—1999）”注 [12]。

[10] 见《土壤环境监测技术要点分析》“第二篇　理化性质测定　第一章　pH 测定《土壤检测　第 2 部分：土壤 pH 的测定》（NY/T 1121.2—2006）”注 [10]。

9 几点说明

9.1 水土比对土壤 pH 有影响。一般酸性土，其水土比为 1∶1~5∶1，对测定结果影响不大；对碱性土，水土比增加，测得 pH 增高[11]，因此测定土壤 pH 水土比应固定不变，一般以 1∶1 或 2.5∶1 为宜。

9.2 风干土壤和潮湿土壤测得 pH 有差异，尤其是石灰性土壤，由于风干作用使土壤中大量 CO_2 逸失，其 pH 增高，因此风干土的 pH 为相对值。

（三）注意事项[12]

（1）长时间存放不用的玻璃电极需要将其在水中浸泡 24 h，使之活化后才能使用。暂时不用的可浸泡在水中，长期不用时，要干燥保存。玻璃电极表面受到污染时，需进行处理。甘汞电极腔内要充满饱和氯化钾溶液，在室温下应该有少许氯化钾结晶存在，但氯化钾结晶不宜过多，以防堵塞电极与被测溶液的通路。玻璃电极的内电极与球泡之间、甘汞电极内电极和多孔陶瓷末端芯之间不得有气泡。

要点分析

[11]① 随着固液比减小，pH 升高，这和土壤胶体性质及土壤水溶性盐类成分有关。②固液比减小，土壤黏粒浓度降低，使吸附的氢离子与电极表面接触减少，在石灰性土壤中含有大量难溶盐，如 $CaCO_3$、Na_2CO_3、$MgCO_3$ 等。③随着固液比的增加，电解质产生稀释效应，在一定范围内难溶碳酸盐会逐渐水解。由于碳酸盐是强碱弱酸盐，解离后氢氧根增多，pH 升高。④各类土壤的固液比和 pH 均呈正相关，但不同土类中 pH 增值的幅度是不同的。

[12] 见《土壤环境监测技术要点分析》“第二篇　理化性质测定　第一章　pH 测定《土壤检测　第 2 部分：土壤 pH 的测定》（NY/T 1121.2—2006）”注 [12]。

（2）电极在悬液中所处的位置对测定结果有影响，要求将甘汞电极插入上部清液中，尽量避免与泥浆接触[13]。

（3）pH 读数时摇动烧杯会使读数偏低[14]，要在摇动后稍加静止再读数。

（4）操作过程中避免酸碱蒸气侵入。

（5）标准溶液在室温下一般可保存 1~2 个月，在 4℃冰箱中可延长保存期限。用过的标准溶液不要倒回原液中混存，发现浑浊、沉淀，就不能够再使用。

（6）温度影响电极电位和水的电离平衡。测定时，要用温度补偿器调节至与标准缓冲液、待测试液温度保持一致。标准溶液 pH 随温度稍有变化，校准仪器时可参考表 1。

（7）在连续测量 pH ＞ 7.5 的样品后，建议将玻璃电极在 0.1 mol/L 盐酸溶液中浸泡一下，防止电极由碱引起的响应迟钝。

要点分析

[13] 见《土壤环境监测技术要点分析》“第二篇　理化性质测定　第一章　pH 测定《土壤检测　第 2 部分：土壤 pH 的测定》（NY/T 1121.2—2006）”注 [13]。

[14] 见《土壤环境监测技术要点分析》“第二篇　理化性质测定　第一章　pH 测定《土壤检测　第 2 部分：土壤 pH 的测定》（NY/T 1121.2—2006）”注 [14]。

表 1　pH 缓冲溶液在不同温度下的变化

温度 /℃	pH		
	标准液 4.01	标准液 6.87	标准液 9.18
0	4.003	6.984	9.464
5	3.999	6.951	9.395
10	3.998	6.923	9.332
15	3.999	6.900	9.276
20	4.002	6.881	9.225
25	4.008	6.865	9.180
30	4.015	6.853	9.139
35	4.024	6.844	9.102
38	4.030	6.840	9.081
40	4.035	6.838	9.068
45	4.047	6.834	9.038

第二章
阳离子交换量测定

《土壤 阳离子交换量的测定 三氯化六氨合钴浸提－分光光度法》（HJ 889—2017）技术和质量控制要点

（一）概述

土壤阳离子交换量（CEC）是指土壤胶体所能吸附各种阳离子的总量，其数值以每千克土壤中含有各种阳离子的物质的量来表示，即 mol/kg。

不同土壤的阳离子交换量不同，主要影响因素有：

• 土壤胶体类型，不同类型的土壤胶体其阳离子交换量差异较大，例如，有机胶体 > 蒙脱石 > 水化云母 > 高岭石 > 含水氧化铁、铝。

• 土壤质地越细，其阳离子交换量越高。

• 对于实际的土壤而言，土壤黏土矿物的 SiO_2/R_2O_3 比率越高，其交换量就越大。

• 土壤溶液 pH，因为土壤胶体微粒表面的羟基（OH）的解离受介质 pH 的影响，当介质 pH 降低时，土壤胶体微粒表面所负电荷也减少，其阳离子交换量也降低；反之就增大。

土壤是环境中污染物迁移、转换的重要场所，土壤胶体以其巨大的比表面积和带点性，而使土壤具有吸附性。土壤的吸附性和离子交换性能又使它成为重金属类污染物的主要归属。土壤阳离子交换性能对于研究污染物的环境行为有重大意义，它能调节土壤溶液的浓度，保证土壤溶液成分的多样性，因而保证了土壤溶液的“生理平衡”，同时还可以保持养分避免被雨水淋失。

CEC 的大小基本上代表了土壤可能保持的养分数量，即保肥性的高低。阳离子交换量的大小，可以作为评价土壤保肥能力的指标。阳离子交换量是土壤缓冲性能的主要来源，是改良土壤和合理施肥的重要依据。

（二）标准方法解读

1 适用范围

本标准规定了测定土壤中阳离子交换量的三氯化六氨合钴浸提 - 分光光度法。

本标准适用于土壤中阳离子交换量的测定。

当取样量为 3.5 g，浸提液体积为 50.0 ml，使用 10 mm 光程比色皿时，本标准测定的阳离子交换量的方法检出限[1]为 0.8 cmol⁺/kg，测定下限为 3.2 cmol⁺/kg。

2 规范性引用文件

本标准内容引用了下列文件或其中的条款。凡是不注日期的引用文件，其有效版本适用于本标准。

HJ 613　土壤 干物质和水分的测定　重量法

HJ/T 166　土壤环境监测技术规范

3 术语和定义

阳离子交换量　cation exchange capacity（CEC）

在本标准所规定的条件下，土壤胶体所能吸附的各种阳离子总量，称为阳离子交换量，以 cmol⁺/kg 表示。由于三氯化六氨合钴土壤悬浮液的 pH 与水悬浮液的 pH 接近，本方法测定的阳离子交换量为有效态阳离子交换量。

4 方法原理

在 20±2℃条件下，用三氯化六氨合钴溶液作为浸提液浸提土壤，土壤中的阳离子被三氯化六氨合钴交换下来进入溶液。三氯化六氨合钴在 475 nm 处有特征吸收，吸光度与浓度成正比，根据浸提前后浸提液吸光度差值，计算土壤阳离子交换量。

5 干扰和消除

当试样中溶解的有机质较多时，有机质在 475 nm 处也有吸收，影响阳离子交换量的测定结果。可同时在 380 nm 处测量试样吸光度，用来校正可溶有机质的干扰。

要点分析

[1] 实验过程中如果称样量或浸提液体积发生变化，则方法检出限也会相应发生变化。

假设 A_1 和 A_2 分别为试样在 475 nm 和 380 nm 处测量所得的吸光度，则试样校正吸光度（A）为：$A=1.025A_1-0.205A_2$。

6 试剂和材料

除非另有说明，分析时均使用符合国家标准的分析纯试剂（实验用水为电导率小于 0.5 μS/cm 的蒸馏水或去离子水[2]）。

6.1 三氯化六氨合钴 [Co（NH_3）$_6Cl_3$]：优级纯。

6.2 三氯化六氨合钴溶液：c [Co（NH_3）$_6Cl_3$]=1.66 cmol/L。

准确称取 4.458 g 三氯化六氨合钴（6.1）溶于水中，定容至 1 000 ml，4℃低温保存。

要点分析

[2] 天然水中通常含有 5 种杂质：电解质（包括带电粒子）、有机物（如有机酸、农药、烃类、醇类和酯类等）、颗粒物、微生物、溶解气体。①蒸馏水：以去除电解质及与水沸点相差较大的非电解质为主，无法去除与水沸点相当的非电解质，纯度用电导率衡量。②去离子水：去掉水中除氢离子、氢氧根离子外的，其他由电解质溶于水中电离所产生的全部离子，即去掉溶于水中的电解质物质。去离子水基本用离子交换法制得，纯度用电导率来衡量。去离子水中可能含有不能电离的非电解质，如乙醇等。③超纯水：一般工艺很难达到的程度，如水的电阻率大于 18MΩ · cm（没有明显界线），则称为超纯水。关键是看用水的纯度及各项特征性指标，如电导率或电阻率、pH、钠、重金属、二氧化硅、溶解有机物、微粒子以及微生物指标等。④每个实验室应该有实验室用水检查记录，如自制超纯水可每个月做一次空白检查（pH、电导率、目标元素等）。

7 仪器和设备

7.1 分光光度计：配备 10 mm 光程比色皿[3]。

7.2 振荡器：振荡频率可控制在 150~200 次 /min。

7.3 离心机：转速可达 4 000 r/min，配备 100 ml 圆底塑料离心管（具密封盖）。

7.4 分析天平：感量为 0.001 g 和 0.01 g[4]。

7.5 尼龙筛：孔径 1.7 mm（10 目）。

7.6 一般实验室常用仪器和设备。

8 样品

8.1 样品采集和保存

土壤样品采集和保存应按照 HJ/T 166 执行。土壤样品采集时，应使用木刀、木片或聚乙烯采样工具，土壤样品用布袋或塑料袋贮存。

8.2 试样的制备

将风干样品过尼龙筛（7.5），充分混匀。称取 3.5 g 混匀后的样品，置于 100 ml 离心管中，加入 50.0 ml 三氯化六氨合钴溶液（6.2），旋紧离心管密封盖，置于振荡器（7.2）上，在 20±2℃条件下振荡 60±5 min，调

要点分析

[3] 非紫外区波长可使用玻璃材质的比色皿。

[4] 称取三氯化六氨合钴固体试剂使用的是千分之一天平，实际工作中也可使用万分之一天平进行称量；称取土壤样品使用的是百分之一天平。

节振荡频率[5]，使土壤浸提液混合物在振荡过程中保持悬浮状态。以4 000 r/min 离心 10 min，收集上清液于比色管中[6]，24 h 内完成分析。

8.3 空白试样的制备

用实验用水代替土壤，按照与试样的制备（8.2）相同步骤进行实验室空白试样的制备。

9 分析步骤

9.1 标准曲线的建立[7]

分别量取 0.00 ml、1.00 ml、3.00 ml、5.00 ml、7.00 ml、9.00 ml 三氯化六氨合钴溶液（6.2）于 6 个 10 ml 比色管中，分别用水稀释至标线，三氯化六氨合钴的浓度分别为 0.000 cmol/L、0.166 cmol/L、0.498 cmol/L、0.830 cmol/L、1.16 cmol/L 和 1.49 cmol/L。用 10 mm 比色皿在波长 475 nm

要点分析

[5] 振荡频率需注意控制，使土壤浸提液混合物在振荡过程中保持悬浮状态，即土壤与浸提液充分接触，保证浸提效率。振荡温度对浸提效率影响大，使用的振荡器应对其温度进行校准，并确认是否在 ±2℃范围内。

[6] 由于土壤种类多，所含有机质差异较大，因此离心后可能仍会存在絮状悬浮物或细小颗粒物，需要进行过滤处理后再收集上清液待测。

[7]① 校准曲线为一次曲线，且相关系数≥ 0.999。根据仪器线性范围及样品的实际浓度值可对标准系列做调整，尽量使测定值位于校准曲线的中间附近。超过校准曲线的高浓度样品，可减少样品称样量或对浸提液稀释后再进行测定。②校准曲线配制过程要规范，所使用的定量器具需要经过检定或校准，并贴上相对应的标签。测定校准曲线时，应使用有证标准样品对曲线准确度进行校准；做 10 个样品后，须使用曲线中间点或有证标准样品对曲线进行校准，如不满足要求时，需要重新调试仪器，并对校准曲线进行重新测定。

处，以水为参比，分别测量吸光度。以标准系列溶液中三氯化六氨合钴溶液的浓度（cmol/L）为横坐标，以其对应吸光度为纵坐标，建立标准曲线。

9.2 试样测定

按照与标准曲线的建立（9.1）相同的步骤进行试样（8.2）的测定。

9.3 空白试验

按照与试样测定（9.2）相同的步骤进行空白试样（8.3）的测定。

10 结果计算与表示

10.1 结果计算

样品中，按照公式（1）进行计算：

$$\mathrm{CEC}=\frac{(A_0-A)\times V\times 3}{b\times m\times W_{\mathrm{dm}}} \tag{1}$$

式中：CEC——土壤样品阳离子交换量，$\mathrm{cmol^+/kg}$；

A_0——空白试样吸光度；

A——试样吸光度或校正吸光度；

V——浸提液体积，ml；

3——$[\mathrm{Co(NH_3)_6}]^{3+}$ 的电荷数；

b——标准曲线斜率；

m——取样量，g；

W_{dm}——土壤样品干物质含量[8]，%。

10.2 结果表示

当测定结果小于 10 $\mathrm{cmol^+/kg}$ 时，保留小数点后一位；当测定结果大于等于 10 $\mathrm{cmol^+/kg}$ 时，保留三位有效数字。

要点分析

[8] 按照 HJ 613—2011，干物质的量：$W_{\mathrm{dm}}(\%)=\frac{m_2-m_0}{m_1-m_0}\times 100$。

11 精密度和准确度

11.1 精密度

6家实验室对含阳离子交换量为5.5 cmol$^+$/kg、17.8cmol$^+$/kg、29.4 cmol$^+$/kg的统一样品进行了6次重复测定，实验室内相对标准偏差分别为4.1%~5.6%、3.1%~5.0%、1.7%~3.6%；实验室间相对标准偏差分别为7.9%、4.8%、2.0%；重复性限为0.8 cmol$^+$/kg、2.1 cmol$^+$/kg、2.5 cmol$^+$/kg；再现性限为1.4 cmol$^+$/kg、3.0 cmol$^+$/kg、2.8 cmol$^+$/kg。

11.2 准确度

6家实验室对含阳离子交换量为17.0±1.0 cmol$^+$/kg（编号GB0741a）和31.0±1.0 cmol$^+$/kg（编号GBW07458）的有证标准物质进行了6次重复测定，相对误差分别为-1.8%~5.8%和0.4%~2.4%；相对误差最终值分别为2.5%±6.0%和1.2%±1.8%。

12 质量保证和质量控制

12.1 每批样品应做标准曲线，标准曲线的相关系数不应小于0.999。

12.2 每批样品应至少做10%的平行样，当样品数量少于10个时，平行样不少于1个。

13 废物处理

实验过程中产生的废液和废物应分类收集和保管，并做好相应标识，委托有资质的单位进行处理。

第三篇

无机元素和化合物含量测定

第一章
火焰原子吸收法

铅、镉的测定
《土壤质量 铅、镉的测定 KI-MIBK 萃取火焰原子吸收分光光度法》(GB/T 17140—1997)技术和质量控制要点

(一)元素概述

铅原子序数为 82，原子量为 207.2。单质铅有毒性，熔点为 327.5℃，沸点为 1 740℃，密度为 11.343 7 g/m^3，质地柔软。铅在空气中受到氧、水和二氧化碳作用，其表面会很快氧化生成保护薄膜；在加热条件下，能很

快与氧、硫、卤素化合；与冷盐酸、冷硫酸几乎不起作用，能与热或浓盐酸、硫酸反应；与稀硝酸反应，但与浓硝酸不反应；能缓慢溶于强碱性溶液。铅在地壳中含量不大，自然界中存在很少量的天然铅。铅的地壳丰度值报道有：16 mg/kg（戈尔德施密特，1937）和 12 mg/kg（黎彤，1976）。世界土壤铅的含量范围为 2～300 mg/kg，中位值为 35 mg/kg。全国土壤背景值研究实测了 4 095 个土壤剖面样品，其含铅量为 0.68～1 143 mg/kg，中位值为 23.5 mg/kg，几何平均值为 23.6 mg/kg，95% 置信范围值为 10.0～56.1 mg/kg。

镉原子序数为 48，原子量为 112.41。单质镉密度为 8.65 g/m^3，熔点为 320.9℃，沸点为 765℃。镉在潮湿空气中缓慢氧化并失去金属光泽，加热时表面形成棕色的氧化物层，若加热至沸点以上，则会产生氧化镉烟雾。镉可溶于酸，但不溶于碱。镉的地壳丰度值报道有：0.18 mg/kg（戈尔德施密特，1937）和 0.20 mg/kg（黎彤，1976）。世界土壤镉的含量范围为 0.01～2.0 mg/kg，中位值为 0.35 mg/kg。全国土壤背景值研究实测了 4 095 个土壤剖面样品，其含镉量为 0.001～13.4 mg/kg，中位值为 0.079 mg/kg，几何平均值为 0.074 mg/kg，95% 置信范围值为 0.017～0.333 mg/kg。

测定土壤中铅、镉常采用原子吸收分光光度法、电感耦合等离子体发射光谱法、电感耦合等离子体质谱法、X 射线荧光光谱法等。我国土壤中铅、镉测定标准方法采用火焰原子吸收法、石墨炉原子吸收法、X- 射线荧光光谱法（铅的测定）、电感耦合等离子体发射光谱法（ICP-AES，正在制修订）、电感耦合等离子体质谱法（ICP-MS，正在制修订）等。美国国家环境保护局测定土壤中铅、镉的分析方法有 EPA6010D（电感耦合等离子体原子发射光谱法）、EPA6020B（电感耦合等离子体质谱法）、EPA7000B（火焰原子吸收分光光度法）、EPA7010（石墨炉原子吸收分光光度法）等。

（二）标准方法解读

1 主题内容与适用范围

1.1 本标准规定了测定土壤中铅、镉的碘化钾－甲基异丁基甲酮（KI-MIBK）萃取火焰原子吸收分光光度法。

1.2 本标准的检出限[1]（按称取 0.5 g 试样消解定容至 50 ml 计算）为：铅 0.2 mg/kg，镉 0.05 mg/kg。

1.3 当试液中铜、锌的含量较高时，会消耗碘化钾，应酌情增加碘化钾的用量。

2 原理

采用盐酸－硝酸－氢氟酸－高氯酸全分解的方法，彻底破坏土壤的矿物晶格，使试样中的待测元素全部进入试液中。然后，在约 1% 的盐酸介质中，加入适量的 KI，试液中的 Pb^{2+}、Cd^{2+} 与 I^{-} 形成稳定的离子缔合物，可被甲基异丁基甲酮（MIBK）萃取。将有机相喷入火焰，在火焰的高温下，铅、镉化合物离解为基态原子，该基态原子蒸汽对相应的空心阴极灯发射的特征谱线产生选择性吸收。在选择的最佳测定条件下，测定铅、镉的吸光度。

当盐酸浓度为 1%~2%、碘化钾浓度为 0.1 mol/L 时，甲基异丁基甲酮（MIBK）对铅、镉的萃取率分别是 99.4% 和 99.3% 以上。在浓缩试样中萃取铅、镉的同时，还达到与大量共存成分铁铝及碱金属、碱土金属分离的目的。

要点分析

[1] 分析测试过程中如果称样量、定容体积发生变化，方法检出限也会随之变化。

3 试剂

本标准所使用的试剂除另有说明外，均使用符合国家标准的分析纯试剂和去离子水或同等纯度的水[2]。

3.1 盐酸（HCl），ρ = 1.19 g/ml，优级纯。

3.2 盐酸溶液，1+1：用 3.1 配制。

3.3 盐酸溶液，体积分数为 0.2%：用 3.1 配制。

3.4 硝酸（HNO_3），ρ = 1.42 g/ml，优级纯。

3.5 硝酸溶液，1+1：用 3.4 配制。

3.6 氢氟酸（HF）[3]，ρ = 1.49 g/ml。

3.7 高氯酸（$HClO_4$），ρ = 1.68 g/ml，优级纯。

3.8 抗坏血酸（$C_6H_8O_6$）水溶液，质量分数为 10%。

3.9 碘化钾（KI），2 mol/L：称取 33.2 g KI 溶于 100 ml 水中。

3.10 甲基异丁基甲酮[MIBK，$(CH_3)_2CHCH_2COCH_3$]，水饱和溶液：在分液漏斗中放入和 MIBK 等体积的水，振摇 1 min，静置分层（约 3 min）后弃去水相，取上层 MIBK 相使用。

3.11 铅标准储备液，1.000 mg/ml：称取 1.000 0 g（精确至 0.000 2 g）光谱纯金属铅于 50 ml 烧杯中，加入 20 ml 硝酸溶液（3.5），温热溶解，全量转移至 1 000 ml 容量瓶中，冷却后，用水定容至标线，摇匀。

要点分析

[2] 储备液也可购买符合国家标准的市售有证标准溶液。用于原子吸收法的标准溶液一般是用酸溶解金属或盐类而成，长期储存可能会产生沉淀，或由于氢氧化和碳酸化而被容器壁吸附从而浓度改变，须在保质期内使用。标准物质（标准溶液及标准样品）应避光保存，部分需冷藏，可定期进行标准物质期间核查。

[3] 因 HF 会腐蚀玻璃材质，实验中应使用塑料材质的器皿。

3.12 镉标准储备液[4]，1.000 mg/ml：称取 1.000 0 g（精确至 0.000 2 g）光谱纯金属镉于 50 ml 烧杯中，加入 20 ml 硝酸溶液（3.5），温热溶解，全量转移至 1 000 ml 容量瓶中，冷却后，用水定容至标线，摇匀。

3.13 铅、镉标准使用液，铅 5 mg/L、镉 0.25 mg/L：用盐酸溶液（3.3）逐级稀释[5]铅、镉标准储备液（3.11）（3.12）配制。

4 仪器

4.1 一般实验室仪器和以下仪器。

4.2 原子吸收分光光度计（带有背景校正装置）[6]。

4.3 铅空心阴极灯。

4.4 镉空心阴极灯。

4.5 乙炔钢瓶[7]。

4.6 空气压缩机，应备有除水、除油和除尘装置。

要点分析

[4] 储备液也可购买符合国家标准的市售有证标准溶液。用于原子吸收法的标准溶液一般是用酸溶解金属或盐类而成，长期储存可能会产生沉淀，或由于氢氧化和碳酸化而被容器壁吸附从而浓度改变，须在保质期内使用。标准物质（标准溶液及标准样品）应避光保存，部分需冷藏，可定期进行标准物质期间核查。

[5] 逐级稀释最高不宜超过 100 倍，以避免因稀释倍数过大带来的测试误差。

[6] 仪器进样系统（毛细进样管、垫圈等）必须是耐有机试剂腐蚀的材料，常规分析时这些部件是不具备耐有机试剂腐蚀功能的，需要更换。

[7] 高纯乙炔，纯度应满足 99.9% 及以上。纯度不足会出现火焰不稳定的情况，高纯乙炔能得到更好的稳定性和更高的灵敏度。

4.7 仪器参数

不同型号仪器的最佳测试条件不同，可根据仪器使用说明书自行选择。通常本标准采用的测量条件见表 1。

表 1　仪器测量条件

元 素	铅	镉
测定波长 / nm	217.0	228.8
通带宽度 / nm	1.3	1.3
灯电流 / mA	7.5	7.5
火焰性质	氧化性	氧化性

5 样品

将采集的土壤样品（一般不少于 500 g）混匀后用四分法缩分至约 100 g。缩分后的土样经风干（自然风干或冷冻干燥）后，除去土样中石子和动植物残体等异物，用木棒（或玛瑙棒）研压，通过 2 mm 尼龙筛（除去 2 mm 以上的砂砾），混匀。用玛瑙研钵将通过 2 mm 尼龙筛的土样研磨至全部通过孔径 100 目（0.149 mm）尼龙筛，混匀后备用。

6 分析步骤

6.1 试液的制备

6.1.1 消解[8]

准确称取 0.2~0.5 g（精确至 0.000 2 g）试样于 50 ml 聚四氟乙烯坩埚中，用水润湿后加入 10 ml 盐酸（3.1），于通风橱内的电热板上低温加热，使样品初步分解，待蒸发至约剩 3ml 时，取下稍冷，然后加入 5 ml 硝酸（3.4），5 ml 氢氟酸（3.6），3 ml 高氯酸（3.7），加盖后于电热板上中温加热 1 h 左右，然后开盖，继续加热除硅，为了达到良好的飞硅效果，

要点分析

[8]① 使用四酸法电热板消解时，应根据土壤中重金属的丰度值和校准曲线的范围合理地调整土壤取样量，尽量保证消解后的试液测定值位于校准曲线的中间点附近。②用称量纸称量后转移到聚四氟乙烯坩埚中，用去离子水对土样进行润湿，保证样品处于均匀状态。③加酸时沿坩埚内壁四周缓慢加入，冲洗附着在内壁上的土壤样品，保证所有样品与酸混合，加酸完毕需振摇混合均匀，此操作须在通风橱中进行。④消解过程中样品须从消解装置上取下并稍冷后再加入酸，特别是样品中有机物含量较高时，在高温下加入高氯酸可能会发生爆炸。氢氟酸蒸气被人体吸入或接触到皮肤会造成难以治愈的灼伤，须做好防护。⑤赶酸过程中要注意控制温度，温度过高会导致部分元素挥发，温度过低则导致消解不完全，测定结果均会偏低。最终的消解状态呈黏稠状，即摇动消解罐时试液不移动。须防止样品蒸干、焦煳等情况，避免影响测定结果。⑥消解完成后，定容时应使用容量瓶，保证样品的精度。用去离子水冲洗坩埚内壁四周，然后转移到容量瓶中，重复以上操作至少 3 次。

应经常摇动坩埚。当加热至冒浓厚高氯酸白烟时，加盖，使黑色有机物充分分解。待坩埚壁上的黑色有机物消失后，开盖，驱赶白烟并蒸至内容物呈黏稠状。视消解情况，可再加入 3 ml 硝酸（3.4）、3 ml 氢氟酸（3.6）、1 ml 高氯酸（3.7），重复上述消解过程。当白烟再次冒尽且内容物呈黏稠状时，取下稍冷，用水冲洗坩埚盖及内壁，并加入 1 ml 盐酸溶液（3.2）温热溶解残渣。然后全量转移至 100 ml 分液漏斗中，加水至约 50 ml 处。

由于土壤种类多，所含有机质差异较大，在消解时，应注意观察，各种酸的用量可视消解情况酌情增减。土壤消解液应呈白色或淡黄色（含铁较高的土壤），没有明显沉淀物存在。

注意：电热板温度不宜太高，否则会使聚四氟乙烯坩埚变形。

6.1.2 萃取[9]

在分液漏斗中，加入 2.0 ml 抗坏血酸溶液（3.8），2.5 ml 碘化钾溶液（3.9），摇匀。然后，准确加入 5.00 ml 甲基异丁基甲酮（3.10），振摇 1~2 min，静置分层。取有机相备测。

注：由于 MIBK 的比重比水小，分层后可直接喷入火焰，不一定必须与水相分离。因此，在实际操作中可以用 50 ml 比色管替代分液漏斗。

要点分析

[9] 萃取时间必须在 2 min 以上，当采用比色管代替分液漏斗进行萃取时，尽量选择刻度线距离管口空间较大的比色管，这样萃取空间较大，便于达到充分混匀萃取的效果。

6.2 测定[10]

按照仪器使用说明书调节仪器至最佳工作条件，测定有机相试液（MIBK）的吸光度。

要点分析

[10] 不同的原子吸收仪其操作步骤和维护方式不同，可根据使用说明书进行操作。在仪器使用过程中应注意以下几点：① 正确安装空心阴极灯，确保灯与待测元素一致；②仪器预热约半小时，使仪器状态稳定；③测定时一般选用主灵敏线，但当被测元素含量较高或主灵敏线附近存在干扰时，也可采用次灵敏线；④自动进样针的调节至关重要，进样针的调节主要有两个方面，一是与石墨管进样口的同心圆位置，若调节不好，不能顺利进入石墨管；二是在石墨管中的深浅，进样针在石墨管中的深浅对所测样品的精密度影响很大；⑤石墨炉体脏时，可用无水乙醇清洗，提高测量灵敏度；⑥根据所测样品的类型，选择是否加入基体改进剂以及所加基体改进剂的种类，可以适当调节干燥、灰化及原子化温度，优化实验条件；⑦需采用高纯氩气，纯度≥99.999%，氩气不纯会导致标准曲线线性不好或积分异常，石墨管寿命减少；⑧石墨管老化，测量的灵敏度和精密度都会降低，要注意及时更换。新石墨管在使用前应进行加热处理，以除去石墨管表面（如手印）和石墨管材料里面的杂质；⑨测量时应远离石墨炉体正面，特别是安装心脏起搏器的人群，因石墨炉工作时会产生高磁场；⑩仪器最佳条件选择包括以下几方面：吸收波长的选择，原子化工作条件的选择（干燥、灰化、原子化、净化温度），空心阴极灯工作条件的选择（预热时间、工作电流），石墨炉操作条件的选择（进样针的位置和深度、基体改进剂），光谱通带的选择，检测器光电倍增管工作条件的选择。

6.3 空白试验

用去离子水代替试样，采用和（6.1）相同的步骤和试剂，制备全程序空白溶液，并按步骤（6.2）进行测定。每批样品至少制备 2 个以上的空白溶液[11]。

6.4 校准曲线[12]

参考表 2 在 100 ml 分液漏斗中加入铅、镉混合标准使用液（3.13），其浓度范围应包括试样中铅、镉的浓度。然后加入 1 ml 盐酸溶液（3.2），加水至 50 ml 左右，以下操作同（6.1.2）。按步骤（6.2）中的条件由低到高浓度顺次测定标准溶液的吸光度。

用减去空白的吸光度与相对应的元素含量（mg/L）绘制校准曲线。

要点分析

[11] 空白样品测得值不应高于方法检出限。当空白超过方法检出限时，应停止样品测试，认真查找原因，通常可考虑实验用水、酸等试剂的纯度、器皿及仪器的洁净度等带来的影响。

[12]① 校准曲线为一次曲线，且相关系数≥0.999。根据仪器线性范围及消解试液的实际浓度值可对标准系列做调整，尽量使测定值位于校准曲线的中间点（1/3~2/3）附近。超过校准曲线范围的高浓度样品，可减少样品称样量或对消解试液稀释后再进行测定。②校准曲线配制过程须规范，所使用的定量器具需经定期检定或校准，并贴上相对应的标签。测定约 10 个样品后，应使用曲线中间点或有证标准样品对曲线进行校准；如不满足要求，需重新调试仪器，并对校准曲线进行重新测定。③曲线的加酸量（酸度）须与实际样品保持一致，特别是对浓度较高样品进行稀释时，酸度的偏差可能会导致待测金属络合不完全，测量结果偏低。

表 2　校准曲线溶液浓度

混合标准溶液体积 /ml	0.00	0.50	1.00	2.00	3.00	5.00
MIBK 中 Pb 的浓度 /（mg/L）	0	0.5	1	2	3	5
MIBK 中 Cd 的浓度 /（mg/L）	0	0.025	0.05	0.10	0.15	0.25

7 结果的表示

土壤样品中铅、镉的含量 W［Pb（Cd），mg/kg］按下式计算：

$$W=\frac{c\times V}{m(1-f)}$$

式中：c——试液的吸光度减去空白试验的吸光度，然后在校准曲线上查得铅、镉的含量，mg/L；

V——试液（有机相）的体积，ml；

m——称取试样的重量，g；

f——试样中的水分含量[13]，%。

要点分析

[13] 原国标 GB 7172—87（已废止）中水分的计算方法为：

$$\text{水分（分析基）（\%）}=\frac{m_1-m_2}{m_1-m_0}\times 100$$

$$\text{水分（干基）（\%）}=\frac{m_1-m_2}{m_2-m_0}\times 100$$

HJ 613—2011 中水分的计算方法为：

$$\text{干物质的量 } W_{dm}\text{（\%）}=\frac{m_2-m_0}{m_1-m_0}\times 100$$

$$\text{水分（干基）} W_{H_2O}\text{（\%）}=\frac{m_1-m_2}{m_2-m_0}\times 100$$

最后结果计算中，可使用干物质的量或干基水分进行计算：

$$W=\frac{cV}{mW_{dm}} \text{ 或 } W=\frac{cV(1+W_{H_2O})}{m}$$

8 精密度和准确度[14]

多个实验室用本方法分析 ESS 系列土壤标样中铅、镉的精密度和准确度见表 3。

表 3　方法的精密度和准确度

元素	实验室数	土壤标样	保证值 /（mg/kg）	总均值 /（mg/kg）	室内相对标准偏差 /%	室间相对标准偏差 /%	相对误差 /%
Pb	14	ESS-1	23.6±1.2	23.8	3.1	5.0	0.85
	17	ESS-3	33.3±1.3	32.7	2.2	3.7	-1.8
Cd	18	ESS-1	0.083±0.011	0.080	1.4	3.2	-3.6
	21	ESS-3	0.044±0.014	0.045	3.1	4.3	2.3

土样水分含量测定

A1 称取通过 100 目筛的风干土样 5~10 g（准确至 0.01 g），置于铝盒或称量瓶中，在 105℃烘箱中烘 4~5 h，烘干至恒重。

A2 以百分数表示的风干土样水分含量 f 按下式计算：

$$f(\%)=\frac{W_1-W_2}{W_1}\times 100$$

式中：f——土样水分含量，%；

W_1——烘干前土样重量，g；

W_2——烘干后土样重量，g。

要点分析

[14] ①根据批量大小，每批次样品需测定 1~2 个含目标元素的标准物质，测定结果须在控制范围内；②建议每批次样品（小于 10 个）或每 10 个样品中，应至少做 10% 样品的重复消解；③样品测定过程中，每 10 个样品应做一次曲线中间浓度点检查，漂移范围通常应在 ±10% 以内，超过此范围需重新绘制曲线。

（三）实验室注意事项

（1）实验室要保持清洁卫生，尽可能做到无尘，无大磁场、电场，无阳光直射和强光照射，无腐蚀性气体，室内空气相对湿度、温度、抽风设备等满足仪器要求。

（2）实验室与化学处理室及发射光谱实验室分开，以防止腐蚀性气体侵蚀和强电磁场干扰。

（3）仪器较长时间不使用时，应保证每周 1~2 次打开仪器电源开关通电 30 min 左右。

（4）样品前处理和测定过程中所使用的实验器皿清洗干净后，应使用 1+1 的硝酸溶液浸泡过夜，再以自来水冲洗、去离子水反复淌洗，晾干备用。

第二章
石墨炉原子吸收法

铍的测定
《土壤和沉积物 铍的测定 石墨炉原子吸收分光光度法》(HJ 737—2015) 技术和质量控制要点

(一) 元素概述

铍的原子序数为4，原子量为9.012。单质铍为钢灰色金属，密度为1.848 g/cm^3，熔点为1 278±5℃，沸点为2 970℃，质坚硬。在空气中容易形成致密氧化膜保护层，故在空气中加热到赤红时也很稳定。不溶于冷水，微溶于热水，生成氢氧化铍和氢气，灼热的铍跟水蒸气反应生成氧化铍和氢气。可溶于稀盐酸、稀硫酸和氢氧化钾溶液并放出氢气。

铍在自然界中含量约为 6 mg/kg。铍的化学性质活泼，已发现的铍的同位素共有 8 种，包括铍 6、铍 7、铍 8、铍 9、铍 10、铍 11、铍 12、铍 14，其中只有铍 9 是稳定的，其他同位素都带有放射性。铍的化合物如氧化铍、氟化铍、氯化铍、硫化铍、硝酸铍等对人体的毒性较大，而金属铍的毒性相对较小。

测定土壤中铍元素含量常采用原子吸收分光光度法、电感耦合等离子体发射光谱法、电感耦合等离子体质谱法。我国土壤中铍含量测定的标准方法包括石墨炉原子吸收法、电感耦合等离子体发射光谱法（ICP-AES，正在制修订）、电感耦合等离子体质谱法（ICP-MS，正在制修订）。美国环境保护局测定土壤中铍的分析方法包括 EPA 210.1（火焰原子吸收分光光度法）、EPA 200.9 和 EPA 210.2（石墨炉原子吸收分光光度法）、EPA 200.7（电感耦合等离子体发射光谱法）、EPA 200.8（电感耦合等离子体质谱法）。

（二）标准方法解读

1 适用范围

本标准规定了测定土壤和沉积物中铍的石墨炉原子吸收分光光度法。

本标准适用于土壤和沉积物中铍的测定。当称取 0.2 g 样品消解，定容至 50 ml 时，本方法的检出限为 0.03 mg/kg，测定下限为 0.12 mg/kg[1]。

要点分析

[1] 分析测试过程中如果称样量、定容体积发生变化，方法检出限也会随之变化。

2 规范性引用文件

本标准内容引用了下列文件或其中的条款。凡是未注明日期的引用文件，其有效版本适用于本标准。

GB 17378.3　海洋监测规范　第 3 部分：样品采集、贮存与运输

GB 17378.5　海洋监测规范　第 5 部分：沉积物分析

HJ 613　土壤　干物质和水分的测定　重量法

HJ/T 91　地表水和污水监测技术规范

HJ/T 166　土壤环境监测技术规范

3 方法原理

土壤或沉积物经消解后，注入石墨炉原子化器中，经过干燥、灰化和原子化，铍化合物形成的铍基态原子对 234.9 nm 特征谱线产生吸收，其吸收强度在一定范围内与铍浓度成正比。

4 干扰和消除

20 mg/L 的铁对铍的测定产生负干扰；75 mg/L 的镁对铍的测定产生正干扰。加入氯化钯基体改进剂[2]，可消除干扰。

要点分析

[2] 基体改进剂的作用：① 在测定基体复杂的样品时提高灰化温度以减少样品基体的存在；②避免待测元素在原子化阶段前损失，提高灵敏度；③为了获得更好的稳定性、重现性，消除双峰现象；④抑制电离干扰；⑤作为元素的释放剂。基体改进剂的选择，并不仅是根据待测元素而定，还需要考虑基体主要成分等其他因素。

5 试剂和材料

除非另有说明，分析时均使用符合国家标准的分析纯试剂，实验用水为新制备的去离子水或同等纯度的水[3]。

5.1 盐酸：ρ（HCl）=1.19 g/ml，优级纯。

5.2 硝酸：ρ（HNO_3）=1.42 g/ml，优级纯。

5.3 氢氟酸[4]：ρ（HF）=1.49 g/ml，优级纯。

5.4 高氯酸：ρ（$HClO_4$）=1.68 g/ml，优级纯。

要点分析

[3] 天然水中通常含有5种杂质：电解质（包括带电粒子）、有机物（如有机酸、农药、烃类、醇类和酯类等）、颗粒物、微生物、溶解气体。① 蒸馏水：以去除电解质及与水沸点相差较大的非电解质为主，无法去除与水沸点相当的非电解质，纯度用电导率衡量。②去离子水：去掉水中除氢离子、氢氧根离子外的其他由电解质溶于水中电离所产生的全部离子，即去掉溶于水中的电解质物质。去离子水基本用离子交换法制得，纯度用电导率来衡量。去离子水中可能含有不能电离的非电解质，如乙醇等。③超纯水：一般工艺很难达到的程度，如水的电阻率大于18 MΩ · cm（没有明显界线），则称为超纯水。关键是看用水的纯度及各项征性指标，如电导率或电阻率、pH、钠、重金属、二氧化硅、溶解有机物、微粒子以及微生物指标等。④每个实验室应该有实验室用水检查记录，使用的硝酸、盐酸等试剂应该有供应品符合性检查记录，还应有空白检查等。可以使用硝酸、盐酸和去离子水配制实验条件的酸体系，做试剂空白检查。如自制超纯水可每月做一次空白检查（pH、电导率、目标元素等），酸等试剂每批次做一次空白检查。

[4] 因 HF 会腐蚀玻璃材质，实验中应使用塑料材质的器皿。

5.5 硝酸溶液：1+1，用（5.2）配制。

5.6 硝酸溶液：5+95，用（5.2）配制。

5.7 硝酸溶液[5]：1+99，用（5.2）配制。

5.8 铍标准贮备液[6]：ρ（Be）=100 mg/L。

使用市售有证标准溶液或准确称取 1.966 0 g 硫酸铍（$BeSO_4 \cdot H_2O$），用少量水溶解后全量转入 1 000 ml 容量瓶中，加入 10 ml 硝酸（5.2），用水定容至标线，摇匀。

5.9 铍标准中间液：ρ（Be）=1.00 mg/L。

准确吸取 1.00 ml 铍标准贮备液（5.8）于 100 ml 容量瓶中，用硝酸溶液（5.7）定容至标线，摇匀。

5.10 铍标准使用液：ρ（Be）=10.0 μg/L。

准确吸取 1.00 ml 标准中间液（5.9）于 100 ml 容量瓶中，用硝酸溶液（5.7）定容至标线，摇匀。临用现配。

5.11 氯化钯溶液，ρ（$PdCl_2$）=17.0 g/L。

称取 1.70 g 氯化钯，用硝酸溶液（5.6）低温加热溶解，定容至 100 ml。

5.12 氩气：纯度≥ 99.99%。

要点分析

[5] 硝酸等溶液的配制应在通风橱中进行。

[6] 储备液也可购买符合国家标准的市售有证标准溶液。用于原子吸收法的标准溶液一般是用酸溶解金属或盐类而成，长期储存可能会产生沉淀，或由于氢氧化和碳酸化而被容器壁吸附从而浓度改变，须在保质期内使用。标准物质（标准溶液及标准样品）其储备应避光保存，部分需冷藏。可定期进行标准物质期间核查。

6 仪器和设备

6.1 石墨炉原子吸收分光光度计，具有背景校正功能。

6.2 铍空心阴极灯。

6.3 石墨管：热解涂层石墨管[7]（市售商品）。

6.4 微波消解装置。

6.5 电热板：具有温控功能。

6.6 聚四氟乙烯坩埚。

6.7 一般实验室常用仪器和设备。

7 样品

7.1 样品采集与保存

按照 HJ/T 166 的相关规定采集及保存土壤样品；按照 GB 17378.3 和 HJ/T 91 的相关规定采集及保存沉积物样品。

7.2 样品制备

按照 HJ/T 166 和 GB 17378.3 的要求，将采集的样品在实验室进行风干、粗磨、细磨至过孔径 0.15 mm（100 目）筛。样品采集、运输、制备和保存过程应避免沾污和待测元素损失。

要点分析

[7] 热解涂层石墨管是指在石墨炉原子化器中的石墨管表面涂覆一层热解石墨，改善其多孔、疏松的性质。将 10% 甲烷和 90% 氩气通入 2 000～2 400℃高温炉中，甲烷热解生成的碳沉积在炉内石墨管表面上形成一层质密的热解石墨。热解涂层石墨管比普通热解石墨管的灵敏度和精密度更好。

7.3 试样制备

7.3.1 电热板消解法[8]

称取样品0.1～0.3 g（精确至0.1 mg）于50 ml聚四氟乙烯坩埚中，用水润湿后加入10 ml盐酸（5.1），于通风橱内的电热板上低温（95±5℃）加热，使样品初步分解，待蒸发至约剩3 ml时，加入5 ml硝酸（5.2）、5 ml氢氟酸（5.3），加盖于电热板上中温（120±5℃）加热0.5～1 h，冷却后加入2 ml高氯酸（5.4），加盖中温加热1 h，开盖飞硅（为了达到良好的飞硅效果，应经常摇动坩埚），当加热至冒浓厚高氯酸白烟时，加盖，使黑色有机碳化物分解。待坩埚壁上的黑色有机物消失后，开盖，驱赶白烟（温度控制在140±5℃）并蒸至近干（趁热观察内容物呈不流动状态

要点分析

[8] ①使用四酸法电热板消解时，应根据土壤中重金属的丰度值和校准曲线的范围合理地调整土壤取样量，尽量保证消解后的试液测定值位于校准曲线的中间点附近。②用称量纸称量后转移到聚四氟乙烯坩埚中，用去离子水对土样进行润湿，保证样品处于均匀状态。③加酸时沿坩埚内壁四周缓慢加入，冲洗附着在内壁上的土壤样品，保证所有样品与酸混合，加酸完毕需振摇混合均匀，此操作须在通风橱中进行。④消解过程中样品须从消解装置上取下并稍冷却后再加入酸，特别是样品中有机物含量较高时，在高温下加入高氯酸可能会发生爆炸。氢氟酸蒸气被人体吸入或接触到皮肤会造成难以治愈的灼伤，须做好防护。⑤赶酸过程中要注意控制温度，温度过高会导致部分元素挥发，温度过低则导致消解不完全，测定结果均会偏低。最终的消解状态呈黏稠状，即摇动消解罐时试液不移动。须防止样品蒸干、焦煳等情况，避免影响测定结果。⑥消解完成后，定容时应使用容量瓶，保证样品的精度。用去离子水冲洗坩埚内壁四周，然后转移到容量瓶中，重复以上操作至少3次。

的液珠状）。视消解情况，可再补加 3 ml 硝酸（5.2）、3 ml 氢氟酸（5.3）、1 ml 高氯酸（5.4），重复以上消解过程。取下坩埚稍冷，加入 1 ml 硝酸溶液（5.5），温热溶解可溶性残渣，转移至 50 ml 容量瓶中，用水定容至标线，摇匀，保存于聚乙烯瓶中。

某些土壤和沉积物中有机质含量较高，应增加硝酸用量；在消解过程中，应注意观察，各种酸的用量和消解时间可视消解情况酌情增减；电热板温度不宜过高，防止聚四氟乙烯坩埚变形及样品蒸干。

7.3.2 微波消解法 [9]

称取样品 0.1~0.3 g（精确至 0.1 mg）于微波消解罐中，用少量水润

要点分析

[9] ①微波消解过程常使用盐酸、硝酸、氢氟酸，因高氯酸具强氧化性，如样品有机物含量高，高温高压下易发生爆炸，故禁止使用高氯酸。②应根据土壤中重金属的丰度值和校准曲线的范围合理地调整土壤取样量，尽量保证消解后的试液测定值位于校准曲线的中间点附近。③用称量纸称量后转移到聚四氟乙烯坩埚中，用去离子水对土样进行润湿，保证样品处于均匀状态。④加酸时，沿消解罐内壁四周缓慢加入，使酸冲洗附着在内壁上的土壤样品，保证所有的样品与酸混合，加酸完毕后需振摇混合均匀。此操作在通风橱中进行。⑤按照相应的微波消解程序进行消解，消解完后进行冷却，将消解液和少量冲洗消解罐的去离子水一并转移至聚四氟乙烯坩埚中，加入高氯酸。⑥赶酸过程中经常振摇坩埚进行飞硅，做好防护，氢氟酸蒸气被吸入或接触到皮肤会造成难以治愈的灼伤。同时要注意控制温度，温度过高将导致某些元素挥发；温度过低则导致消解不完全，使测定结果偏低。在最后赶酸阶段需控制好最后的消解状态（呈黏稠状），即摇动消解罐时试液不移动。最后黏稠状样品呈无色透明或淡黄色（含铁较高的土壤）。防止样品蒸干、焦煳影响最终测定结果。⑦消解完成后，定容时应使用容量瓶，保证样品的精度。用去离子水冲洗坩埚内壁四周，然后转移到容量瓶中，重复以上操作至少 3 次。

湿后加入 6 ml 硝酸（5.2）、2 ml 盐酸（5.1）、2~5 ml 氢氟酸（5.3），按照一定升温程序（参见表 1）进行消解，冷却后（或将溶液转移至 50 ml 聚四氟乙烯坩埚中）加入 1.0 ml 高氯酸（5.4），在电热板上加热，温度控制在 150℃，加热至冒浓厚高氯酸白烟且内容物呈不流动状态时，取下坩埚稍冷，加入 1 ml 硝酸溶液（5.5），温热溶解可溶性残渣，转移至 50 ml 容量瓶中，用水定容至标线，摇匀，保存于聚乙烯瓶中。

表 1　微波消解升温程序参考表

升温时间 /min	消解温度 /℃	保持时间 /min
7	室温 ~120	3
5	120~160	3
5	160~190	25

7.4 实验室空白的制备 [10]

用去离子水代替试样，采用和试样制备相同的步骤和试剂，制备实验室空白。

要点分析

[10] 空白样品测得值不应高于方法检出限。当空白超过方法检出限时，应停止样品测试，认真查找原因，通常可考虑实验用水、酸等试剂的纯度、器皿及仪器的洁净度等带来的影响。

7.5 样品干物质含量和含水率的测定

按照 HJ 613 测定土壤样品的干物质含量[11]。按照 GB 17378.5 测定沉积物样品的含水率。

要点分析

[11] 原国标 GB 7172—87（已废止）中的水分计算方法为：

$$水分（分析基）（\%）=\frac{m_1-m_2}{m_1-m_0}\times 100$$

$$水分（干基）（\%）=\frac{m_1-m_2}{m_2-m_0}\times 100$$

HJ 613—2011 中水分为：

$$干物质的量\ W_{dm}（\%）=\frac{m_2-m_0}{m_1-m_0}\times 100$$

$$水分（干基）W_{H_2O}（\%）=\frac{m_1-m_2}{m_2-m_0}\times 100$$

最后结果计算中，可使用干物质的量或干基水分进行计算：

$$w=\frac{cV}{mw_{dm}} 或 w=\frac{cV(1+w_{H_2O})}{m}$$

8 分析步骤

8.1 仪器参考测量条件

根据仪器说明书要求选择测量条件[12]，仪器参考测量条件见表2。

要点分析

[12] 不同的原子吸收仪其操作步骤和维护方式不同，可根据使用说明书进行操作。在仪器使用过程中应注意以下几点：①正确安装空心阴极灯，确保灯与待测元素一致。②仪器预热约半小时，使仪器状态稳定。③测定时一般选用主灵敏线，但当被测元素含量较高或主灵敏线附近存在干扰时，也可采用次灵敏线。④自动进样针的调节至关重要，进样针的调节主要有两个方面，一是与石墨管进样口的同心圆位置，若调节不好，不能顺利进入石墨管；二是在石墨管中的深浅，进样针在石墨管中的深浅对所测样品的精密度影响很大。⑤石墨炉体脏时，可用无水乙醇清洗，提高测量灵敏度。⑥根据所测样品的类型，选择是否加入基体改进剂以及所加基体改进剂的种类，可以适当调节干燥、灰化及原子化温度，优化实验条件。⑦需采用高纯氩气，纯度≥99.999%，氩气不纯会导致标准曲线线性不好或积分异常，石墨管寿命减少。⑧石墨管老化，测量的灵敏度和精密度都会降低，要注意及时更换。新石墨管在使用前应进行加热处理，以除去石墨管表面（如手印）和石墨管材料里面的杂质。⑨测量时应远离石墨炉体正面，特别是安装心脏起搏器的人群，因石墨炉工作时会产生高磁场。⑩仪器最佳条件选择包括以下几方面：吸收波长的选择，原子化工作条件的选择（干燥、灰化、原子化、净化温度），空心阴极灯工作条件的选择（预热时间、工作电流），石墨炉操作条件的选择（进样针的位置和深度、基体改进剂），光谱通带的选择，检测器光电倍增管工作条件的选择。

表 2　仪器参考测量条件

元 素	Be
测定波长 /nm	234.9
通带宽度 /nm	0.5
干燥温度时间 /（℃ /s）	85~120/55
灰化温度时间 /（℃ /s）	1 200~1 400/10~15
原子化温度时间 /（℃ /s）	2 600/2.9
清除温度时间 /（℃ /s）	2 650/2
原子化阶段是否停气	是
氩气流速 /（ml/min）	300
进样量 /μl	20（自动进样器或手动进样）
基体改进剂加入量 /μl	2

8.2 校准曲线 [13]

准确移取铍标准使用液（5.10）0.00 ml、0.50 ml、1.00 ml、2.00 ml、3.00 ml、4.00 ml。

要点分析

[13] 校准曲线为一次曲线，且相关系数一般应≥ 0.999。根据仪器线性范围及消解试液的实际浓度值可对标准系列做调整，尽量使测定值位于校准曲线的中间点（1/3~2/3）附近。超过校准曲线范围的高浓度样品，可减少样品称样量或对消解试液稀释后再进行测定。②校准曲线配制过程须规范，所使用的定量器具需经定期检定或校准，并贴上相对应的标签。测定约 10 个样品后，可使用曲线中间点或有证标准样品对曲线进行校准；如不满足要求，需重新调试仪器，并对校准曲线进行重新测定。③曲线的加酸量（酸度）须与实际样品保持一致，特别是对浓度较高样品进行稀释时，酸度的偏差可能会导致待测金属络合不完全，测量结果偏低。

于 10 ml 容量瓶中，用硝酸溶液（5.7）定容后摇匀。此标准系列中铍浓度依次为 0 μg/L、0.50 μg/L、1.00 μg/L、2.00 μg/L、3.00 μg/L、4.00 μg/L。按照仪器测量条件（8.1），由低浓度到高浓度依次向石墨管内加入 20 μl 标准溶液和 2 μl 基体改进剂（5.11），测量吸光度。以相应吸光度为纵坐标，以铍标准系列质量浓度为横坐标，绘制铍的校准曲线。

8.3 测定

在与绘制校准曲线相同的条件下，测定实验室空白和试样的吸光度。由吸光度值在校准曲线上查得铍含量。如试样在测定前进行了稀释，应将测定结果乘以相应的稀释倍数。

9 结果计算与表示

9.1 结果计算

9.1.1 土壤样品的结果计算

土壤中铍的含量 w_1（mg/kg）按照式（1）计算：

$$w_1 = \frac{(\rho - \rho_0) \times V}{m \times w_{\mathrm{dm}}} \times 10^{-3} \tag{1}$$

式中：w_1——土壤中铍的含量，mg/kg；

ρ——由校准曲线查得试液中铍的质量浓度，μg/l；

ρ_0——空白溶液中铍的质量浓度，μg/L；

V——试样的定容体积，ml；

m——称取试样的质量，g；

w_{dm}——土壤样品干物质含量，%。

9.1.2 沉积物样品的结果计算

沉积物中铍的含量 w_2（mg/kg）按照式（2）计算：

$$w_2 = \frac{(\rho - \rho_0) \times V}{m \times (1 - f)} \times 10^{-3} \tag{2}$$

式中：w_2——沉积物中铍的含量，mg/kg；

ρ——由校准曲线查得试液中铍的质量浓度，μg/L；

ρ_0——空白溶液中铍的质量浓度，μg/L；

V——试样的定容体积，ml；

m——称取试样的质量，g；

f——沉积物样品水分，%。

9.2 结果表示

当测定结果小于 1.00 mg/kg 时，保留小数点后两位；当测定结果大于等于 1.00 mg/kg 时，保留 3 位有效数字。

10 精密度和准确度

10.1 精密度

7 家实验室分别对实际土壤样品（黑钙土）和沉积物样品（松花江沉积物）进行统一测定（n=6），测定结果表明：

实验室内相对标准偏差范围分别为 2.8%~12% 和 1.2%~9.1%；

实验室间相对标准偏差分别为 7.3% 和 8.4%；

重复性限（r）分别为 0.465 mg/kg 和 0.419 mg/kg；

再现性限（R）分别为 0.665 mg/kg 和 0.736 mg/kg。

10.2 准确度

7 家实验室分别对浓度为 2.0±0.4 mg/kg 的土壤标准样品和浓度为 1.8±0.3 mg/kg 的沉积物标准样品进行统一测定，相对误差分别为 -18%~9.2% 和 -13%~13%；相对误差的平均值分别为 -5.7%±22% 和 0.8%±17.6%。

11 质量保证和质量控制

11.1 每批样品至少做 2 个实验室空白，其测定结果应低于测定下限。

11.2 每批样品需做校准曲线，用线性拟合曲线进行校准，其相关系数应大于 0.995。

11.3　每批样品至少按 10% 的比例进行平行双样测定，样品数量少于 10 个时，应至少测定一个平行双样，测定结果的相对偏差一般不大于 20%。

11.4　每测 10 个样品和分析结束后，应测定校准空白和一个位于校准曲线中间的标准点，确保标准点测量值的变化不大于 10%。

11.5　每批样品至少按 10% 的比例随机插入土壤或沉积物标准样品进行测定，样品数量少于 10 个时，应至少测定一个标准样品，以控制样品测定的准确性。

12　废物处理

实验中产生的废弃溶液应分类收集，委托有资质的单位进行处理。

13　注意事项

13.1　实验所用的玻璃器皿需先用洗涤剂洗净，再用（1+4）硝酸溶液浸泡 24 h，使用前再依次用自来水、去离子水洗净。对于新器皿，应作相应的空白检查后方可使用。

13.2　配制标准溶液与制备试样应使用同一批试剂。

13.3　为了延长石墨管的使用寿命，消解后定容加入的硝酸量，视不同仪器要求可适当调整。

（三）实验室注意事项

（1）实验室要保持清洁卫生，尽可能做到无尘，无大磁场、电场，无阳光直射和强光照射，无腐蚀性气体，室内空气相对湿度（45%~80%）、温度（15~35℃）、抽风设备等满足仪器要求。

（2）实验室与化学处理室及发射光谱实验室分开，以防止腐蚀性气体侵蚀和强电磁场干扰。

（3）仪器较长时间不使用时，应保证每周 1~2 次打开仪器电源开关通电 30 min 左右。

（4）实验中所使用的铍标准溶液为剧毒化学品，高氯酸、硝酸具有腐蚀性和强氧化性，盐酸、氢氟酸具有强挥发性和腐蚀性，操作时应按规定要求佩戴防护用品，溶液配制及样品预处理应在通风橱中进行操作。

第三章 原子荧光法

总铅的测定
《土壤质量 总汞、总砷、总铅的测定 原子荧光法 第 3 部分：土壤中总铅的测定》（GB/T 22105.3—2008）技术和质量控制要点

（一）元素概述

铅原子序数为 82，原子量为 207.2。单质铅有毒性，熔点为 327.5℃，沸点为 1 740℃，密度为 11.343 7 g/m^3，质地柔软。铅在空气中受到氧、水和二氧化碳作用，其表面会很快氧化生成保护薄膜；在加热条件下，能很

快与氧、硫、卤素化合；与冷盐酸、冷硫酸几乎不起作用，能与热或浓盐酸、硫酸反应；与稀硝酸反应，但与浓硝酸不反应；能缓慢溶于强碱性溶液。铅在地壳中含量不大，自然界中存在很少量的天然铅。铅的地壳丰度值报道有：16 mg/kg（戈尔德施密特，1937）和 12 mg/kg（黎彤，1976）。世界土壤铅的含量范围为 2~300 mg/kg，中位值为 35 mg/kg。全国土壤背景值研究实测了 4 095 个土壤剖面样品，其含铅量为 0.68~1 143 mg/kg，中位值为 23.5 mg/kg，几何平均值为 23.6 mg/kg，95% 置信范围值为 10.0~56.1 mg/kg。

测定土壤中铅常采用原子吸收分光光度法、电感耦合等离子体发射光谱法、电感耦合等离子体质谱法、X 射线荧光光谱法等。我国测定土壤中铅标准方法采用火焰原子吸收法、石墨炉原子吸收法、原子荧光法、X-射线荧光光谱法、电感耦合等离子体发射光谱法（ICP-AES，正在制修订）、电感耦合等离子体质谱法（ICP-MS，正在制修订）等。美国环境保护局测定土壤中铅的分析方法有 EPA6010D（电感耦合等离子体发射光谱法）、EPA6020B（电感耦合等离子体质谱法）、EPA7000B（火焰原子吸收分光光度法）、EPA7010（石墨炉原子吸收分光光度法）。

（二）标准方法解读

1 范围

GB/T 22105 的本部分规定了土壤中总铅的原子荧光光谱测定方法。

本部分适用于土壤中总铅的测定。

本部分方法检出限为 0.06 mg/kg[1]。

要点分析

[1] 分析测试过程中如果称样量、定容体积发生变化，方法检出限也会随之变化。

2 原理

采用盐酸－硝酸－氢氟酸－高氯酸全消解的方法，消解后的样品中铅与还原剂硼氢化钾反应生成挥发性铅的氢化物（PbH_4）。以氩气为载体，将氢化物导入电热石英原子化器中进行原子化。在特制铅空心阴极灯照射下，基态铅原子被激发至高能态，在去活化回到基态时，发射出特征波长的荧光，其荧光强度与铅的含量成正比[2]，最后根据标准系列进行定量计算。

3 试剂

本部分所使用的试剂除另有说明外，均为分析纯试剂[3]，试验用水为去离子水[4]。

3.1 盐酸（HCl）：ρ=1.19 g/ml，优级纯。

3.2 硝酸（HNO_3）：ρ=1.42 g/ml，优级纯。

要点分析

[2] 在一定线性范围内成正比。

[3] 所用的酸试剂要做试剂空白检测，并有检查记录。在盐酸、硝酸等酸中常含有杂质（铅、汞等），须采用优级纯或更高纯度的酸。在实验之前可将待使用的酸按标准空白的酸浓度在仪器上进行测试，选用荧光强度较低的酸。如空白值过高，将影响工作曲线的线性、方法的检出限和测量的准确度。建议每批次试剂都做一次空白检查。

[4] 去离子水为去掉水中除氢离子、氢氧根离子外的，其他由电解质溶于水中电离所产生的全部离子，即去掉溶于水中的电解质物质。去离子水基本用离子交换法制得，纯度用电导率来衡量。每个实验室应该有实验室用水检查记录。可以使用硝酸、盐酸和去离子水配制实验条件的酸体系，做试剂空白检查。建议每月做一次空白检查（pH、电导率、目标元素等）。

3.3 氢氟酸[5]（HF）：ρ=1.49 g/ml，优级纯。

3.4 高氯酸（$HClO_4$）：ρ=1.68 g/ml，优级纯。

3.5 氢氧化钾（KOH）：优级纯。

3.6 硼氢化钾（KBH_4）：优级纯。

3.7 铁氰化钾[6]［$K_3Fe(CN)_6$］：优级纯。

3.8 盐酸溶液（1+1）：取一定体积的盐酸（3.1），加入同体积的水配制。

3.9 盐酸溶液（1+66）：量取 1.5 ml 的盐酸（3.1），加水定容至 100 ml，混匀。

3.10 硝酸溶液（1+1）：取一定体积的硝酸（3.2），加入同体积的水配制。

3.11 草酸溶液（100 g/L）：称取 10 g 草酸，加水溶解，定容至 100 ml。

3.12 铁氰化钾溶液（100 g/L）：称取 10 g 铁氰化钾（3.7），加水溶解，定容至 100 ml。

3.13 还原剂[7]［2% 硼氢化钾（KBH_4）+0.5% 的氢氧化钾（KOH）溶液］：称取 0.5 g 氢氧化钾（3.5）放入烧杯中，用少量水溶解，称取 2.0 g 硼氢化钾（3.6）放入氢氧化钾溶液中，溶解后用水稀释至 100 ml，此溶液现用现配。

要点分析

[5] 因 HF 会腐蚀玻璃材质，实验中应使用塑料材质的器皿。

[6] 铁氰化钾是一种氧化剂，有毒，深红色晶体，常温下十分稳定，能被酸分解，能被光及还原剂还原成亚铁氰化钾。经灼烧可完全分解，产生剧毒氰化钾等。铁氰化钾水溶液呈黄色，水溶液受光及碱作用易分解，遇亚铁盐生成深蓝色沉淀。应注意避光保存。

[7] 硼氢化钾是强还原剂，极易与空气中的氧气和二氧化碳反应，在中性和酸性溶液中易分解产生氢气。因此其配制过程应严格按照方法要求进行，且现用现配。

3.14 载液[8]：取 3 ml 盐酸溶液（3.8）、2 ml 草酸溶液（3.11）、4 ml 铁氰化钾溶液（3.12）放入烧杯中，用水稀释至 100 ml，混匀。

3.15 铅标准贮备溶液：称取 0.500 0 g 光谱纯金属铅，分次少量加入（1+1）硝酸溶液（3.10），必要时加热，直至溶解完全。移入 500 ml 容量瓶中，用水稀释至刻度，摇匀。此标准溶液铅的浓度为 1.00 mg/ml（有条件的单位可以到国家认可的部门直接购买标准贮备溶液）[9]。

3.16 铅标准中间溶液：吸取 10.00 ml 铅标准贮备液（3.15）注入 1 000 ml 容量瓶中，用盐酸溶液（3.9）稀释至刻度，摇匀。此标准溶液铅的浓度为 10.00 μg/ml。

3.17 铅标准工作溶液：吸取 2.00 ml 铅标准中间溶液（3.16）注入 100 ml 容量瓶中，用盐酸溶液（3.9）稀释至刻度，摇匀。此标准溶液铅的浓度为 0.20 μg/ml。

4 仪器及设备[10]

4.1 氢化物发生原子荧光光度计。

4.2 铅双阴极空心阴极灯。

4.3 电热板。

要点分析

[8] 载液可视样品量适量配制，应在通风橱中操作，宜现配现用。

[9] 标准溶液及标准样品须在保质期内使用，且应避光冷藏保存。标准物质需有领用记录，可定期进行标准物质期间核查。

[10] 高纯氩气纯度应满足 99.99% 及以上。如在检测过程中发现仪器灵敏度显著变化或测定结果异常，应立即对仪器进行检查，找出原因并解决。

5 分析步骤

5.1 试液的制备[11]

称取经风干、研磨并过 0.149 mm 孔径筛的土壤样品 0.2~1.0 g（精确至 0.000 2 g）于 25 ml 聚四氟乙烯坩埚中，用少许的水润湿样品，加入 5 ml 盐酸（3.1）、2 ml 硝酸（3.2）摇匀，盖上坩埚盖，浸泡过夜，然后置于电热板上加热消解，温度控制在 100℃左右，至残余酸量较少时（约 2~3 ml），取下坩埚稍冷后加入 2 ml 氢氟酸（3.3），继续低温加热至残余酸液为 1~2 ml 时取下，冷却后加入 2~3 ml 高氯酸（3.4），将电热板温度升至 200℃左右，继续消解至白烟冒净为止。加少许盐酸（3.1）淋洗坩埚

要点分析

[11] ①使用四酸法电热板消解时，应根据土壤中重金属的丰度值和校准曲线的范围合理地调整土壤取样量，尽量保证消解后的试液测定值位于校准曲线的中间点附近。②用称量纸称量后转移到聚四氟乙烯坩埚中，用去离子水对土样进行润湿，保证样品处于均匀状态。③加酸时沿坩埚内壁四周缓慢加入，冲洗附着在内壁上的土壤样品，保证所有样品与酸混合，加酸完毕需振摇混合均匀，此操作须在通风橱中进行。④消解过程中样品须从消解装置上取下并稍冷却后再加入酸，特别是当样品中有机物含量较高，在高温下加入高氯酸可能会发生爆炸。氢氟酸蒸气被人体吸入或接触到皮肤会造成难以治愈的灼伤，须做好防护。⑤赶酸过程中要注意控制温度，温度过高会导致部分元素挥发，温度过低则导致消解不完全，测定结果均会偏低。最终的消解状态呈黏稠状，即摇动消解罐时试液不移动。须防止样品蒸干、焦煳等情况，避免影响测定结果。⑥消解完成后，定容时应使用容量瓶，保证样品的精度。用去离子水冲洗坩埚内壁四周，然后转移到容量瓶中，重复以上操作至少 3 次。

壁，加热溶解残渣，将盐酸赶尽，加入 15 ml（1+1）盐酸溶液（3.8）于坩埚中，在电热板上低温加热，溶解至溶液清澈为止。取下冷却后转移至 50 ml 容量瓶中，用水稀释至刻度，摇匀后取 5ml 溶液于 50 ml 容量瓶中，加入 2 ml 草酸溶液（3.11）、2 ml 铁氰化钾溶液（3.12），然后用水稀释至刻度，摇匀，放置 30 min 待测。同时做空白试验。

5.2 空白试验

采用与 5.1 相同的试剂和步骤，制备全程序空白溶液。每批样品至少制备 2 个以上空白溶液[12]。

5.3 校准曲线[13]

分别准确吸取 0.00 ml、1.00 ml、2.00 ml、3.00 ml、5.00 ml、7.50 ml、10.00 ml 铅标准工作液（3.17）置于 7 个 50 ml 容量瓶中，用少量水稀释后，

要点分析

[12] 空白样品测得值不应高于方法检出限。当空白超过方法检出限时，应停止样品测试，认真查找原因，通常可考虑实验用水、酸等试剂的纯度、器皿及仪器的洁净度等带来的影响。

[13]① 校准曲线为一次曲线，且相关系数一般应≥ 0.999。根据仪器线性范围及消解试液的实际浓度值可对标准系列做调整，尽量使测定值位于校准曲线的中间点（1/3~2/3）附近。超过校准曲线范围的高浓度样品，可减少样品称样量或对消解试液稀释后再进行测定。②校准曲线配制过程须规范，所使用的定量器具需经定期检定或校准，并贴上相对应的标签。测定约 10 个样品后，应使用曲线中间点或有证标准样品对曲线进行校准；如不满足要求，需重新调试仪器，并对校准曲线进行重新测定。③曲线的加酸量（酸度）须与实际样品保持一致，特别是对浓度较高的样品进行稀释时，酸度的偏差可能会导致待测金属络合不完全，测量结果偏低。

加 1.5 ml 盐酸溶液（3.8）、2 ml 草酸溶液（3.11）、2 ml 铁氰化钾溶液（3.12），最后用水稀释至刻度，摇匀。此标准系列相当于铅的浓度分别为 0.00 ng/ml、4.00 ng/ml、8.00 ng/ml、12.0 ng/ml、20.0 ng/ml、30.0 ng/ml、40.0 ng/ml，适用于一般样品的测定。

5.4 仪器参考条件

不同型号仪器的最佳参数不同，可根据仪器使用说明书自行选择。表 1 列出了本部分通常采用的参数。

表 1　仪器参数

负高压 /V	280	加热温度 /℃	200
A 道灯电流 /mA	80	载气流量 /（ml/min）	400
B 道灯电流 /mA	0	屏蔽气流量 /（ml/min）	1 000
观测高度 /mm	8	测量方法	校准曲线
读数方式	峰面积	读数时间 /s	10
延迟时间 /s	1	测量重复次数	2

5.5 测定

将仪器调至最佳工作条件[14]，在还原剂（3.13）和载液（3.14）的带动下，测定标准系列各点的荧光强度（校准曲线是减去标准空白后的荧光强度对浓度绘制的），然后依次测定样品空白、试样的荧光强度[15]。

要点分析

[14] 依次打开仪器及软件，根据实际需要以及仪器运行状态，对仪器分析条件进行优化后，预热 0.5~1 h 再开始测量。测量时需开启通风并做好个人防护，通风橱的排风效果会影响实验测定结果，需根据仪器条件要求，配置合适排风量的通风橱。

[15] 超出校准曲线的高浓度样品，应减少称样量或对其消解液稀释后再行测定。如样品含量超出仪器承受范围，需立即进行管路清洗，避免对后续样品产生干扰，清洗干净的指标为空白降至原水平。

6 结果表示

土壤样品总铅含量ω以质量分数计，数值以毫克每千克（mg/kg）表示，按式（1）计算：

$$\omega=\frac{(c-c_0)\times V_2\times V_{总}/V_1}{m\times(1-f)\times 1\,000} \quad (1)$$

式中：c——从校准曲线上查得元素含量，单位为纳克每毫升（ng/ml）；

c_0——试剂空白溶液测定浓度，单位为纳克每毫升（ng/ml）；

V_2——测定时分取样品溶液稀释定容体积，单位为毫升（ml）；

$V_{总}$——样品消解后定容总体积，单位为毫升（ml）；

V_1——测定时分取样品消解液体积，单位为毫升（ml）；

m——试样质量，单位为克（g）；

f——土壤含水量[16]；

1 000——将“ng”换算为“μg”的系数。

重复试验结果以算术平均值表示，保留3位有效数字。

要点分析

[16] HJ 613—2011中水分的计算方法为：

$$干物质的量\ w_{dm}(\%)=\frac{m_2-m_0}{m_1-m_0}\times 100$$

$$水分（干基）w_{H_2O}(\%)=\frac{m_1-m_2}{m_2-m_0}\times 100$$

最后结果计算中，可使用干物质的量或干基水分进行计算：

$$w=\frac{cV}{mw_{dm}}\ 或\ w=\frac{cV(1+w_{H_2O})}{m}$$

7 精密度和准确度[17]

按照本部分测定土壤中总铅，其相对误差的绝对值不得超过5%。在重复条件下，获得的两次独立测定结果的相对偏差不得超过5%。

8 注释

8.1 GB/T 22105的本部分对测定溶液中盐酸的浓度要求比较严格，所以样品消解至赶酸时，应特别注意务必将酸赶尽，然后再准确加入15 ml（1+1）盐酸溶液（3.8），低温加热溶解完全。取下冷却后转移至50 ml容量瓶中，用水稀释至刻度，摇匀后取5 ml溶液于50 ml容量瓶中，加入2 ml草酸溶液（3.11），加入2 ml铁氰化钾溶液（3.12），然后用水稀释至刻度，摇匀。这一步是为确保待测溶液的盐酸浓度在0.18~0.24 mol/L的范围内。同样，标准系列的盐酸浓度也应控制在0.18~0.24 mol/L的范围内。

8.2 制备好的样品试液应放置30 min后再测定，以确保试液中的二价铅全部被氧化成四价铅，标准系列也同样放置30 min后测定。

（三）实验室注意事项

（1）实验室要保持清洁卫生，尽可能做到无尘，无大磁场、电场，无阳光直射和强光照射，无腐蚀性气体，仪器抽风设备良好，室内空气相对

要点分析

[17] ①平行样：每批样品应至少测定10%的平行双样，样品数小于10个时，应至少测定一个平行双样。②标准样品：根据批量大小，每批次样品需测定1~2个含目标元素的标准物质，测定结果须在相对误差范围内。③QC检查：每测定20个样品应进行一次校准曲线零点和中间浓度点核查。

湿度应＜ 70%，温度为 15~30℃。

（2）实验室必须与化学处理室分开，以防止腐蚀性气体侵蚀。建议远离发射光谱 / 质谱仪，以避免强电磁场干扰。

（3）仪器较长时间不使用时，应保证每周 1~2 次打开仪器电源开关，通电 30 min 左右或测定标准空白，实验完毕后，按各自仪器说明书要求，排空管内液体或充满去离子水。

（4）样品预处理和测定过程中所使用的容器清洗干净后，以 10%~30% 的稀硝酸浸泡至少 12 h，再以自来水冲洗、去离子水反复淌洗，以降低空白背景并避免交叉污染。

第四章 分光光度法

总汞的测定
《土壤质量 总汞的测定 冷原子吸收分光光度法》（GB/T 17136—1997）技术和质量控制要点

（一）元素概述

汞的原子序数为 80，原子量为 200.59，汞是银白色闪亮的重质液体，是常温、常压下唯一以液态存在的金属。熔点为 -38.87℃，沸点为 356.6℃，密度为 13.59 g/cm^3。汞在常温下不易被氧化，但极容易蒸发，汞蒸气和汞的化合物都有剧毒。汞不溶于水，易溶于硝酸和热硫酸，与稀硫酸、盐酸、碱等不起反应。

汞在自然界中分布量极小，被认为是稀有金属。汞的地壳丰度值报道有：0.5 mg/kg（戈尔德施密特，1937）、0.08 mg/kg（维拉格拉多夫，1962）和 0.089 mg/kg（黎彤，1976）。世界土壤汞的含量范围为 0.01~0.5 mg/kg，中位值为 0.06 mg/kg。全国土壤背景值研究实测了 4 095 个代表性土壤样品，其汞含量范围为 0.001~45.9 mg/kg，中位值为 0.038 mg/kg，算术平均值为 0.040 mg/kg。95% 置信范围值为 0.006~0.272 mg/kg。

我国土壤中汞的测定标准方法有《土壤质量　总汞、总砷、总铅的测定　原子荧光法》（GB/T 22105.1—2008）、《土壤检测　第 10 部分：土壤总汞的测定》（NY/T 1121.10—2006）、《土壤质量　总汞的测定　冷原子吸收分光光度法》（GB/T 17136—1997）等，以上标准方法均需将样品进行前处理后进行仪器分析。常用盐酸 - 硝酸、硫酸 - 硝酸 - 高锰酸钾等不同酸体系，常用前处理方式有微波消解、水浴消解或电热板消解。所用的检测仪器为原子荧光光度计（AFS）、冷原子吸收光度计（CAA）。美国环境保护局测定土壤中汞的分析方法有 EPA 7473 方法《热分解齐化原子吸收光度法测定固体及液体中的汞》等。

（二）标准方法解读

1 主题内容与适用范围

1.1 本标准规定了测定土壤中总汞的冷原子吸收分光光度法。

1.2 标准的检出限视仪器型号的不同而异，本方法的最低检出限为 0.005 mg/kg（按称取 2 g 试样计算）。

1.3 易挥发的有机物和水蒸气在 253.7 nm 处有吸收而产生干扰。易挥发有机物在样品消解时可除去，水蒸气用无水氯化钙、过氯酸镁除去。

2 原理

汞原子蒸气对波长为 253.7 nm 的紫外光具有强烈的吸收作用，汞蒸气浓度与吸光度成正比。通过氧化分解试样中以各种形式存在的汞，使之转化为可溶态汞离子进入溶液，用盐酸羟胺还原过剩的氧化剂，用氯化亚锡将汞离子还原成汞原子，用净化空气作载气[1]将汞原子载入冷原子吸收测汞仪的吸收池进行测定。

3 试剂[2]

除非另有说明，分析中均使用符合国家标准或专业标准的优级纯试剂。

要点分析

[1] 高纯惰性气体也可作为载气，如氩气、氮气，推荐使用氩气作为载气。

[2] 各种试剂的质量对冷原子吸收法测定有影响，硫酸、盐酸和硝酸必须使用优级纯以上纯度。使用的硫酸、盐酸、硝酸等试剂应该有供应品符合性检查记录和空白检查记录等。使用前，用硫酸、盐酸、硝酸和去离子水配制实验条件的酸体系，做试剂空白检查。

3.1 无汞蒸馏水：二次蒸馏水或电渗析去离子水通常可达到此纯度，也可将蒸馏水加盐酸酸化至 pH 为 3，然后通过巯基棉纤维管除汞（见附录 B）[3]。

3.2 硫酸（H_2SO_4），ρ=1.84 g/ml。

3.3 盐酸（HCl），ρ=1.19 g/ml。

3.4 硝酸（HNO_3），ρ=1.42 g/ml。

3.5 硫酸－硝酸混合液，1+1。

3.6 重铬酸钾（$K_2Cr_2O_7$）[4]。

要点分析

[3] 天然水中通常含有 5 种杂质：电解质（包括带电粒子），有机物（如有机酸、农药、烃类、醇类和酯类等）、颗粒物、微生物、溶解气体。① 蒸馏水：以去除电解质及与水沸点相差较大的非电解质为主，无法去除与水沸点相当的非电解质，纯度用电导率衡量。②去离子水：去掉水中除氢离子、氢氧根离子外的，其他由电解质溶于水中电离所产生的全部离子，即去掉溶于水中的电解质物质。去离子水基本用离子交换法制得，纯度用电导率来衡量。去离子水中可能含有不能电离的非电解质，如乙醇等。③超纯水：一般工艺很难达到的程度，如水的电阻率大于 18 MΩ · cm（没有明显界线），则称为超纯水。关键是看用水的纯度及各项征性指标，如电导率或电阻率、pH、钠、重金属、二氧化硅、溶解有机物、微粒子以及微生物指标等。④每个实验室应该有实验室用水检查记录，使用的硝酸、盐酸等试剂应该有供应品符合性检查记录，还应有空白检查等。可以使用硝酸、盐酸和去离子水配制实验条件的酸体系，做试剂空白检查。如自制超纯水可每月做一次空白检查（pH、电导率、目标元素等），酸等试剂每批次做一次空白检查。

[4] 重铬酸钾有毒且致癌，使用时应做好个人防护。

3.7　高锰酸钾溶液：将 20 g 的高锰酸钾（$KMnO_4$，必要时重结晶精制）用蒸馏水（3.1）溶解，稀释至 1 000 ml。

3.8　盐酸羟胺溶液：将 20 g 的盐酸羟胺（$NH_2OH \cdot HCl$）用蒸馏水（3.1）溶解，稀释至 100 ml[5]。

3.9　五氧化二钒（V_2O_5）[6]。

3.10　氯化亚锡溶液：将 20 g 氯化亚锡（$SnCl_2 \cdot 2H_2O$）置于烧杯中，加入 20 ml 盐酸（3.3），微微加热。待完全溶解后，冷却，再用蒸馏水（3.1）稀释至 100 ml。若有汞，可通入氮气鼓泡除汞。临用前现配[7]。

3.11　汞标准固定液：将 0.5 g 重铬酸钾（3.6）溶于 950 ml 蒸馏水（3.1）中，再加 50 ml 硝酸（3.4）。

3.12　稀释液：将 0.2 g 重铬酸钾（3.6）溶于 972.2 ml 蒸馏水（3.1）中，再加 27.8 ml 硫酸（3.2）。

3.13　汞标准贮备溶液，100 mg/L：称取放置在硅胶（3.16）干燥器中充分干燥过的 0.135 4 g 氯化汞（$HgCl_2$），用汞标准固定液（3.11）溶解后，转移到 1 000 ml 容量瓶中，再用汞标准固定液（3.11）稀释至标线，摇匀。

要点分析

[5] 盐酸羟胺极易潮解，应密封保存在干燥器中。

[6] 五氧化二钒有毒，使用时应做好个人防护。

[7] 加热环节应在通风橱内进行，操作时应做好个人防护；配制好的氯化亚锡溶液，加入微量金属锡粒，可预防溶液的氧化。

3.14 汞标准中间溶液[8]，10.0 mg/L：吸取汞标准贮备溶液（3.13）10.00 ml，移入 100 ml 容量瓶，加汞标准固定液（3.11）稀释至标线，摇匀。

3.15 汞标准使用溶液，0.100 mg/L：吸取汞标准中间溶液（3.14）1.00 ml，移入 100 ml 容量瓶，加汞标准固定液（3.11）稀释至标线，摇匀。

3.16 变色硅胶：*Φ*3～4 mm，干燥用。

3.17 经碘处理的活性炭：按重量取 1 份碘、2 份碘化钾和 20 份蒸馏水，在玻璃烧杯中配制成溶液，然后向溶液中加入约 10 份柱状活性炭（工业用，*Φ*3 mm，长 3～7 mm）。用力搅拌至溶液脱色后，从烧杯中取出活性炭，用玻璃纤维把溶液滤出，然后在 100℃左右干燥 1～2 h 即可。

3.18 仪器洗液：将 1.0 重铬酸钾（3.6）溶于 900 ml 蒸馏水（3.1）中，加入 100 ml 硝酸（3.4）。

4 仪器[9]

一般实验室仪器和以下专业仪器：

载气净化系统，可根据不同测汞仪特点及具体条件，参考下图进行连接。

要点分析

[8] 汞标准中间溶液和汞标准使用溶液均可用市售汞标准溶液进行配制。配制好的标准中间溶液以及标准使用溶液需 2～5℃冷藏保存，标准使用液建议现配现用。标准溶液及标准样品（质控样）必须在保质期内使用。标准物质的领用需有领用记录，有条件的情况下应进行标准物质的期间核查。

[9] 目前，已经开发出整体的“冷原子吸收测汞仪”，无须进行各种连接。只需连接氩气，经仪器厂家的安装、调试，验收确认后可以直接用于样品的测试。

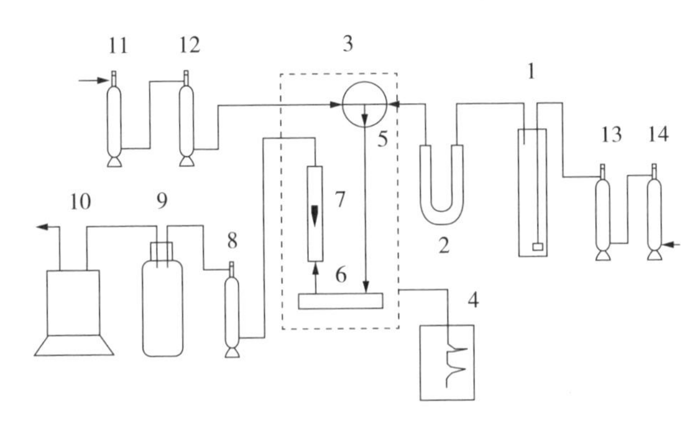

1—泵还原器；2—U 形管；3—测泵仪；4—记录仪；5—三通阀；6—吸收池；7—流量控制器；8、12、13—泵吸收塔；9—气体缓冲瓶，10 L；10—机械真空泵；11、14—空气干燥塔（内盛变色硅胶）

测泵装置气路连接示意

所有玻璃仪器及盛样瓶，均用仪器洗液浸泡过夜（3.18），用蒸馏水（3.1）冲洗干净[10]。

4.1 测汞仪。

4.2 记录仪：量程与测汞仪匹配。

4.3 汞还原器：总容积分别为 50 ml、75 ml、100 ml、250 ml、500 ml，具有磨口，带莲蓬形多孔吹气头的玻璃翻泡瓶。

4.4 U 形管（Φ15 mm×110 mm）：内装变色硅胶（3.16）60~80 mm 长。

要点分析

[10] 汞极易吸附，因此所用玻璃器皿及试剂瓶均需用（1+1）硝酸溶液浸泡过夜，然后依次用自来水、去离子水冲洗干净。对于直接用于盛装土壤样品的玻璃器皿在经过前面的洗涤步骤后，需在 105℃或稍高温度烘干，使吸附在玻璃器皿上的汞挥发。实验室内经验证明这种方式可以更有效地避免汞的污染。

4.5 三通阀。

4.6 汞吸收塔：250 ml 玻璃干燥塔，内装经碘处理的活性炭（3.17）。

5 样品

将采集的土壤样品（一般不少于 500 g）混匀后用四分法缩分至约 100 g。缩分后的土样经风干（自然风干或冷冻干燥）后，除去土样中石子和动植物残体等异物，用木棒（或玛瑙棒）研压，通过 2 mm 尼龙筛（除去 2 mm 以上的砂砾），混匀。用玛瑙研钵将通过 2 mm 尼龙筛的土样研磨至全部通过 100 目（孔径 0.149 mm）尼龙筛，混匀后备用。

6 分析步骤

6.1 试液的制备[11]

6.1.1 硫酸－硝酸－高锰酸钾消解法

称取按步骤 5 制备的土壤样品 0.5~2 g[12]（准确至 0.000 2 g）于 150 ml 锥形瓶[13]中，用少量蒸馏水（3.1）润湿样品，加硫酸 - 硝酸混合液（3.5）

要点分析

[11] 土壤样品种类较多且复杂，性质差别较大，消解过程中应注意观察，酸及高锰酸钾的用量根据消解状态酌情增减。

[12] 本标准方法使用万分之一天平准确称取土壤样品。根据土壤中汞的丰度值和校正曲线范围，合理地称取土样，尽量保证消解后的试液测定值位于曲线中间点附近。

[13] 称样后转移到锥形瓶中，转移过程中尽量避免土壤样品黏附在瓶口和瓶壁上。先使用蒸馏水对土样进行润湿，保证样品处于均匀状态，加入酸后样品与消解液接触更为均匀和充分。加酸消解过程要注意控制温度，温度过高导致汞元素挥发，温度过低导致消解不完全，最后测定结果偏低。在消解过程中，应不时振摇锥形瓶，使样品消解更充分。

5~10 ml，待剧烈反应停止后，加蒸馏水（3.1）10 ml，高锰酸钾溶液（3.7）10 ml，在瓶口插一小漏斗，置于低温电热板上加热至近沸，保持30~60 min，分解过程中若紫色褪去，应随时补加高锰酸钾溶液（3.7），以保持有过量的高锰酸钾存在。取下冷却。在临测定前，边摇边滴加盐酸羟胺溶液（3.8），直至刚好使过剩的高锰酸钾及器壁上的水合二氧化锰全部褪色为止。

注：对有机质含量较多的样品，可预先用硝酸加热回流消解，然后再加硫酸和高锰酸钾继续消解。

6.1.2 硝酸－硫酸－五氧化二钒消解法

称取按步骤5制备的土壤样品0.5~2 g（准确至0.000 1 g）于150 ml锥形瓶中，用少量蒸馏水（3.1）润湿样品，加入五氧化二钒（3.9）约50 mg，硝酸（3.4）10~20 ml，硫酸（3.2）5 ml，玻璃珠3~5粒，摇匀。在瓶口插一小漏斗，置于电热板上加热至近沸，保持30~60 min。取下稍冷，加蒸馏水（3.1）20 ml，继续加热煮沸15 min，此时试样为浅灰白色（若试样色深适当补加硝酸再进行分解）。取下冷却，滴加高锰酸钾溶液（3.7）至紫色不褪。在临测定前，边摇边滴加盐酸羟胺溶液（3.8），直至刚好使过剩的高锰酸钾及器壁上的水合二氧化锰全部褪色为止。

6.2 测定[14]

6.2.1 连接好仪器，更换U形管中硅胶（3.16），按说明书调试好测汞仪及记录仪，选择好灵敏度档及载气流速。将三通阀（4.5）旋至“校零”端。

要点分析

[14] 不同的测汞仪其操作步骤和维护方式不同，可根据使用说明书进行操作。在仪器使用过程中应注意以下几点：①仪器开机后应先后分别通入载液和试剂，待管路填充完毕及仪器稳定后再进行样品分析。②保证进液、排液泵管安装时松紧适宜，仪器各管路进液通顺。由于氯化亚锡溶液容易形成沉淀堵塞管路，应特别注意检查试剂进液管。③若发现汞灯工作不正常，先观察仪器光学系统是否有液体进入，再观察汞灯强度是否有异常。④调节好分压阀，设定合适的载气流量，使气液分离器中的液体不会因为气流量过大而进入光学系统，也不会因气流过小而不能将汞原子完全载入检测系统。在样品的测试过程中应随时观察载气流量，有些样品因为基体比较复杂，与试剂的反应很剧烈，产生大量气泡，携带液体进入光学系统导致仪器故障。⑤氯化亚锡为白色或白色单斜晶系结晶。结晶或溶液都能从空气中吸收氧，形成不溶性氧氯化物。强热时分解，易溶于水、醇、冰醋酸中，极易溶于稀的或浓的盐酸，当溶于大量水时，形成不溶性的碱式盐，具有腐蚀性。因此该试剂极易形成不溶物堵塞和腐蚀管路，所以在仪器使用完后应及时清洗仪器。应先用仪器洗液（3.18）清洗15 min以上，再用去离子水清洗15 min以上，最后将所有管路中的液体取出，排空液体后关闭仪器、气阀，松开泵管，关闭所有电源。⑥仪器排放的废气应连接废气吸收装置吸收（如酸性高锰酸钾），经常检查废气吸收装置是否正常工作（高锰酸钾是否褪色）。

6.2.2 取出汞还原器（4.3）吹气头，将试液（含残渣）全部移入汞还原瓶，用蒸馏水洗涤锥形瓶 3~5 次，洗涤液并入还原瓶，加蒸馏水至 100 ml。加入 1 ml 氯化亚锡溶液（3.11），迅速插入吹气头，然后将三通阀（4.5）旋至“进样”端，使载气通入汞还原器（4.3）。此时试液中的汞被还原并汽化成汞蒸气，随载气流入测汞仪的吸收池，表头指针和记录仪笔迅速上升，记下最高读数或峰高。待指针和记录笔重新回零后，将三通阀（4.5）旋至“校零”端，取出吹气头，弃去废液，用蒸馏水（3.1）清洗汞还原器（4.3）二次，再用稀释液（3.11）洗一次，以氧化可能残留的二价锡，然后进行另一试样的测定。

6.3 空白试样[15]

每分析一批试样，按步骤（6.1）制备至少两份空白试样，并按步骤（6.2）进行测定。

要点分析

[15] 空白样品测得值不应高于方法检出限。当空白超过方法检出限时，应停止样品测试，认真查找原因，通常可考虑实验用水、酸等试剂的纯度、器皿及仪器的洁净度等带来的影响。

6.4 校准曲线[16]

准确移取汞标准使用溶液（3.15）0.00 ml、0.50 ml、1.00 ml、2.00 ml、3.00 ml和4.00 ml于150 ml锥形瓶中，加硫酸-硝酸混合液（3.5）4 ml，加高锰酸钾溶液（3.7）5滴，加蒸馏水（3.1）20 ml，摇匀。测定前滴加盐酸羟胺溶液（3.8）还原，以下按6.2所述步骤进行测定[17]。

将测得的吸光度为纵坐标，对应的汞含量（μg）为横坐标，绘制校准曲线。

7 结果的表示

土样中总汞的含量 c（Hg，mg/kg）按下式计算：

$$c = \frac{m}{W(1-f)}$$

要点分析

[16] ①校准曲线为一次曲线，且相关系数一般应≥0.999。根据仪器线性范围及消解试液的实际浓度值可对标准系列做调整，尽量使测定值位于校准曲线的中间点（1/3~2/3）附近。超过校准曲线范围的高浓度样品，可减少样品称样量或对消解试液稀释后再进行测定。②校准曲线配制过程须规范，所使用的定量器具需经定期检定或校准，并贴上相对应的标签。测定约10个样品后，应使用曲线中间点或有证标准样品对曲线进行校准；如不满足要求，需重新调试仪器，并对校准曲线进行重新测定。③曲线的加酸量（酸度）须与实际样品保持一致，特别是对浓度较高的样品进行稀释时，酸度的偏差可能会导致待测金属络合不完全，测量结果偏低。

[17] 可将一定量的标准使用溶液直接移取至100 ml容量瓶，按上述步骤进行操作，测定前滴加盐酸羟胺溶液还原，并定容至标线。

式中：m——测得试液中汞量，μg；

W——称取土样重量，g；

f——土样水分含量[18]，%。

8 精密度和准确度

多个实验室用本方法分析 ESS 系列土壤标样中总汞的精密度和准确度见表 1。

表 1　方法的精密度和准确度

实验室数	土壤标样	保证值 /（mg/kg）	总均值 /（mg/kg）	室内相对偏差 /%	室间相对标准偏差 /%	相对误差 /%
25	ESS-1	0.016±0.003	0.016	6.2	32.5	0.0
26	ESS-3	0.112±0.012	0.100	3.4	20.0	-10.7
24	ESS-4	0.021±0.004	0.019	8.4	20.5	-9.5

要点分析

[18] ① 原国标 GB 7172—87（已废止）中水分的计算方法为：

$$水分（分析基）（\%）=\frac{m_1-m_2}{m_1-m_0}\times 100$$

$$水分（干基）（\%）=\frac{m_1-m_2}{m_2-m_0}\times 100$$

② HJ 613—2011 中水分的计算方法为：

$$干物质的量\ W_{dm}（\%）=\frac{m_2-m_0}{m_1-m_0}\times 100$$

$$水分（干基）W_{H_2O}（\%）=\frac{m_1-m_2}{m_2-m_0}\times 100$$

最后结果计算中，可使用干物质的量或干基水分进行计算：

$$w=\frac{cV}{mw_{dm}}\ 或\ w=\frac{cV(1+w_{H_2O})}{m}$$

（三）实验室注意事项

（1）实验室要保持清洁卫生，尽可能做到无尘，无大磁场、电场，无阳光直射和强光照射，无腐蚀性气体，室内空气相对湿度应＜ 70%，温度为 15~30℃。

（2）实验室必须与化学处理室分开，以防止腐蚀性气体侵蚀和交叉污染。

（3）仪器较长时间不使用时，应保证每周 1~2 次打开仪器电源开关、通电 30 min 左右。

（4）样品前处理和测定过程中所使用的实验器皿清洗干净后，应使用 1+1 的硝酸溶液浸泡过夜，再以自来水冲洗、去离子水反复淌洗，晾干备用。

附 录 A
土样水分含量测定

A.1　称取通过 100 目筛的风干土样 5~10 g（准确至 0.01 g），置于铝盒或称量瓶中，在 105℃烘箱中烘干 4~5 h，烘干至恒重。

A.2 以百分数表示的风干土样水分含量 f 按下式计算：

$$f(\%) = \frac{W_1 - W_2}{W_1} \times 100$$

式中：f——土样水分含量，%；

W_1——烘干前土样重量，g；

W_2——烘干后土样重量，g。

附 录 B

盐酸羟胺溶液的提纯

盐酸羟胺试剂中常含有汞，必须提纯。当汞含量较低时，可采用巯基棉纤维管除汞法；汞含量较高时，先用萃取法除掉大量汞后再用巯基棉纤维管除汞。

B.1 巯基棉纤维管除汞法：在内径6~8 mm，长100 mm左右，一端拉细的玻璃管，或500 ml分液漏斗放液管中，填充0.1~0.2 g巯基棉纤维，将待净化试剂以10 ml/min速度流过1~2次即可除尽汞。

巯基棉纤维（sulfhydryl cotton fiber，S.C.F）的制备：

于棕色磨口广口瓶中，依次加入100 ml硫代乙醇酸（$CH_2SHCOOH$，分析纯），60 ml乙酸酐［$(CH_3CO)_2O$］、40ml 36%乙酸（CH_3COOH）、0.3 ml硫酸（3.2），充分混均，冷却至室温后，加入30 g长纤维脱脂棉，使之浸泡完全，用水冷却，待反应热散去后，放入40±2℃烘箱中2~4 d后取出。用耐酸过滤漏斗抽滤，用无汞蒸馏水（3.1）充分洗涤至中性后，摊开，于30~35℃下烘干。成品放于棕色磨口广口瓶中，避光，较低温度下保存。

B.2 萃取法：取250 ml盐酸羟胺溶液（3.8）注入500 ml分液漏斗中，每次加入15 ml含二苯基硫巴腙（双硫腙$C_{13}H_{12}N_4S$）0.1 g/L的四氯化碳（CCl_4）溶液，反复萃取，直至含双硫腙的四氯化碳溶液保持绿色不变为止。然后用四氯化碳萃取，以除去多余的双硫腙。

总汞的测定《土壤和沉积物 总汞的测定 催化热解－冷原子吸收分光光度法》（HJ 923—2017）技术和质量控制要点

（一）元素概述

见本章“总汞的测定《土壤质量 总汞的测定 冷原子吸收分光光度法》（GB/T 17136—1997）技术和质量控制要点”。

（二）标准方法解读

警告：实验中使用的硝酸具有较强的挥发性和腐蚀性，标准溶液配制过程应在通风橱中进行；操作时应按规定佩戴防护器具，避免吸入呼吸道和直接接触皮肤、衣物。

1 适用范围

本标准规定了测定土壤和沉积物中总汞的催化热解－冷原子吸收分光光度法。

本标准适用于土壤和沉积物中总汞的测定。

当取样量为 0.1 g 时，本标准方法检出限[1]为 0.2 μg/kg，测定范围为 0.8×10^3~6.0×10^3 μg/kg。

要点分析

[1] 实验过程中如果称样量发生变化，则方法检出限也会相应发生变化。

2 规范性引用文件

本标准引用了下列文件或其中的条款。凡是不注日期的引用文件，其有效版本适用于本标准。

GB 17378.3　海洋监测规范　第 3 部分：样品采集、贮存与运输

GB 17378.5　海洋监测规范　第 5 部分：沉积物分析

HJ 494　水质　采样技术指导

HJ 613　土壤　干物质和水分的测定　重量法

HJ/T 91　地表水和污水监测技术规范

HJ/T 166　土壤环境监测技术规范

3 方法原理

样品导入燃烧催化炉后，经干燥、热分解及催化反应，各形态汞被还原成单质汞，单质汞进入齐化管生成金汞齐，齐化管快速升温将金汞齐中的汞以蒸气形式释放出来，汞蒸气被载气带入冷原子吸收分光光度计，汞蒸气对 253.7 nm 特征谱线产生吸收，在一定浓度范围内，吸收强度与汞的浓度成正比。

4 试剂和材料

除非另有说明，分析时均使用符合国家标准的分析纯试剂，实验用水为新制备的去离子水或蒸馏水[2]。

4.1 硝酸（HNO_3）：ρ=1.42 g/ml，优级纯。

4.2 重铬酸钾（$K_2Cr_2O_7$）：优级纯。

4.3 氯化汞（$HgCl_2$）：优级纯。临用时放干燥器中充分干燥。

4.4 固定液：将0.5 g 重铬酸钾（4.2）溶于950 ml 蒸馏水中，再加50 ml 硝酸（4.1），混匀。

要点分析

[2] 天然水中通常含有5种杂质：电解质（包括带电粒子）、有机物（如有机酸、农药、烃类、醇类和酯类等）、颗粒物、微生物、溶解气体。① 蒸馏水：以去除电解质及与水沸点相差较大的非电解质为主，无法去除与水沸点相当的非电解质，纯度用电导率衡量。②去离子水：去掉水中除氢离子、氢氧根离子外的，其他由电解质溶于水中电离所产生的全部离子，即去掉溶于水中的电解质物质。去离子水基本用离子交换法制得，纯度用电导率来衡量。去离子水中可能含有不能电离的非电解质，如乙醇等。③超纯水：一般工艺很难达到的程度，如水的电阻率大于18 MΩ · cm（没有明显界线），则称为超纯水。关键是看用水的纯度及各项特征性指标，如电导率或电阻率、pH、钠、重金属、二氧化硅、溶解有机物、微粒子以及微生物指标等。④每个实验室应该有实验室用水检查记录，使用的硝酸试剂应该有供应品符合性检查记录，还应有空白检查等。可以使用硝酸和去离子水配制实验条件的酸体系，做试剂空白检查。如自制超纯水可每月做一次空白检查（pH、电导率、目标元素等），酸试剂每批次做一次空白检查。

4.5 汞标准贮备液：ρ（Hg）=100 mg/L。

称取 0.135 4 g 氯化汞（4.3），用固定液（4.4）溶解后，转移至 1 000 ml 容量瓶，再用固定液（4.4）稀释定容至标线，摇匀。也可直接购买市售有证标准溶液[3]。

4.6 汞标准使用液[4]：ρ（Hg）=10.0 mg/L。

移取汞标准贮备液（4.5）10.0 ml，置于 100 ml 容量瓶中，用固定液（4.4）定容至标线，混匀。临用现配。

4.7 载气：高纯氧气（O_2），纯度≥ 99.999 %。

4.8 石英砂：75～150 μm（200～100 目）。

置于马弗炉 850℃灼烧 2 h，冷却后装入具塞磨口玻璃瓶中密封保存。

5 仪器和设备

5.1 测汞仪：配备样品舟（镍舟或磁舟）、燃烧催化炉、齐化管、解吸炉及冷原子吸收分光光度计。

参考工作流程图，见图 1。

要点分析

[3] 市售有证标准溶液可能是硝酸汞或氯化汞，不影响使用。

[4] 汞标准使用溶液，也可用市售汞标准溶液进行配制。配制好的标准使用溶液需 2~5℃冷藏保存，建议当天使用。标准溶液及标准样品（质控样）必须在保质期内使用。标准物质的领用需有领用记录，有条件的情况下应进行标准物质的期间核查。

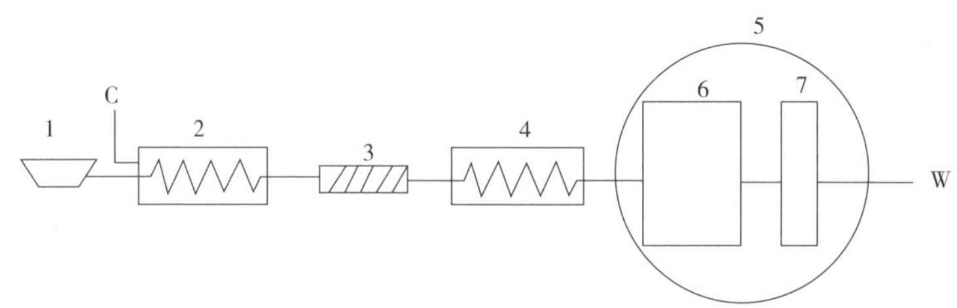

1—样品舟；2—燃烧催化炉；3—齐化管；4—解吸炉；5—冷原子吸收分光光度计；
6—低浓度检测池；7—高浓度检测池；C—载气；W—废气

图 1　参考工作流程图

5.2 分析天平：感量 0.000 1 g。

5.3 一般实验室常用仪器和设备。

6 样品

6.1 样品采集和保存

土壤样品按照 HJ/T 166 的相关要求采集和保存，海洋沉积物样品按照 GB 17378.3 的相关要求采集和保存，地表水沉积物样品按照 HJ/T 91 和 HJ 494 的相关要求采集。样品采集后，置于玻璃瓶中 4℃以下冷藏保存[5]，保存时间为 28 d。

6.2 试样的制备

按照 HJ/T 166 和 GB 17378.3，将采集[6]的样品在实验室中风干、破碎[7]、过筛[8]，保存备用。

要点分析

[5] 建议采用棕色玻璃瓶作为保存容器。

[6] 测试样品采集使用木铲、塑料袋和布袋，保存时应避免阳光直射，防止交叉污染。

[7] 样品制备过程中避免使用金属器具（如不锈钢镊子），如果使用仪器进行样品制备，则与土样接触部分避免使用金属材质，以免造成污染。

[8] 应使用尼龙材质的筛网。

6.3 水分的测定

按照 HJ 613 测定土壤样品（6.2）的干物质含量，按照 GB 17378.5 测定沉积物样品（6.2）的含水率。

7 分析步骤

7.1 仪器参考条件

按仪器操作说明书对仪器气路进行连接，并于使用前对气路进行气密性检查。参照仪器使用说明，选择最佳分析条件。仪器参考条件如表 1 所示。

表 1 仪器参考条件

参数	参考值
干燥温度 /℃	200
干燥时间 /s	10
分解温度 /℃	700
分解时间 /s	140
催化温度 /℃	600
汞齐化加热温度 /℃	900
汞齐化混合加热时间 /s	12
载气流量 /（ml/min）	100
检测波长 /nm	253.7

7.2 校准曲线的建立[9]

7.2.1 标准系列溶液的配制

7.2.1.1 低浓度标准系列溶液：分别移取 0 μl、50.0 μl、100 μl、200 μl、300 μl、400 μl 和 500 μl 汞标准使用液（4.6），用固定液（4.4）定容至

要点分析

[9] 实际工作中也可以通过称取不同汞含量的土壤标准物质来进行校准曲线的建立。

10 ml，配制成当进样量为 100 μl 时汞含量分别为 0 ng、5.0 ng、10.0 ng、20.0 ng、30.0 ng、40.0 ng 和 50.0 ng 的标准系列溶液。

7.2.1.2 高浓度标准系列溶液：分别移取 0 ml、0.50 ml、1.00 ml、2.00 ml、3.00 ml、4.00 ml、6.00 ml 汞标准使用液（4.6），用固定液（4.4）定容至 10 ml，配制成当进样量为 100 μl 时汞含量分别为 0 ng、50.0 ng、100 ng、200 ng、300 ng、400 ng 和 600 ng 的标准系列溶液。

7.2.2 标准曲线的建立

分别移取 100 μl 标准系列溶液（7.2.1.1）或（7.2.1.2）置于样品舟中，按照仪器参考条件（7.1）依次进行标准系列溶液的测定，记录吸光度值。以各标准系列溶液的汞含量为横坐标，以其对应的吸光度值为纵坐标，分别建立低浓度或高浓度标准曲线。

注：根据实际样品浓度可选择建立不同浓度的标准曲线。

7.3 试样测定

称取 0.1 g[10]（精确到 0.000 1 g）样品（6.2）于样品舟中，按照与标准曲线建立相同的仪器条件（7.1）进行样品的测定。取样量可根据样品浓度适当调整，推荐取样量为 0.1~0.5 g。

7.4 空白试验[11]

用石英砂（4.8）代替样品按照与样品测定相同的测定步骤（7.3）进行空白试验。

要点分析

[10] 本标准方法使用万分之一天平准确称取土壤样品。根据土壤中汞的丰度和校正曲线范围，合理地称取土样重量，尽量保证样品中汞含量位于曲线中间点附近。

[11] 空白实验检查过程中若空白有检出，需要认真查找原因，考虑石英砂纯度及器皿洁净度等影响，待问题解决再进行样品测定。

8 结果计算与表示

8.1 结果计算

8.1.1 土壤样品的结果计算

土壤样品中总汞的含量 w_1（Hg，mg/kg）按下式计算：

$$w_1 = \frac{m_1}{m \times W_{dm}}$$

式中：w_1——样品中总汞的含量，μg/kg；

m_1——由标准曲线所得样品中的总汞含量，ng；

m——称取样品的质量，g；

w_{dm}——样品干物质含量，%。

8.1.2 沉积物样品的结果计算

沉积物样品中总汞的含量 w_2（Hg，mg/kg）按下式计算：

$$w_2 = \frac{m_1}{m \times (1 - W_{H_2O})}$$

式中：w_2——样品中总汞的含量，μg/kg；

m_1——由标准曲线所得样品中的总汞含量，ng；

m——称取样品的质量，g；

w_{H_2O}——样品含水率，%。

8.2 结果表示

当测定结果小于 10.0 μg/kg 时，结果保留小数点后一位；当测定结果大于等于 10.0 μg/kg 时，结果保留 3 位有效数字。

9 精密度和准确度

9.1 精密度

6 家实验室对汞含量为 95 μg/kg±4 μg/kg 的土壤有证标准样品、汞含量分别为 22 μg/kg±2 μg/kg 和 83 μg/kg±9 μg/kg 的沉积物有证标准样品进行了 6 次重复测定：实验室内相对标准偏差分别为 0.65%~6.8%、

2.7%~8.8%、2.1%~12%；实验室间相对标准偏差分别为1.3%、6.2%、2.3%；重复性限分别为8.2 μg/kg、3.9 μg/kg、15 μg/kg；再现性限分别为8.2 μg/kg、5.4 μg/kg、16 μg/kg。

6家实验室对汞含量分别为0.3 μg/kg、21.0 μg/kg、116 μg/kg的3个土壤实际样品和汞含量为45.0 μg/kg的1个沉积物实际样品进行了6次重复测定：实验室内相对标准偏差分别为0.63%~13%、6.0%~20%、2.6%~12%、3.7%~8.6%；实验室间相对标准偏差分别为2.7%、7.3%、5.4%、7.1%；重复性限分别为0.089 μg/kg、7.2 μg/kg、23 μg/kg、7.3 μg/kg；再现性限分别为0.091 μg/kg、7.8 μg/kg、27 μg/kg、11 μg/kg。

9.2 准确度

6家实验室对汞含量为95 μg/kg±4 μg/kg的土壤有证标准样品、汞含量分别为22 μg/kg±2 μg/kg和83 μg/kg±9 μg/kg的沉积物有证标准样品进行了6次重复测定：测定结果的平均值分别为95.8 μg/kg、23.7 μg/kg、86.2 μg/kg；相对误差分别为-0.72%~2.5%、1.6%~17%、0.26%~6.8%。相对误差最终值为0.88%±2.6%、7.6%±13%、3.8%±4.8%。

10 质量保证和质量控制[12]

10.1 空白分析

10.1.1 样品舟空白

每次实验前需对所用的全部样品舟进行空白测定，样品舟的空白值

要点分析

[12]① 根据批量大小，每批样品需测定1~2个含目标元素的标准物质，测定结果必须在可控范围内。② QC检查：在样品的测定过程中，每20个样品后增加一个含目标元素的标准物质，测定结果必须在可控范围内，超过此范围需检查仪器条件。

应低于方法检出限。否则，将样品舟置于马弗炉中，于 850℃灼烧 2 h 后，再次测定空白值，直至样品舟空白低于方法检出限。

10.1.2 空白试验

每 20 个样品或每批次（少于 20 个样品 / 批）须做一个空白实验，测定结果中总汞的含量不应超过方法检出限。

10.2 校准

标准曲线应至少包含 5 个非零浓度点，相关系数 $r \geqslant 0.995$。

每次开机后，按照与标准曲线建立相同的仪器条件，测定标准曲线浓度范围内的 1 个有证标准样品的汞含量，测量值应在证书标准值范围内。否则，应重新建立标准曲线。

10.3 平行测定

每 20 个样品或每批次（少于 20 个样品 / 批）应分析一个平行样，平行样品测定结果的相对偏差应≤ 25 %。

11 废物处理

实验中产生的废物应集中收集，并做好相应标识，委托有资质的单位进行处理。

12 注意事项

12.1 应避免在汞污染的环境中操作。

12.2 分析高浓度样品（≥ 400 ng）之后，汞会在系统中产生残留，须用 5% 硝酸作为样品分析，当其分析结果低于检出限时，再进行下一个样品分析。

12.3 实验过程中仪器排放的含汞废气可使用碘溶液、硫酸、二氧化锰溶液或 5% 的高锰酸钾溶液吸收，吸收液须及时更换。

附 录 A

6 家实验室对不同的土壤、沉积物样品进行了 6 次重复测定，精密度数据见表 A.1。

表 A.1　方法精密度（*n*=6）

样品类型	平均值 /（μg/kg）	实验室内相对标准偏差 /%	实验室间相对标准偏差 /%	重复性限 *r*/（μg/kg）	再现性限 *R*/（μg/kg）
土壤	0.3	0.63～13	2.7	0.089	0.091
土壤	21.0	6.0～20	7.3	7.2	7.8
土壤	116	2.6～12	5.4	23	27
沉积物	45.0	3.7～8.6	7.1	7.3	11
土壤（GSS-15）	95.8	0.65～6.8	1.3	8.2	8.2
沉积物（GBW 07333）	23.7	2.7～8.8	6.2	3.9	5.4
沉积物（GSD-9）	86.2	2.1～12	2.3	15	16

6 家实验室对不同的土壤、沉积物有证标准样品进行了 6 次重复测定，准确度数据见表 A.2。

表 A.2　方法准确度（*n*=6）

样品类型	标准值 /（μg/kg）	测定平均值 /（μg/kg）	相对误差 /%	相对误差最终值 /%
土壤（GSS-15）	95±4	95.8	-0.72～2.5	0.88±2.6
沉积物（GBW 07333）	22±2	23.7	1.6～17	7.6±13
沉积物（GSD-9）	83±9	86.2	0.26～6.8	3.8±4.8

氰化物和总氰化物的测定《土壤 氰化物和总氰化物的测定 分光光度法》（HJ 745—2015）技术和质量控制要点

（一）概述

氰化物主要是指带有氰基的化合物，因为其化学性质和卤素相似，所以也被称为拟卤素。通常人们所说的氰化物主要是指无机氰化物，包括如HCN、NaCN、$Zn(CN)_2$等的简单氰化物，含氰废水中也大量存在着$Zn(CN)_4^{2-}$、$Cu(CN)_4^{2-}$、$Ni(CN)_4^{2-}$、$Fe(CN)_6^{4-}$等络合氰化物。另外一些有机氰化物，如乙腈、丁腈、丙烯腈等，因其在体内也能析出氰根离子，所以均属于高毒类物质。氰化物剧毒，在潮湿空气中会因吸收空气中的水及二氧化碳而散发出苦杏仁味的氰化氢气体。

氰化物主要通过抑制人体细胞与氧结合从而造成全身组织细胞缺氧而使人体中毒。氰化物不仅对人体有剧毒作用，而且对鱼类及水生生物危害也较大，水中氰化物含量折合成氰离子（CN^-）浓度为0.02~0.1 mg/L时，就能使鱼类致死。因此渔业水体总氰化物浓度不得超过0.005 mg/L（GB 11607—89）。

土壤中氰化物主要来源于含氰废水，自然水体中一般不含氰化物，如果发现水体中存在氰化氢那一定是人类活动所引起的。水中氰化物的主要来源为工业污染，含氰废水泛指含有各类氰化物的生产废水，包括游离氰化物（未结合在络盐内的多余氰化物）和络合氰化物。在工业生产中，金银的湿法提取、化学纤维的生产、炼焦、合成氨、电镀、煤气生产等行业均使用氰化物或副产氰化物，因而在生产过程必然要排放一定数量的含氰废水。另外石油的催化裂化和焦化过程也会排放含氰废水。

据统计，我国黄金生产企业含氰废水每年排放量达 $1.2\times10^8\ m^3$，其中氰化物浓度可达 400 mg/L。一般电镀厂废水中氰化物浓度在 30~50 mg/L。一般焦化厂含氰废水中氰浓度波动较大，在 15~40 mg/L。合成氨的某些工艺所生产的含氰废水中 CN^- 的浓度为 10~30 mg/L。普铁高炉煤气洗涤水中，氰化物的含量通常为 0.1~15 mg/L，锰铁高炉可达 80~120 mg/L；若此水循环使用，每洗涤一次，氰化物可增加 0.5~20 mg/L，炼锰铁最高每次增加 100 mg/L 左右，增加值与高炉冶炼情况和原料、燃料条件等因素有关。

含氰量高的废水必须回收，含氰量低的废水应净化处理后排放。我国《生活饮用水卫生标准》规定氰化物不得超过 0.05 mg/L。《地表水环境质量标准》对Ⅰ～Ⅴ类标准限值分别是 0.005 mg/L、0.05 mg/L、0.02 mg/L、0.02 mg/L 和 0.02 mg/L。《地下水质量标准》对Ⅰ～Ⅴ类的分类浓度限值分别是≤ 0.001 mg/L、≤ 0.01 mg/L、≤ 0.05 mg/L、≤ 0.1 mg/L 和＞ 0.1 mg/L。《土壤环境质量　建设用地土壤污染风险管控标准（试行）》对氰化物的第一类用地筛选值是 22 mg/kg、管制值是 44 mg/kg，第二类用地的筛选值是 135 mg/kg、管制值是 270 mg/kg。

（二）标准方法解读

警告：氢氰酸和氰化物属于剧毒物质。在酸性溶液中，剧毒的氢氰酸气体（带有刺鼻的杏仁味）会挥发出来。故除非是在特定步骤下进行实验，否则不应酸化样品。整个实验过程应在通风橱内进行，实验人员在处理被污染的样品时应戴上合适的防毒面具。

1 适用范围

本标准规定了测定土壤中氰化物和总氰化物的分光光度法。

本标准适用于土壤中氰化物和总氰化物的测定。

当样品量为 10 g，异烟酸－巴比妥酸分光光度法的检出限为 0.01 mg/kg，测定下限为 0.04 mg/kg；异烟酸－吡唑啉酮分光光度法的检出限为 0.04 mg/kg，测定下限为 0.16 mg/kg。

2 规范性引用文件

本标准内容引用了下列文件或其中的条款。凡是不注日期的引用文件，其有效版本适用于本标准。

HJ 484　水质　氰化物的测定　容量法和分光光度法

HJ 613　土壤　干物质和水分的测定　重量法

HJ/T 166　土壤环境监测技术规范

3 术语和定义

下列术语和定义适用于本标准。

3.1 氰化物 cyanide

是指在 pH=4 的介质中，硝酸锌存在下，加热蒸馏能形成氰化氢的氰化物，包括全部简单氰化物（多为碱金属和碱土金属的氰化物）和锌氰络合物，不包括铁氰化物、亚铁氰化物、铜氰络合物、镍氰络合物和钴氰络合物。

3.2 总氰化物 total cyanide

是指在 pH<2 的磷酸介质中，二价锡和二价铜存在下，加热蒸馏能形成氰化氢的氰化物，包括全部简单氰化物（多为碱金属和碱土金属的氰化物，铵的氰化物）和绝大部分络合氰化物。

4 方法原理

4.1 异烟酸－巴比妥酸分光光度法

试样中的氰离子在弱酸性条件下与氯胺 T 反应生成氯化氰，然后与异烟酸反应，经水解后生成戊烯二醛，最后与巴比妥酸反应生成紫蓝色化合物，该物质在 600 nm 波长处有最大吸收。

4.2 异烟酸－吡唑啉酮分光光度法

试样中的氰离子在中性条件下与氯胺 T 反应生成氯化氰，然后与异烟酸反应，经水解后生成戊烯二醛，最后与吡唑啉酮反应生成蓝色染料，该物质在 638 nm 波长处有最大吸收。

5 干扰和消除

当试样微粒不能完全在水中均匀分散，而是积聚在试剂－空气表面或试剂－玻璃器壁界面时，将导致准确度和精密度降低，可在蒸馏前加 5 ml 乙醇以消除影响。

试样中存在硫化物会干扰测定，蒸馏时加入硫酸铜[1]可以抑制硫化物的干扰。

试料中酚的含量低于 500 mg/L 时不影响氰化物的测定。

油脂类的干扰可在显色前加入十二烷基硫酸钠予以消除。

6 试剂和材料

除非另有说明，分析时均使用符合国家标准的分析纯试剂，实验用水为新制备的蒸馏水或去离子水。

6.1 酒石酸溶液：ρ（$C_4H_6O_6$）=150 g/L。

称取 15.0 g 酒石酸溶于水中，稀释至 100 ml，摇匀。

6.2 硝酸锌溶液：$\rho[Zn(NO_3)_2 \cdot 6H_2O]$ =100 g/L。

称取 10.0 g 硝酸锌溶于水中，稀释至 100 ml，摇匀。

要点分析

[1] 建议加 10 ml 浓度为 20% 的硫酸铜溶液。

6.3 磷酸：ρ（H_3PO_4）=1.69 g/ml。

6.4 盐酸：ρ（HCl）=1.19 g/ml。

6.5 盐酸溶液：c（HCl）l mol/L。

量取 83 ml 盐酸（6.4）缓慢注入水中，放冷后稀释至 1 000 ml。

6.6 氯化亚锡溶液：ρ（$SnCl_2 \cdot 2H_2O$）=50 g/L。

称取 5.0 g 二水合氯化亚锡溶于 40 ml 盐酸溶液（6.5）中，用水稀释至 100 ml，临用时现配。

6.7 硫酸铜溶液：ρ（$CuSO_4 \cdot 5H_2O$）=200 g/L。

称取 200 g 五水合硫酸铜溶于水中，稀释至 1 000 ml，摇匀。

6.8 氢氧化钠溶液：ρ（NaOH）=100 g/L。

称取 100 g 氢氧化钠溶于水中，稀释至 1 000 ml，摇匀，贮于聚乙烯容器中。

6.9 氢氧化钠溶液：ρ（NaOH）=10 g/L。

称取 10.0 g 氢氧化钠溶于水中，稀释至 1 000 ml，摇匀，贮于聚乙烯容器中。

6.10 氢氧化钠溶液：ρ（NaOH）=15 g/L。

称取 15.0 g 氢氧化钠溶于水中，稀释至 1 000 ml，摇匀，贮于聚乙烯容器中。

6.11 氯胺 T 溶液：ρ（$C_7H_7ClNNaO_2S \cdot 3H_2O$）=10 g/L。

称取 1.0 g 氯胺 T 溶于水中，稀释至 100 ml，摇匀，贮存于棕色瓶中，临用时现配。

6.12 磷酸二氢钾溶液（pH=4）。

称取 136.1 g 无水磷酸二氢钾（KH_2PO_4）溶于水中，加入 2.0 ml 冰乙酸（$C_2H_4O_2$），用水稀释至 1 000 ml，摇匀。

6.13 异烟酸－巴比妥酸显色剂。

称取 2.50 g 异烟酸（$C_6H_6NO_2$）和 1.25 g 巴比妥酸（$C_4H_4N_2O_3$）溶于

100 ml 氢氧化钠溶液（6.10）中，摇匀，临用时现配。

6.14 氢氧化钠溶液：ρ（NaOH）=20 g/L。

称取 20.0 g 氢氧化钠溶于水中，稀释至 1 000 ml，摇匀，贮于聚乙烯容器中。

6.15 磷酸盐缓冲溶液（pH=7）。

称取 34.0 g 无水磷酸二氢钾（KH_2PO_4）和 35.5 g 无水磷酸氢二钠（Na_2HPO_4）溶于水中，稀释至 1 000 ml，摇匀。

6.16 异烟酸－吡唑啉酮显色剂。

6.16.1 异烟酸溶液。

称取 1.5 g 异烟酸（$C_6H_6NO_2$）溶于 25 ml 氢氧化钠溶液（6.14）中，加水稀释定容至 100 ml。

6.16.2 吡唑啉酮溶液。

称取 0.25 g 吡唑啉酮（3- 甲基 -1- 苯基 -5- 吡唑啉酮，$C_{10}H_{10}ON_2$）溶于 20 ml *N,N*- 二甲基甲酰胺 [$HCON(CH_3)_2$] 中。

6.16.3 异烟酸－吡唑啉酮溶液[2]。

将吡唑啉酮溶液（6.16.2）和异烟酸溶液（6.16.1）1∶5 混合，临用时现配。

6.17 氰化钾标准贮备溶液：ρ（KCN）=50 μg/ml。

购买市售有证标准物质。如自行配制，可参照 HJ 484 执行。

6.18 氰化钾标准使用溶液：ρ（KCN）=0.500 μg/ml。

吸取 10.00 ml 氰化钾标准溶液（6.17）于 1 000 ml 棕色容量瓶中，用氢氧化钠溶液（6.9）稀释至标线，摇匀，临用时现配。

要点分析

[2] 异烟酸配成溶液后如呈现明显淡黄色，则使空白值增高，可过滤使用。实验中以选用无色的 *N,N*- 甲基甲酰胺为宜。

7 仪器和设备

除非另有说明，分析时均使用符合国家标准 A 级玻璃量器。

7.1 分析天平：精度 0.01 g。

7.2 分光光度计[3]：带 10 mm 比色皿。

7.3 恒温水浴装置：控温精度 ±1℃。

7.4 电炉：600 W 或 800 W，功率可调。

7.5 全玻璃蒸馏器：500 ml，仪器装置如图 1 所示。

7.6 接收瓶：100 ml 容量瓶。

7.7 具塞比色管：25 ml。

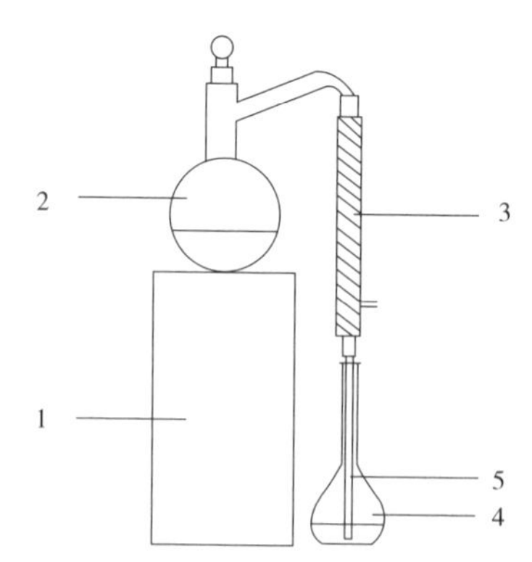

1—可调电炉；2—蒸馏瓶；3—冷凝管；4—接收瓶；5—馏出液导管

图 1 全玻璃蒸馏器

要点分析

[3] 分光光度计需要预热 10 min，注意比色皿的选择（吸光度误差 ≤ ±0.002）。空白液及测定液分别倒入比色皿 3/4 处，用擦镜纸沿一个方向擦净外壁，放入样品室内对准光路测定。用完的比色皿可用盐酸、水和甲醇（1∶3∶4）混合液泡洗，一般不超过 10 min；比色皿不可用碱液洗涤，不能烘干，也不能用硬布、毛刷刷洗。

7.8 量筒：250 ml。

7.9 一般实验室常用仪器和设备。

8 样品

8.1 采集与保存

采样点位的布设和采样方法按照 HJ/T 166 执行，采集后用可密封的聚乙烯或玻璃容器在 4℃左右冷藏保存，样品要充满容器，并在采集后 48 h 内完成样品分析。

8.2 样品称量[4]

称取约 10 g[5] 干重[6] 的样品于称量纸上（精确到 0.01 g），略微裹紧后移入蒸馏瓶。另称取样品按照 HJ 613 进行干物质的测定[7]。

要点分析

[4] 称量：① 天平应检定合格且在检定有效期内使用；②称量前检查天平水平装置，保证天平处于水平状态；③使用称量纸进行称量，确保全部样品转移到烧杯中；④样品称量操作应规范，土样应无撒落、无沾污，称量后及时清理天平和台面；⑤按要求填写天平使用记录。

[5] 如样品中氰化物含量较高，可适当减少样品称量或对吸收液（试样 A）稀释后进行测定。

[6] 测定氰化物时须用新鲜土壤，因氰化物易挥发；称样时尽量取用下层的样品；避免取块状、团状样品，分散样品更能保证样品的均匀性；称取样品时需先估算水分含量，根据水分含量多称 2~3 g，即共 12~13 g，尽量让样品干重约为 10 g，保证其测量的准确度。

[7] 测定新鲜土样的干物质含量，HJ 613—2011 中干物质的量 w_{dm}（%）= $\frac{m_2-m_0}{m_1-m_0}\times 100$，具体步骤见方法 HJ 613—2011。

8.3 氰化物试样制备[8]

参照图 1 连接蒸馏装置[9]，打开冷凝水[10]，在接收瓶（7.6）中加入 10 ml 氢氧化钠溶液（6.9）作为吸收液[11]。在加入试样后的蒸馏瓶（7.5）中依次加 200 ml 水、3.0 ml 氢氧化钠溶液（6.8）和 10 ml 硝酸锌溶液（6.2），摇匀，迅速加入 5.0 ml 酒石酸溶液（6.1），立即盖塞。打开电炉（7.4），由低挡逐渐升高，馏出液以 2~4 ml/min 速度进行加热蒸馏。接收瓶内试样近 100 ml 时[12]，停止蒸馏，用少量水冲洗馏出液导管后取出接收瓶，用水定容（V_1），此为试样 A。

要点分析

[8] 氰化氢易挥发，因此试样的制备和标准曲线绘制过程中的每一操作步骤都要尽量迅速，并随时盖紧瓶塞。

[9] ① 连接好蒸馏装置后切记检验装置的气密性，蒸馏装置的气密性是保证实验成功的重要因素之一。检查气密性的方法是：把蒸馏装置中的导管一端浸入水里，打开电炉子加热蒸馏瓶的外壁，如装置不漏气，容器里的空气受热膨胀，导管口就有气泡逸出，蒸馏瓶冷却后，又会有水升到导管内形成一段水柱；若装置漏气，则不会有气泡冒出。②有条件则推荐使用全自动智能蒸馏仪，可实现整个蒸馏过程无须人工值守。

[10] 必须先开冷凝水开关再开电炉开关，否则会出现倒吸。

[11] 如在试样制备过程中蒸馏或吸收装置发生漏气，则导致氰化氢挥发，将使氰化物分析产生误差且污染实验室环境，所以在蒸馏过程中一定要时刻检查蒸馏装置的气密性。蒸馏时，馏出液导管下端务必要插入吸收液液面下，使氰化氢吸收完全。

[12] 馏出液不要超过 100 ml，达到刻度之前取下来盖好塞子，冷却后定容，待用。

8.4 总氰化物试样制备

参照图 1 连接蒸馏装置，打开冷凝水，在接收瓶（7.6）中加入 10 ml 氢氧化钠溶液（6.9）作为吸收液。在加入试样后的蒸馏瓶（7.5）中依次加 200 ml 水、3.0 ml 氢氧化钠溶液（6.8）、2.0 ml 氯化亚锡溶液（6.6）和 10 ml 硫酸铜溶液（6.7），摇匀，迅速加入 10 ml 磷酸（6.3），立即盖塞。打开电炉（7.4），由低挡逐渐升高，馏出液以 2~4 ml/min 速度进行加热蒸馏。接收瓶内试样近 100 ml 时，停止蒸馏，用少量水冲洗馏出液导管后取出接收瓶，用水定容（V_1），此为试样 A。

8.5 空白试样制备

蒸馏瓶（7.5）中只加 200 ml 水和 3.0 ml 氢氧化钠溶液（6.8），按步骤 8.3 或 8.4 操作，得到空白试验试样 B。

9 分析步骤

9.1 校准曲线绘制

9.1.1 异烟酸－巴比妥酸分光光度法

取 6 支 25 ml 具塞比色管（7.7），分别加入氰化钾标准使用溶液（6.18）0.00 ml、0.10 ml、0.50 ml、1.50 ml、4.00 ml 和 10.00 ml，再加入氢氧化钠溶液（6.9）至 10 ml。标准系列中氰离子的含量分别为 0.00 μg、0.05 μg、0.25 μg、0.75 μg、2.00 μg、5.00 μg。向各管中加入 5.0 ml 磷酸二氢钾溶液（6.12），混匀，迅速加入 0.30 ml 氯胺 T（6.11）溶液，立即盖塞，混匀，放置 1~2 min。向各管中加入 6.0 ml 异烟酸－巴比妥酸显色剂（6.13），加水稀释至标线，摇匀，于 25℃显色 15 min（15℃显色 25 min；30℃显色 10 min）。分光光度计（7.2）在 600 nm 波长下，用 10 mm 比色皿，以水为参比，测定吸光度。以氰离子的含量（μg）为横坐标，以扣除试剂空白后的吸光度为纵坐标，绘制校准曲线。

9.1.2 异烟酸－吡唑啉酮分光光度法

取 6 支 25 ml 具塞比色管（7.7），分别加入氰化钾标准使用溶液（6.18）

0.00 ml、0.10 ml、0.50 ml、1.50 ml、4.00 ml 和 10.00 ml，再加入氢氧化钠溶液（6.9）至 10 ml。标准系列中氰离子的含量分别为 0.00 μg、0.05 μg、0.25 μg、0.75 μg、2.00 μg、5.00 μg。向各管中加入 5.0 ml 磷酸盐缓冲溶液（6.15），混匀，迅速加入 0.20 ml 氯胺 T（6.11）溶液，立即盖塞，混匀，放置 1~2 min。向各管中加入 5.0 ml 异烟酸－吡唑啉酮显色剂（6.16），加水稀释至标线，摇匀，于 25~35℃的水浴装置（7.3）中显色 40 min。分光光度计（7.2）在 638 nm 波长下，用 10 mm 比色皿，以水为参比，测定吸光度。以氰离子的含量（μg）为横坐标，以扣除试剂空白后的吸光度为纵坐标，绘制校准曲线[13]。

9.2 试样的测定

从试样 A 中吸取 10.0 ml 试料 A 于 25 ml 具塞比色管（7.7）中，按 9.1.1 或 9.1.2 进行操作。

9.3 空白试验

从试样 B 中吸取 10.0 ml 空白试料 B 于 25 ml 具塞比色管（7.7）中，按 9.1.1 或 9.1.2 进行操作。

10 结果计算与表示

10.1 结果计算

氰化物或总氰化物含量 w（mg/kg），以氰离子（CN^-）计，按式（1）计算：

$$w=\frac{(A-A_0-a)\times V_1}{b\times m\times w_{dm}\times V_2} \tag{1}$$

式中：w——氰化物或总氰化物（105℃干重）的含量，mg/kg；

A——试料 A 的吸光度；

要点分析

[13] 氰化氢易挥发，因此 9.1.1 和 9.1.2 中的每一操作步骤都要尽量迅速，并随时盖紧瓶塞。

A_b——空白试料 B 的吸光度；

a——校准曲线截距；

b——校准曲线斜率；

V_1——试样 A 的体积，ml；

V_2——试料 A 的体积，ml；

m——称取的样品质量，g；

w_{dm}——样品中干物质含量，%。

10.2 结果表示

当测定结果小于 1 mg/kg，保留小数点后两位；当测定结果大于等于 1 mg/kg，保留 3 位有效数字。

11 精密度和准确度

11.1 精密度

6 家实验室对氰化物含量为 0.17 mg/kg、0.18 mg/kg、1.48 mg/kg 的统一样品进行测定，实验室内相对标准偏差分别为 2.9%~16%、3.7%~12%、0.6%~8.1%；实验室间相对标准偏差分别为 9.0%、22%、23%；重复性限为 0.04 mg/kg、0.04 mg/kg、0.23 mg/kg；再现性限为 0.06 mg/kg、0.12 mg/kg、0.96 mg/kg。

6 家实验室对总氰化物含量为 0.19 mg/kg、0.41 mg/kg、23.0 mg/kg 的统一样品进行测定，实验室内相对标准偏差分别为 1.2%~20%、3.5%~12%、1.2%~9.5%；实验室间相对标准偏差分别为 8.9%、8.5%、13%；重复性限为 0.06 mg/kg、0.09 mg/kg、3.2 mg/kg；再现性限为 0.07 mg/kg、0.13 mg/kg、9.0 mg/kg。

11.2 准确度

6 家实验室对氰化物含量为 0.17 mg/kg、0.18 mg/kg 的统一样品进行加标分析测定，加标量为 3.0~4.0 μg，加标回收率分别为 72.1%~95.8%、

71.8%~94.8%；加标回收率最终值 87.7%±16.6%、85.4%±18.8%。

6 家实验室对总氰化物含量为 0.19 mg/kg、0.41 mg/kg 的统一样品进行加标分析测定，加标量为 6.0~8.0 μg，加标回收率分别为 72.8%~118.7%、83.0%~112.1%；加标回收率最终值为 92.6%±29.8%、96.2%±21.4%。

6 家实验室对总氰化物含量为 25.7 mg/kg 的标准物质进行测定，相对误差分别为 −26%~8.2%，相对误差最终值为 −10.3%±23.6%。

12 质量保证和质量控制

12.1 空白试验的氰化物和总氰化物含量应小于方法检出限。

12.2 每批样品应做 10% 的平行样分析，其氰化物的相对偏差应小于 25%，总氰化物的相对偏差应小于 15%。如样品不均匀，应在满足精密度的要求下做至少两个平行样的测定，平行样取均值报出结果。

12.3 每批样品应做 10% 的加标样分析，氰化物和总氰化物的加标回收率均应控制在 70%~120%。氰化物的加标物使用氰化物标准溶液，总氰化物的加标物可使用铁氰化钾标准溶液（配制与标定见附录 A），加标后的样品与待测样品同步处理。

12.4 定期使用有证标准物质进行检验。

12.5 校准曲线回归方程的相关系数 $r \geqslant 0.999$；每批样品应做一个中间校核点，其测定值与校准曲线相应点浓度的相对偏差应不超过 5%。

13 废物处理

实验中产生的废液应集中收集，并进行明显标识，如“有毒废液（氰化物）”，委托有资质的单位处置。

附 录 A
（资料性附录）
铁氰化钾标准溶液的配制和标定

A.1 试剂和材料

除非另有说明，分析时均使用符合国家标准的分析纯试剂，实验用水为新制备的蒸馏水或去离子水。

A.1.1 碘化钾（KI）。

A.1.2 盐酸溶液：1+1。

A.1.3 淀粉溶液：ρ = 0.01 g/ml。

称取 1.0 g 可溶性淀粉，用少量水调成糊状，慢慢倒入 100 ml 沸水，继续煮沸至溶液澄清，冷却后贮存于试剂瓶中，临用时现配。

A.1.4 冰乙酸（$C_2H_4O_2$）。

A.1.5 硫酸锌溶液：ρ（$ZnSO_4$）=0.15 g/ml。

称取 15 g 硫酸锌，用刚煮沸水溶解稀释至 100 ml。

A.1.6 重铬酸钾标准溶液：c（$1/6K_2Cr_2O_7$）=0.100 0 mol/ml。

称取 105℃烘干 2 h 的基准重铬酸钾 4.903 0 g 溶于水中，转移至 1 000 ml 容量瓶中，定容至标线，摇匀。

A.1.7 硫代硫酸钠标准溶液：c（$Na_2S_2O_3$）=0.1 mol/L。

称取 24.5 g 五水合硫代硫酸钠（$Na_2S_2O_3 \cdot 5H_2O$）和 0.2 g 无水碳酸钠（Na_2CO_3）溶于水中，转移到 1 000 ml 棕色容量瓶中，定容至标线，摇匀。待标定后使用。

硫代硫酸钠标准溶液的标定：

吸取重铬酸钾标准溶液（A.1.6）15.00 ml 于碘量瓶中，加入 1 g 碘化钾（A.1.1）及 50 ml 水，加入 5 ml 盐酸溶液（A.1.2）5 ml，密塞混匀。置暗处静置 5 min 后，用待标定的硫代硫酸钠标准溶液滴定至溶液呈淡黄色时，加入 1 ml 淀粉溶液（A.1.3），继续滴定至蓝色刚好消失，记录标准溶液用量，同时作空白滴定。

硫代硫酸钠标准溶液的浓度按式（A.1）计算：

$$c = \frac{15.00}{(V_1 - V_2)} \times 0.100\,0 \tag{A.1}$$

式中：V_1——滴定重铬酸钾标准溶液时硫代硫酸钠标准溶液用量，ml；

V_2——滴定空白溶液时硫代硫酸钠标准溶液用量，ml；

0.100 0——重铬酸钾标准溶液的浓度，mol/L。

A.1.8 硫代硫酸钠标准滴定溶液：c（$Na_2S_2O_3$）= 0.01 mol/L。

移取 10.00 ml 上述标定过的硫代硫酸钠标准溶液（A.1.7）于 100 ml 棕色容量瓶中，用水定容至标线，摇匀，临用时现配。

A.2 铁氰化钾标准贮备溶液的配制和标定

A.2.1 铁氰化钾标准贮备溶液：ρ_1（CN）≈ 1 g/L。

A.2.1.1 铁氰化钾标准贮备溶液的配制

称取 1.3 g 铁氰化钾（$K_3[Fe(CN)_6]$）溶于水中，稀释至 500 ml，摇匀，避光贮存于棕色瓶中，4℃以下冷藏至少可稳定 2 个月。临用前用硫代硫酸钠标准溶液（A.1.8）标定其准确浓度。

A.2.1.2 铁氰化钾贮备溶液的标定

吸取 25.00 ml 铁氰化钾标准贮备溶液于碘量瓶中，加入 25 ml 水和 3 g 碘化钾（A.1.1），摇动溶液使碘化钾溶解，加入 1 滴冰乙酸（A.1.4）和硫酸锌溶液（A.1.5）10 ml，塞紧瓶塞，摇匀，于暗处放置 10 min 后，用硫代硫酸钠标准滴定溶液（A.1.8）滴定至溶液呈淡黄时，加入 3 ml 淀粉溶液（A.1.3），继续滴定至溶液蓝色消失为终点，记录硫代硫酸钠标准滴定溶液的用量。另取 50.00 ml 实验用水做空白试验，记录硫代硫酸钠标准滴定溶液的用量。

注：铁氰化钾和碘化钾的反应是可逆的，只有在含有锌盐的微酸性溶液中，生成亚铁氰化锌沉淀后，反应才能定量；在滴定时，必须严格控制酸度，反应液只能呈微酸性（几乎接近中性），如稍偏碱，就有次硫酸盐生成，影响标定结果。

铁氰化钾标准贮备溶液的浓度以氰离子（CN^-）计，按式（A.2）计算：

$$\rho_1=\frac{(V_3-V_4)\times c\times 104.08}{25.00} \tag{A.2}$$

式中：ρ_1——铁氰化钾标准贮备溶液的质量浓度，g/L；

c——硫代硫酸钠标准滴定溶液的摩尔浓度，mol/L；

V_3——滴定铁氰化钾标准贮备溶液时硫代硫酸钠标准滴定溶液的用量，ml；

V_4——空白试验时硫代硫酸钠标准滴定溶液的用量，ml；

104.08——氰离子（$4CN^-$）摩尔质量，g/mol；

25.00——铁氰化钾标准贮备溶液的体积，ml。

A.2.2 铁氰化钾标准中间溶液：ρ_2（CN）＝10.00 mg/L。

A.2.2.1 铁氰化钾标准中间溶液的浓度计算

先按式（A.3）计算出配制 500 ml 铁氰化钾标准中间溶液（A.2.2）时，应吸取铁氰化钾标准贮备溶液（A.2.1）的体积。

$$V=\frac{10.00\times 500}{\rho_1\times 1\,000} \tag{A.3}$$

式中：V——吸取铁氰化钾贮备溶液的体积，ml；

ρ_1——铁氰化物贮备溶液的质量浓度，g/ml；

10.00——铁氰化钾标准中间溶液的质量浓度，mg/L；

500——铁氰化钾标准中间溶液的体积，ml。

A.2.2.2 铁氰化钾标准中间溶液的配制

准确吸收 V ml 铁氰化钾贮备溶液（A.2.1）于 500 ml 棕色容量瓶中，用水定容至标线，摇匀，避光，临用时现配。

A.2.3 铁氰化钾标准使用溶液：ρ_3（CN）＝ 1.00 mg/L。

吸取 10.00 ml 铁氰化钾标准中间溶液（A.2.2）于 100 ml 棕色容量瓶中，用水定容至标线，摇匀，避光，临用时现配。

第五章
离子选择法

氟化物的测定
《土壤质量 氟化物的测定 离子选择电极法》
（GB/T 22104—2008）技术和质量控制要点

（一）概述

氟的原子序数为9，原子量为18.998。氟元素的单质是F_2，一种淡黄色剧毒的气体，密度为1.696 g/L（标准状况），熔点为−219.66℃，沸点为−188.12℃，氟气的腐蚀性很强，化学性质极为活泼，是氧化性最强的物质之一，甚至可以和部分惰性气体在一定条件下反应。

氟是人体必需的微量元素之一。一个成人每天需摄入氟化物（F^-）2~3 mg，摄入不足易发生龋齿症，特别是婴幼儿。但过量氟会导致中毒，产生斑釉齿，严重者可使骨骼畸变、骨质疏松、多处骨折等。研究结果表明，地方氟病主要和水含氟密切相关，与土壤氟关系不密切。

地壳氟的丰度值报道有：800 mg/kg（戈尔德施密特，1937），660 mg/kg（维诺格拉多夫，1962），450 mg/kg（黎彤，1976）；世界土壤氟为20~700 mg/kg，中位值为200 mg/kg。从我国4 093个表层土壤样品的实测值为50~3 467 mg/kg；中位值为453 mg/kg；几何平均值为440 mg/kg；95%置信范围为191~1 010 mg/kg。

（二）标准方法解读

1 范围

1.1 本标准规定了测定土壤中氟化物的离子选择电极法。

1.2 本标准适用于离子选择电极法测定土壤中氟化物的含量。

1.3 本标准方法的检出限为2.5 μg/L[1]。

2 原理

当氟电极与试验溶液接触时，所产生的电极电位与溶液中氟离子活度的关系服从能斯特（Nernst）方程：

$$E=E_0-S\log C_{F^-}$$

要点分析

[1] 按称取0.2 g试样消解定容至100 ml计算，检出限为12.5 mg/kg。实验过程中如果称样量或定容体积变化，则方法检出限也会随之发生变化。

式中：E——测得的电极电位；

E_0——参比电极的电位（固定值）；

S——氟电极的斜率；

C_{F^-}——溶液中氟离子的浓度；

当控制试验溶液的总离子强度为定值时，电极电位就随试液中氟离子浓度的变化而变化，E 与 $\log C_{F^-}$ 呈线性关系。为此通常加入总离子强度缓冲溶液，以消除或减少不同浓度的离子间引力大小的差异，使其活度系数为 1，用浓度代替活度。

样品用氢氧化钠在高温熔融后，用热水浸取，并加入适量盐酸，使有干扰作用的阳离子变为不溶的氢氧化物，经澄清除去后调节溶液的 pH 至近中性，在总离子强度缓冲溶液存在的条件下，直接用氟电极法测定。

3 试剂

本标准所用试剂除另有说明外，均为分析纯试剂，所用水为去离子水或无氟蒸馏水[2]。

要点分析

[2] 天然水中通常含有 5 种杂质：电解质（包括带电粒子）、有机物（如有机酸、农药、烃类、醇类和酯类等）、颗粒物、微生物和溶解气体。①无氟蒸馏水：以去除电解质及与水沸点相差较大的非电解质为主，无法去除与水沸点相当的非电解质，纯度用电导率衡量。②去离子水：去掉水中除氢离子、氢氧根离子外的，其他由电解质溶于水中电离所产生的全部离子，即去掉溶于水中的电解质物质。去离子水基本用离子交换法制得，纯度用电导率来衡量。去离子水中可含有不能电离的非电解质，如乙醇等。③每个实验室应该有实验室用水检查记录。

3.1 （1+1）盐酸溶液[3]。

3.2 氢氧化钠（固体）：粒片状。

3.3 0.2 mol/L 氢氧化钠溶液：称取 0.80 g 氢氧化钠，溶于水后，用水稀释至 100 ml。

3.4 0.04% 溴甲酚紫指示剂：称取 0.10 g 溴甲酚紫，溶于 9.25 ml 氢氧化钠溶液（3.3）中，用水稀释至 250 ml。

3.5 总离子强度缓冲溶液（TISAB）

3.5.1 1 mol/L 柠檬酸钠（TISAB Ⅰ）：称取 294 g 柠檬酸钠（$Na_3C_6H_5O_7 \cdot 2H_2O$）于 1 000 ml 烧杯中，加入约 900 ml 水溶解，用盐酸溶液（3.1）调节 pH 至 6.0~7.0，转入 1 000 ml 容量瓶中，用水稀释至标线，摇匀。

3.5.2 1 mol/L 六次甲基四胺 -1 mol/L 硝酸钾 -0.15 mol/L 钛铁试剂（TISAB Ⅱ）：称取 140.2 g 六次甲基四胺［$(CH_2)_6N_4$］、101.1 g 硝酸钾（KNO_3）和 49.8 g 钛铁试剂（$C_6H_4Na_2O_8S_2 \cdot H_2O$），加水溶解，调节 pH 至 6.0~7.0，转入 1 000 ml 容量瓶中，用水稀释至标线，摇匀。

3.6 氟标准储备溶液[4]：准确称取基准氟化钠（NaF，105~110℃烘干 2 h）0.221 0 g，加水溶解后，转入 1 000 ml 容量瓶中，用水稀释至标线，摇匀，贮于聚乙烯瓶中，此溶液每毫升含氟 100 μg。

3.7 氟标准使用溶液：用无分度吸管吸取氟标准储备溶液（3.6）10.00 ml，放入 100 ml 容量瓶中，用水稀释至标线，摇匀。此溶液每毫升含氟 10.0 μg。

要点分析

[3] 使用的盐酸试剂应该有供应品符合性记录检查，还应有空白检查等。可以使用盐酸和去离子水配置实验条件的酸体系，做试剂空白检查。

[4] 可购买市售有证标准溶液，在有效期内使用。避免阳光照射，也不要长时间低温保存。

4 仪器

4.1 氟离子选择电极及饱和甘汞电极。

4.2 离子活度计或 pH 计（精度 ±0.1 mV）。

4.3 磁力搅拌器及包有聚乙烯的搅拌子。

4.4 聚乙烯烧杯：100 ml。

4.5 容量瓶：50 ml、100 ml、1 000 ml。

4.6 镍坩埚：50 ml。

4.7 高温电炉：温度可调（0~1 000℃）。

5 样品

将采集的土壤样品（约 500 g），摊在聚乙烯薄膜或清洁的纸上，放在通风避光的室内自然风干。风干后用木棒压碎，去除石子和动植物残体等异物，过 2 mm 尼龙筛，过筛样品全部置于聚乙烯薄膜上，充分混匀，用四分法缩分为约 100 g。用玛瑙研钵研磨土样至全部通过 0.149 mm 尼龙筛，混匀后备用。

6 分析步骤

6.1 试液的制备

准确称取过 0.149 mm 筛的土样 0.2 g（准确至 0.000 2 g）于 50 ml 镍坩埚[5]中，加入 2 g 氢氧化钠（3.2），放入高温电炉中加热，由低温逐渐缓缓加热升至 550~570℃后[6]，继续保温 20 min。取出冷却，用约 50 ml

要点分析

[5] 为防止熔融物起泡而溢出，宜用容积较大的坩埚。

[6] 用氢氧化钠熔融时，开始温度不宜过高，应逐渐升温，缓慢加热至工作温度。工作温度高于 650℃则对镍坩埚的损害严重。

煮沸的热水分几次浸取，直至熔块完全熔解，全部转入100 ml容量瓶中，再缓慢加入5 ml盐酸（3.1）[7]，不停摇动。冷却后加水至标线，摇匀。放置澄清，待测。

6.2 测定

6.2.1 准确吸取样品溶液的上清液10.0 ml，放入50 ml容量瓶中，加1~2滴溴甲酚紫指示剂（3.4），边摇边逐滴加入盐酸（3.1），直至溶液由蓝紫色刚变为黄色为止。加入15.0 ml总离子强度缓冲溶液（3.5），用水稀释至标线，摇匀。

6.2.2 将试液倒入聚乙烯烧杯中，放入搅拌子，置于磁力搅拌器上，插入氟离子选择电极和饱和甘汞电极，测量试液的电位，在搅拌[8]状态下平衡3 min[9]，读取电极电位值（mV）。每次测量前，都要用水充分冲洗[10]电极，并用滤纸吸去水分。根据测量毫伏数计算出相应的氟化物含量。

要点分析

[7] 加入盐酸时，由于反应激烈，有迸溅的可能，操作时注意个人防护。正确的操作顺序是：先用热水浸取，待熔块完全熔解后，全部转入100 ml烧杯中，再缓慢加入盐酸，并不断搅拌，冷却后转入100 ml容量瓶中，加水至标线，摇匀。

[8] 测量时需持续搅拌，但搅拌速度不宜过快。

[9] 通常溶液中氟离子浓度越稀，平衡时间越长。当氟离子浓度为10^{-5} mol/L时，平衡时间需3 min，10^{-3}~10^{-4} mol/L时，几乎在1 min内可达到平衡。

[10] 用近似于试液的空白溶液（即校准曲线零管中的试液）作为洗涤电极的专用试剂，可缩短电极的平衡时间。测量时按浓度先低后高的顺序进行，以消除电极的“记忆效应”。

6.3 空白试验[11]

不加样品按6.1制备全程序试剂空白溶液，并按步骤6.2进行测定。每批样品制备两个空白溶液。

6.4 标准曲线的绘制

准确吸取氟标准使用溶液（3.7）0.00 ml、0.50 ml、1.00 ml、2.00 ml、5.00 ml、10.0 ml、20.0 ml，分别于50 ml容量瓶[12]中，加入10.0 ml试剂空白溶液，以下按6.2所述步骤，从空白溶液开始由低浓度到高浓度顺序依次进行测定[13]。以毫伏数（mV）和氟含量（μg）绘制对数标准曲线。

7 结果表示

土壤中氟含量 c（mg/kg）按式（1）计算：

$$c=\frac{m-m_0}{W}\times\frac{V_{总}}{V} \tag{1}$$

式中：m——样品氟的含量，单位为微克（μg）；

m_0——空白氟的含量，单位为微克（μg）；

W——称取试样质量，单位为克（g）；

要点分析

[11] 空白实验检查过程中若空白有检出，需要查明原因，并建议做干扰评价。

[12] 校准曲线配制过程要规范，所使用的定量器具需要经过检定或校准，并有溯源标识。

[13] ①氟化物测定时，实验室应打开空调，保持恒温。温度对氟化物测定的影响非常大，温度升高，标准曲线的理论斜率值和实际斜率值都会变大；同一样品在不同温度条件下测定，温度升高，电位值降低。因此，样品和标准曲线测定时，测定温度必须保持相同，才能保证测定数据的准确性。②测定校准曲线时，应使用有证标准样品对曲线准确度进行校准。③每10个样品须用标准曲线中间点或有证标准样品对曲线进行校准，如不满足要求时，应查找原因，重新绘制校准曲线。

$V_{总}$——试液定容体积，单位为毫升（ml）；

V——测定时吸取试样溶液体积，单位为毫升（ml）。

8 精密度和准确度

按照本标准测定土壤中氟化物，其相对误差的绝对值不得超过 10%。在重复条件下，获得的两次独立测定结果的相对偏差不得超过 10%。

9 注释

9.1 电极法测定的是游离氟离子，能与氟离子形成稳定络合物的高价阳离子及氢离子干扰测定。根据络合物的稳定常数及实验研究证明，Al^{3+} 的干扰最严重，Zr^{4+}、Sc^{3+}、Th^{4+}、Ce^{4+} 等次之，Fe^{3+}、Ti^{4+}、Ca^{2+}、Mg^{2+} 等也有干扰。其他阳离子和阴离子均不干扰[14]。

9.2 在碱性溶液中，当 OH^- 的浓度大于 F^- 浓度的 1/10 时也有干扰。

9.3 加入总离子强度缓冲溶液可消除干扰，使试液的 pH 保持在 6.0~7.0 时，氟电极就能在理想的范围内进行测定。

（三）实验室注意事项

（1）实验室要保持清洁卫生，尽可能做到无尘，无大磁场、电场，无阳光直射和强光照射，无腐蚀性气体，室内空气相对湿度应＜70%，温度为 15~30℃。

（2）实验室必须与化学处理室分开，以防止腐蚀性气体侵蚀。

（3）仪器较长时间不使用时，应保证每周 1~2 次打开仪器电源开关，通电 30 min 左右。

要点分析

[14] 组分复杂的土壤中存在大量的 Al^{3+}、Fe^{3+} 等干扰离子。样品液测定前须调节 pH 至 9~10，加入 5~8 ml 盐酸，使之沉淀，经澄清除去。但应避免溶液呈中性或弱酸性，防止氟的损失。

第六章
X 射线荧光光谱法

无机元素的测定
《土壤和沉积物 无机元素的测定 波长色散 X 射线荧光光谱法》（HJ 780—2015）
技术和质量控制要点

（一）概述

X 射线荧光光谱法在冶金、地质、材料等行业应用较多，尤其是在地质调查中，X 射线荧光光谱法多用于土壤、水系沉积物的多元素分析。

美国 EPA 6200 方法提出了便携式 X 荧光光谱仪测定土壤和沉积物中

锑、砷、钡、镉、钙、钴、铜、铁、铅、锰、汞、钼、镍、钾、铷、硒、银、锶、铊、钍、锡、钛、锌、钒和锆等 26 个元素的标准方法。

（二）标准方法解读

1 适用范围

本标准规定了测定土壤和沉积物中 25 种无机元素和 7 种氧化物的波长色散 X 射线荧光光谱法。

本标准适用于土壤和沉积物中 25 种无机元素和 7 种氧化物的测定，包括砷（As）、钡（Ba）、溴（Br）、铈（Ce）、氯（Cl）、钴（Co）、铬（Cr）、铜（Cu）、镓（Ga）、铪（Hf）、镧（La）、锰（Mn）、镍（Ni）、磷（P）、铅（Pb）、铷（Rb）、硫（S）、钪（Sc）、锶（Sr）、钍（Th）、钛（Ti）、钒（V）、钇（Y）、锌（Zn）、锆（Zr）、二氧化硅（SiO_2）、三氧化二铝（Al_2O_3）、三氧化二铁（Fe_2O_3）、氧化钾（K_2O）、氧化钠（Na_2O）、氧化钙（CaO）、氧化镁（MgO）。

本方法 22 种无机元素的检出限为 1.0~50.0 mg/kg，测定下限为 3.0 ~150 mg/kg; 7 种氧化物的检出限为 0.05%~0.27%，测定下限为 0.15%~0.81%。详见附录 A。

2 规范性引用文件

本标准内容引用了下列文件或其中的条款。凡是未注明日期的引用文件，其有效版本适用于本标准。

GB 17378.3　海洋监测规范　第 3 部分：样品采集、贮存与运输

GB 17378.5　海洋监测规范　第 5 部分：沉积物分析

HJ/T 166　土壤环境监测技术规范

3 方法原理

土壤或沉积物样品经过衬垫压片或铝环（或塑料环）压片后，试样中

的原子受到适当的高能辐射激发后，放射出该原子所具有的特征 X 射线，其强度大小与试样中该元素的质量分数成正比。通过测量特征 X 射线的强度来定量分析试样中各元素的质量分数。

4 干扰和消除

4.1 试样中待测元素的原子受辐射激发后产生的 X 射线荧光强度值与元素的质量分数及原级光谱的质量吸收系数有关。某元素特征谱线被基体中另一元素光电吸收，会产生基体效应（即元素间吸收－增强效应）。可通过基本参数法、影响系数法或两者相结合的方法（即经验系数法）进行准确的计算处理后消除这种基体效应（见附录 B）。

4.2 试样的均匀性和表面特征均会对分析线测量强度造成影响[1]，试样与标准样粒度等保持一致，则这些影响可以减至最小甚至可忽略不计。

4.3 用干扰校正系数校正谱线重叠干扰（见附录 B）。重叠干扰校正系数计算方法：通过元素扫描，分析与待测元素分析线有关的干扰线，确定参加谱线重叠校正的干扰元素；利用标准样品直接测定干扰线校正 X 射线强度的方法，求出谱线重叠校正系数。

5 试剂和材料

5.1 硼酸（H_3BO_3）：分析纯[2]。

5.2 高密度低压聚乙烯粉：分析纯。

5.3 标准样品：土壤、沉积物，含测定 25 种无机元素和 7 种氧化物的市售有证标准物质或标准样品。

要点分析

[1] 对于粉末样品压片制样，其粒度效应和矿物效应是元素分析的主要误差来源。

[2] 硼酸的挥发性会对仪器造成影响，可根据实际测试情况选择合适品牌的试剂。

5.4 塑料环：内径 34 mm。

5.5 氩气－甲烷气：P10 气体，90% 氩气 +10% 甲烷。

6 仪器和设备

6.1 X 射线荧光光谱仪：波长色散型，具计算机控制系统，靶材、分光晶体见附录 C。

6.2 粉末压片机：压力 3.9×10^5 N。

6.3 分析天平：精度 0.1 mg。

6.4 筛：非金属筛，孔径为 0.075 mm，200 目[3]。

7 样品

7.1 样品的采集、保存和前处理

土壤样品的采集和保存按照 HJ/T 166 执行，沉积物样品的采集和保存按照 GB 17378.3 和 GB 17378.5 执行。样品的风干或烘干按照 HJ/T 166 及 GB 17378.5 相关规定进行操作，样品研磨后过 200 目筛，于 105℃过烘干备用。

7.2 试样的制备[4]

用硼酸（5.1）或高密度低压聚乙烯粉（5.2）垫底、镶边或塑料环（5.4）镶边，将 5 g 左右过筛样品（7.1）于压片机上以一定压力压制成≥ 7 mm 厚度的薄片。根据压力机及镶边材质确定压力及停留时间。

要点分析

[3] 试样粒径大小对待测元素分析结果的准确度有很大影响，土壤和沉积物有证标准物质均为过 200 目筛样品，为减小粒径差异带来的测量误差，测试样品制备粒径大小可参照所使用有证标准物质粒径。

[4] 样品制备好后应放于干燥器内保存待测，样品面朝上，轻拿轻放，避免碰撞。

8 分析步骤

8.1 建立测量方法

参照仪器操作程序建立测量方法。根据确定的测量元素，从数据库中选择测量谱线并校正。不同型号的仪器，其测定条件不尽相同，参照仪器厂商提供的数据库选择最佳工作条件，主要包括 X 光管的高压和电流、元素的分析线、分光晶体、准直器、探测器、脉冲高度分布（PHA）、背景校正[5]。附录 C 给出了部分仪器分析的工作条件[6]。

8.2 校准曲线

按照与试样的制备（7.2）相同操作步骤，将至少 20 个不同质量分数元素的标准样品[7]（5.3）压制成薄片，25 种无机元素和 7 种氧化物的质量分数

要点分析

[5] 土壤和水系沉积物等样品中，主元素质量分数变化范围较大，如 SiO_2 为 15.6%~90.36%，Fe_2O_3 为 0.21%~24.75 %；痕量元素间的差别也很大（10^{-6} ~10^{-2}），须对测量元素的分析条件（包括元素的激发、分析线、背景位置、干扰谱线、分析晶体、准直器、探测器和 PHD 等）作优化选择。

[6]① 电流与电压的选择：电压变化，射线强度也会变化，但为非线性关系；而电流增加，强度会成倍增加，即电流与强度呈线性关系。一般重元素选择大电压、小电流，轻元素选择小电压、大电流。②准直器越细，平行性越好，分辨率就越好，但透过的光也越少，因而信号强度低，灵敏度即低。③选择不同的晶体，所测定元素最佳条件有所不同。

[7]① 标准样品应与待分析样品具有相似的类型，即在结构、矿物组成、粒度和化学组成上要尽量接近，且标准样品中各元素应具有足够宽的含量范围和适当的含量梯度。②校准曲线点位数越多，浓度覆盖范围越广，测定结果越准确。

范围见附录 D。在仪器最佳工作条件下，依次上机测定分析，记录 X 射线荧光强度。以 X 射线荧光强度（个数 /s，cps）为纵坐标，以对应各元素（或氧化物）的质量分数（mg/kg 或百分数）为横坐标，建立校准曲线。

8.3 测定

待测试样（7.2）按照与建立校准曲线（8.2）相同的条件进行测定，记录 X 射线荧光强度。

9 结果计算与表示

9.1 结果计算

土壤及沉积物样品中无机元素（或氧化物）的质量分数 w_i，按照以下公式进行计算。

$$w_i=k\times(I_i+B_{ij}\times I_k)\times(1+\sum a_{ij}\times w_j)+b$$

式中：w_i——待测无机元素（或氧化物）的质量分数，mg/kg 或 %；

w_j——干扰元素的质量分数，mg/kg 或 %；

k——校准曲线的斜率；

b——校准曲线的截距；

I_i——测量元素（或氧化物）的 X 射线荧光强度，个数 /s（cps）；

β_{ij}——谱线重叠校正系数；

I_k——谱线重叠的理论计算强度；

a_{ij}——干扰元素对测量元素（或氧化物）的 a 影响系数。

9.2 结果表示

样品中铝、铁、硅、钾、钠、钙、镁以氧化物表示，单位为 %；其他均以元素表示，单位为 mg/kg。测定结果氧化物保留 4 位有效数字，小数点后保留两位；元素保留 3 位有效数字，小数点后保留一位。有证标准物质测定结果保留位数参照标准值结果。

10 精密度和准确度

10.1 精密度

6 家实验室分别对国家有证标准样品（土壤、水系沉积物）和实际样品（土壤及底泥）进行了分析测定，实验室内相对标准偏差为 0.0%~15.7%；实验室间相对标准偏差为 0.0%~22.8%；重复性限为 0.00~56.5 mg/kg，再现性限为 0.08~124 mg/kg。精密度汇总数据见附录 E。

10.2 准确度

6 家实验室分别对国家有证标准样品（土壤、水系沉积物）和实际样品（土壤及底泥）进行了分析测定，对有证标准物质分析的相对误差为 -70.2 %~32.7 %。准确度汇总数据见附录 E。

11 质量保证和质量控制

11.1 应定期对测量仪器进行漂移校正，如更换氩气 - 甲烷气[8]、环境温湿度变化较大时、仪器停机状态时间较长后开机等。用于漂移校正的样品的物理与化学性质需保持稳定，漂移量偏大时需重做标准曲线，可使用高质量分数标准化样品进行校正。

11.2 每批样品分析时应至少测定 1 个土壤或沉积物的国家有证标准物质，其测定值与有证标准物质的相对误差见表 1。

11.3 每批样品应进行 20% 的平行样测定，当样品数小于 5 个时，应至少测定 1 个平行样。测定结果的相对偏差见表 2。

要点分析

[8]① 氩气 - 甲烷气（P10 气）由于生产厂家及批次不同而质量不同，可能会影响流气探测器的脉冲峰值位置，更换 P10 气体后需重新校正流气探测器。②为了防止气瓶内的杂质进入分析仪，建议在瓶压为 10 个气压时即更换新气。更换时快速打开气瓶主阀并迅速关闭以冲洗接口处灰尘。

表 1　国家有证标准物质准确度要求

含量范围	准确度
	$\Delta lgC(GBW)=\lvert lgC_i-lgC_s \rvert$
检出限 3 倍以内	≤ 0.12
检出限 3 倍以上	≤ 0.10
1% ～ 5%	≤ 0.07
＞ 5%	≤ 0.05

注：C_i 为每个 GBW 标准物质的单次测量值，C_s 为 GBW 标准物质的标准值。

表 2　平行双样最大允许相对偏差

含量范围 /（mg/kg）	最大允许相对偏差 /%
＞ 100	±5
10～100	±10
1.0～10	±20
0.1～1.0	±25
＜ 0.1	±30

12 注意事项

12.1 当更换氩气 - 甲烷气体后，应进行漂移校正或重新建立校准曲线。

12.2 当样品基体明显超出本方法规定的土壤和沉积物校准曲线范围时，或当元素质量分数超出测量范围时，应使用其他国家标准方法进行验证[9]。

12.3 硫和氯元素具有不稳定性、极易受污染等特性，分析含硫和氯元素的样品时，制备后的试样应立即测定[10]。

要点分析

[9] 样品的测定范围与校准曲线所用标准物质中元素含量有关，样品含量高于校准曲线时，测试数据请与其他方法比对确认后再行使用。

[10] 因 C、S、Cl 易受污染，制好的样品宜放于干燥器中保存，应尽快上机测试，且这 3 个元素在多元素测试中应优先测定。

12.4 样品中二氧化硅质量分数大于 80.0% 时，本方法不适用。

12.5 更换 X 光管后，调节电压、电流时，应从低电压、电流逐步调节至工作电压、电流。

附 录 A

（规范性附录）

方法检出限和测定下限

表 A.1 给出了本标准测定 25 种无机元素和 7 种氧化物的方法检出限及测定下限。

表 A.1　测定元素分析方法检出限和测定下限

序号	元素（化合物）	检出限	测定下限	序号	元素（化合物）	检出限	测定下限
1	砷（As）	2.0	6.0	17	硫（S）	30.0	90.0
2	钡（Ba）	11.7	35.1	18	钪（Sc）	2.4	6.6
3	溴（Br）	1.0	3.0	19	锶（Sr）	2.0	6.0
4	铈（Ce）	24.1	72.3	20	钍（Th）	2.1	6.3
5	氯（Cl）	20.0	60.0	21	钛（Ti）	50.0	150
6	钴（Co）	1.6	4.8	22	钒（V）	4.0	12.0
7	铬（Cr）	3.0	9.0	23	钇（Y）	1.0	3.0
8	铜（Cu）	1.2	3.6	24	锌（Zn）	2.0	6.0
9	镓（Ga）	2.0	6.0	25	锆（Zr）	2.0	6.0
10	铪（Hf）	1.7	5.1	26	二氧化硅（SiO_2）	0.27	0.81
11	镧（La）	10.6	31.8	27	三氧化二铝（Al_2O_3）	0.07	0.18
12	锰（Mn）	10.0	30.0	28	三氧化二铁（Fe_2O_3）	0.05	0.15
13	镍（Ni）	1.5	4.5	29	氧化钾（K_2O）	0.05	0.15
14	磷（P）	10.0	30.0	30	氧化钠（Na_2O）	0.05	0.15
15	铅（Pb）	2.0	6.0	31	氧化钙（CaO）	0.09	0.27
16	铷（Rb）	2.0	6.0	32	氧化镁（MgO）	0.05	0.15

注：元素质量分数单位为 mg/kg；氧化物质量分数单位为 %。

附 录 B
（资料性附录）
基体效应校正、谱线重叠干扰情况

表 B.1 给出了本标准测定 25 种无机元素和 7 种氧化物的基体效应校正、谱线重叠干扰情况的参考，不同分析谱线干扰情况不同。

表 B.1　基体效应校正元素、谱线重叠干扰元素表

序号	元素（化合物）	分析谱线	参与基体校正的元素	谱线重叠干扰元素线	谱线重叠干扰校正元素线
1	As	Kα	Fe、Ca	Pb Lα	Pb Lβ
2	Ba	Lα	Si、Fe、Ca	Ti Kα、V Kα	Ti Lβ、V Lβ
3	Br	Kα	Fe、Ca	As、Pb、Ba、W、Zr、Bi、Sn	As
4	Ce	Kα		Ba 、Ti	Ba、Ti
		Lα	Ti、Si、Al、Fe、Ca、Mg	Ba、Sr、Ti、W、Zn	
5	Cl	Kα	Ca	Mo、Na	
6	Co	Kα	Si、Fe、Ca	Fe、Cr、Cu、Hf、Pb、Y、Zr	Fe
7	Cr	Kα	Si、Fe、Ca	V、Ni	V
8	Cu	Kα	Fe、Ca	Sr、Zr	Sr、Zr、Ni
9	Ga	Kα	Fe、Ca	Pb、Hf、Ni、Pb、Zn	Pb
10	Hf	Lα	Si、Fe、Ca	Zr、Sr、Cu、Ba、Ce	Zr、Sr、Cu
11	La	Lα	Si、Ca、Fe、Ti、Al、Mg	Ti、Ga、Sb	Ti
12	Mn	Kα	Si、Al、Fe、Ca、Ti	Cr、Ni	

序号	元素（化合物）	分析谱线	参与基体校正的元素	谱线重叠干扰元素线	谱线重叠干扰校正元素线
13	Ni	Kα	Si、Fe、Ca、Mg、Ti	Y 、Rb	Y、Rb
14	P	Kα	Al、Si、Fe、Ca、Ti	Ba、Cu	
15	Pb	Lβ	Fe、Ca、Ti	Sn、Nb	
16	Rb	Kα	Fe、Ca		
17	S	Kα	Si、Fe、Ca	Fe、As	
18	Sc	Kα	Si、Al、Fe、Ca、K	Ca、Ce、Sb、Ti	Ca
19	Sr	Kα	Fe、Ca、Ti		
20	Th	Lα	Fe、Ca	Bi、Pb、Sr	Bi、Pb
21	Ti	Kα	Si、Al、Fe、Ca	Ba	
22	V	Kα	Si、Al、Fe、Ca	Ti、Ba、Sr、W、Zr	Ti
23	Y	Kα	Fe、Ca	Rb、Ba、Zr	Rb、Sr
24	Zn	Kα	Fe、Ca	Zr	
25	Zr	Kα	Fe、Ca、Ti	Sr Kβ	Sr Kα
26	SiO_2	Kα	Mg、Al、Fe、Ca、Mg、K、Na、Ti		
27	Al_2O_3	Kα	Si、Fe、Ca、Mg、K、Na、Ti		
28	Fe_2O_3	Kα	Si、Al、Ca、Mg		
29	K_2O	Kα	Si、Al、Fe、Ca、Mg、Ti		
30	Na_2O	Kα	Si、Al、Fe、Ca、Mg、Ti	Mg 、Zn	Mg
31	CaO	Kα	Al、Si、Fe、K、Mg、Ti		
32	MgO	Kα	Si、Al、Fe、Ca、K、Na、Ti		

附 录 C
（资料性附录）
分析仪器参考条件

表 C.1～表 C.3 给出了本标准测定 25 种无机元素和 7 种氧化物的仪器分析参考条件。不同仪器参考条件有所不同，所列仪器参考条件仅为部分厂家仪器。

表 C.1　仪器分析参考条件

元素	分析线	准直器	分光晶体	探测器	滤光片	X- 光管		2θ / (°)		PHA/%	测量时间 /s	
						电压 /kV	电流 /mA	峰位	背景		峰位	背景
砷（As）	Kα	0.46dg	LiF200	SC	无	60	50	33.963	34.614	60～140	40	20
钡（Ba）	Lα	0.46dg	LiF200	FC	无	50	60	87.200	88.560	60～140	30	20
溴（Br）	Kα	0.23dg	LiF200	SC	无	60	50	29.974	30.960	60～140	40	20
铈（Ce）	Lα	0.46dg	LiF200	FC	无	50	60	79.160	80.902	60～140	40	20
氯（Cl）	Kα	0.46dg	PET	FC	无	27	111	65.397	67.012	60～140	40	20
钴（Co）	Kα	0.46dg	LiF200	SC	无	60	50	52.792	53.992	60～140	40	20

元素	分析线	准直器	分光晶体	探测器	滤光片	X- 光管		2θ /（°）		PHA/%	测量时间 /s	
						电压 /kV	电流 /mA	峰位	背景		峰位	背景
铬（Cr）	Kα	0.46dg	LiF200	SC	无	60	50	69.368	70.472	60～140	30	20
铜（Cu）	Kα	0.46dg	LiF200	SC	无	60	50	45.035	46.854	60～140	40	20
镓（Ga）	Kα	0.46dg	LiF200	SC	无	60	50	38.901	39.485	60～140	20	10
铪（Hf）	Lα	0.46dg	LiF200	SC	无	60	50	45.902	46.802	60～140	40	20
镧（La）	Lα	0.46dg	LiF200	FC	无	50	60	82.989	84.444	60～140	40	20
锰（Mn）	Kα	0.46dg	LiF200	SC	无	60	50	62.982	64.778	60～140	16	10
铌（Nb）	Kα	0.23dg	LiF200	SC	无	60	50	21.390	24.500	60～140	24	8
镍（Ni）	Kα	0.46dg	LiF200	SC	无	60	50	48.663	49.863	60～140	40	20
磷（P）	Kα	0.46dg	Ge	FC	无	27	111	140.977	144.934	69～140	30	10
铅（Pb）	Lβ	0.23dg	LiF200	SC	无	60	50	28.251	28.811	60～140	40	20
铷（Rb）	Kα	0.23dg	LiF200	SC	无	60	50	26.622	24.500	60～140	12	6
硫（S）	Kα	0.46dg	PET	FC	无	27	111	75.822	79.629	60～140	40	20
钪（Sc）	Kα	0.46dg	LiF200	FC	无	60	50	97.726	96.940	60～140	40	20
锶（Sr）	Kα	0.23dg	LiF200	SC	无	60	50	25.149	24.500	60～140	12	6

元素	分析线	准直器	分光晶体	探测器	滤光片	X- 光管		2θ / (°)		PHA/%	测量时间 /s	
						电压 /kV	电流 /mA	峰位	背景		峰位	背景
钍（Th）	Lα	0.23dg	LiF200	SC	无	60	50	27.420	29.510	60~140	40	20
钛（Ti）	Kα	0.46dg	LiF200	FC	无	50	60	86.169	85.180	60~140	12	6
钒（V）	Kα	0.23dg	LiF220	FC	无	50	60	123.171	—	60~140	20	16
钇（Y）	Kα	0.23dg	LiF200	SC	无	60	50	23.778	24.500	60~140	24	12
锌（Zn）	Kα	0.23dg	LiF200	SC	无	60	50	41.801	42.530	60~140	20	10
锆（Zr）	Kα	0.23dg	LiF200	SC	无	60	50	22.544	24.500	60~140	14	8
铝（Al）	Kα	0.46dg	PET	FC	无	27	111	144.591	—	35~252	8	—
钙（Ca）	Kα	0.46dg	LiF200	FC	无	60	50	113.117	—	60~140	12	—
铁（Fe）	Kα	0.23dg	LiF200	SC	200 μm Al	60	50	57.524	—	27~273	8	—
钾（K）	Kα	0.46dg	LiF200	FC	无	50	60	136.665	—	60~140	10	—
镁（Mg）	Kα	0.46dg	OVO-55	FC	无	27	111	20.701	22.162	50~150	30	20
钠（Na）	Kα	0.46dg	OVO-55	FC	无	27	111	25.055	27.280	50~150	30	20
硅（Si）	Kα	0.23dg	PET	FC	无	27	60	108.977	—	35~248	10	—

注：As 不选 As 默认的 As Kβ 线而选 Kα 线，有助于降低 LLD。

表 C.2 仪器分析参考条件

元素	分析线	分光晶体	2θ/（°）		计数时间 / s		探测器	PHA 范围 / %	准直器	干扰元素
			谱峰	背景	谱峰	背景				
砷（As）	Kα	LiF	33.98	39.50	10	5	SC	80～310	fine	PbLα
钡（Ba）	Lα	LiF	87.120	88.50	10	5	PC	100～340	Std	TiKα
溴（Br）	Kα	LiF	29.950	31.0	40	20	SC	100～300	Std	AsKβ_1
铈（Ce）	Lα	LiF	78.980	80.50	20	10	PC	100～300	Std	BaLβ_1
氯（Cl）	Kα	Ge	92.896	94.15	40	20	PC	120～300	Std	MoLγ_1
钴（Co）	Kα	LiF	52.680	53.90	20	10	PC	100～300	Std	Fe Kβ_1
铬（Cr）	Kα	LiF	69.214	74.20	20	10	PC	—	Std	VKβ_1
铜（Cu）	Kα	LiF	44.883	46.60	10	5	PC	100～300	Std	—
镓（Ga）	Kα	LiF	38.894	42.48	10	5	SC	70～330	Std	PbLl
镧（La）	Kα	LiF	82.80	84.30	20	10	PC+SC	100～300	Std	—
锰（Mn）	Kα	LiF	62.950	—	4	—	SC	90～360	Std	Cr Kβ_1
钼（Mo）	Kα	LiF	20.314	24.50	40	20	SC	100～310	Std	Zr Kβ_1
铌（Nb）	Kα	LiF	21.370	24.50	10	5	SC	90～300	Std	Y Kβ_1
镍（Ni）	Kα	LiF	48.523	49.6	15	8	PC	100～300	Std	Rb,Y
磷（P）	Kα	Ge	141.086	143.30	8	4	PC	70～300	Std	—
铷（Rb）	Kα	LiF	26.593	25.80	8	4	SC	80～300	Std	—
硫（S）	Kα	Ge	110.758	116.70	40	20	PC	120～300	Std	—
锡（Sn）	Kα	LiF	14.024	13.62	20	10	SC	100～300	Std	—
锶（Sr）	Kα	LiF	25.128	25.80	8	4	SC	70～300	Std	—
钍（Th）	Lα	LiF	27.450	29.60	20	10	SC	100～300	Std	BiLβ
钛（Ti）	Kα	LiF	86.112	—	4	—	SC	80～350	Std	—
钒（V）	Kα	LiF	76.90	74.20	20	10	PC	100～300	Std	TiKβ_1
钨（W）	Lα	LiF	42.884	46.60	30	15	SC	100～300	Std	—
钇（Y）	Kα	LiF	23.762	24.50	10	5	SC	100～300	Std	RbKβ_1
锌（Zn）	Kα	LiF	41.774	42.50	10	5	SC	80～330	Std	—
锆（Zr）	Kα	LiF	22.516	24.50	8	5	SC	100～300	Std	Sr Kβ_1
铝（Al）	Kα	PET	144.606	—	4	—	PC	70～340	fine	—
钙（Ca）	Kα	LiF	112.978	—	4	—	PC	100～300V	fine	—
铁（Fe）	Kα	LiF	57.496	—	4	—	SC	90～360	fine	—
钾（K）	Kα	LiF	136.501	—	4	—	PC	100～300	Std	—
镁（Mg）	Kα	RX35	20.875	22.50	6	3	PC	100～340	Std	—
钠（Na）	Kα	RX35	25.164	27.80	8	4	PC	80～330	Std	—
硅（Si）	Kα	PET	108.986	—	4	—	PC	80～330	fine	—

表 C.3 仪器分析参考条件

元素	分析线	准直器	分光晶体	探测器	滤光片	X- 光管		2θ / (°)			PHA / %		测量时间 /s		
						电压 / kV	电流 / mA	峰位	背景				背景		
砷(As)	KA	150 μm	LiF 200	Scint.	Al（200 μm）	60	60	33.908 2	0.688	—	24	74	24	10	—
钡(Ba)	LA	150 μm	LiF 200	Flow	None	40	90	87.195 6	1.308 4	—	31	71	34	16	—
溴(Br)	KA	150 μm	LiF 200	Scint.	Al（200 μm）	60	60	29.941 2	1.058 8	-0.705 4	27	73	40	20	20
铈(Ce)	LA	150 μm	LiF 200	Flow	None	40	90	79.232 6	1.413 8	—	30	75	40	20	—
氯(Cl)	KA	550 μm	Ge 111	Flow	None	30	120	92.841	1.463 8	—	28	77	40	30	—
钴(Co)	KA	150 μm	LiF 200	Flow	None	60	60	52.813 8	1.016 8	—	16	71	40	20	—
铬(Cr)	KA	150 μm	LiF 200	Flow	None	60	60	69.376 4	1.188 6	—	12	73	40	20	—
铜(Cu)	KA	150 μm	LiF 200	Flow	Al（200 μm）	60	60	45.032 6	1.682 8	—	20	69	40	20	—
氟(F)	KA	550 μm	PX1	Flow	None	30	120	42.773 2	5.213 2	—	28	75	60	30	—
镓(Ga)	KA	150 μm	LiF 200	Scint.	Al（200 μm）	60	60	38.902 6	0.563 8	—	16	78	24	10	—
锗(Ge)	KA	150 μm	LiF 200	Scint.	Al（200 μm）	60	60	36.317 8	-0.712 4	—	22	70	40	20	—
铪(Hf)	LA	150 μm	LiF 200	Flow	None	60	60	45.891 6	1.206	—	19	64	36	18	—
镧(La)	LA	150 μm	LiF 200	Flow	None	40	90	82.947	1.322 6	—	29	70	40	20	—
锰(Mn)	KA	150 μm	LiF 200	Flow	None	60	60	63.005 4	1.548 8	—	13	72	24	10	—
铌(Nb)	KA	150 μm	LiF 200	Scint.	Al（750 μm）	60	60	21.348 6	0.449 2	—	24	78	24	10	—
钕(Nd)	LA	150 μm	LiF 200	Flow	None	60	60	72.152	0.708 2	—	31	74	36	18	—
镍(Ni)	KA	150 μm	LiF 200	Flow	Al（200 μm）	60	60	48.676	0.839 6	—	18	70	40	20	—
氧(O)	KA	550 μm	PX1	Flow	None	30	120	56.019 8	—	—	21	78	10	—	—
磷(P)	KA	550 μm	Ge 111	Flow	None	30	120	141.048 2	2.247 2	—	35	65	30	16	—

元素	分析线	准直器	分光晶体	探测器	滤光片	X- 光管		2θ / (°)			PHA /%		测量时间 /s		
						电压 / kV	电流 / mA	峰位	背景					背景	
铅（Pb）	LB1	150 μm	LiF 200	Scint.	None	60	66	28.214 2	1.310 2	—	25	73	30	20	—
铷（Rb）	KA	150 μm	LiF 200	Scint.	None	60	60	26.583 6	-0.769 6	—	22	78	18	10	—
钪（Sc）	KA	150 μm	LiF 200	Flow	None	40	90	97.743 2	-1.754 8	—	29	72	40	20	—
锶（Sr）	KA	150 μm	LiF 200	Scint.	None	60	60	25.115 2	-0.566 6	—	22	78	18	10	—
钍（Th）	LA	150 μm	LiF 200	Scint.	Al（200 μm）	60	60	27.448 6	2.053 4	—	29	63	40	18	—
铑（Rh）	KA-C	150 μm	LiF 200	Scint.	None	60	60	18.483 6	—	—	26	78	10	—	—
钛（Ti）	KA	150 μm	LiF 200	Flow	None	40	90	86.181 4	-1.185 4	—	30	71	20	10	—
钒（V）	KA	150 μm	LiF 200	Flow	None	40	90	76.992 8	-0.996	—	31	74	36	16	—
钇（Y）	KA	150 μm	LiF 200	Scint.	Al（200 μm）	60	60	23.758 2	0.743 6	—	23	78	20	10	—
锌（Zn）	KA	150 μm	LiF 200	Scint.	None	60	60	41.785	0.964 4	—	20	78	20	10	—
锆（Zr）	KA	150 μm	LiF 200	Scint.	Al（200 μm）	60	60	22.497 6	0.497 2	—	24	78	20	10	—
铝（Al）	KA	550 μm	PE 002	Flow	None	30	120	144.927 4	—	—	22	78	10	—	—
钙（Ca）	KA	150 μm	LiF 200	Flow	None	30	120	113.144 6	—	—	23	73	10	—	—
铁（Fe）	KA	150 μm	LiF 200	Flow	Al（200 μm）	60	60	57.538 8	—	—	15	72	10	—	—
钾（K）	KA	150 μm	LiF 200	Flow	None	30	120	136.720 4	—	—	27	74	10	—	—
镁（Mg）	KA	550 μm	PX1	Flow	None	30	120	22.693 2	1.905	-1.739 2	35	65	30	10	10
钠（Na）	KA	550 μm	PX1	Flow	None	30	120	27.411 8	1.723 6	-1.913 2	35	65	40	12	12
硅（Si）	KA	550 μm	PE 002	Flow	None	30	120	109.126	—	—	24	78	10	—	—

附 录 D
（资料性附录）
测定元素校准曲线范围

表 D.1 给出了本标准测定 25 种无机元素和 7 种氧化物的校准曲线范围。校准曲线的范围随有证标准物质的变化而变化。

表 D.1　测定元素校准曲线范围

序号	元素（化合物）	质量分数范围	序号	元素（化合物）	质量分数范围
1	砷（As）	2.0～841	17	硫（S）	50～940
2	钡（Ba）	44.3～1 900	18	钪（Sc）	4.4～43
3	溴（Br）	0.25～40	19	锶（Sr）	28～1 198
4	铈（Ce）	3.5～402	20	钍（Th）	3.6～79.3
5	氯（Cl）	10.8～1 400	21	钛（Ti）	1 270～46 100
6	钴（Co）	2.6～97	22	钒（V）	15.6～768
7	铬（Cr）	7.2～795	23	钇（Y）	2.4～67
8	铜（Cu）	4.1～1 230	24	锌（Zn）	24.0～3 800
9	镓（Ga）	3.2～39	25	锆（Zr）	3.0～1 540
10	铪（Hf）	4.9～34	26	二氧化硅（SiO_2）	6.65～82.89
11	镧（La）	21～164	27	三氧化二铝（Al_2O_3）	7.70～29.26
12	锰（Mn）	10.8～2 490	28	三氧化二铁（Fe_2O_3）	1.90～18.76
13	镍（Ni）	2.7～333	29	氧化钾（K_2O）	1.03～7.48
14	磷（P）	38.4～4 130	30	氧化钠（Na_2O）	0.10～7.16
15	铅（Pb）	7.6～636	31	氧化钙（CaO）	0.08～8.27
16	铷（Rb）	4.79～470	32	氧化镁（MgO）	0.21～4.14

注：元素质量分数单位为 mg/kg；氧化物质量分数单位为 %。

附 录 E

（资料性附录）

方法的精密度和准确度汇总数据

表 E.1、表 E.2 给出了本标准测定 25 种无机元素和 7 种氧化物的方法精密度和准确度等。

表 E.1 方法的精密度汇总表

序号	元素（化合物）	平均值 /（mg/kg）	实验室内相对标准偏差 /%	实验室间相对标准偏差 /%	重复性限 *r*/（mg/kg）	再现性限 *R*/（mg/kg）
1	砷（As）	6.8~8.4	4.0~9.2	0.7~9.1	1.2~1.3	1.1~2.2
2	钡（Ba）	448~507	0.4~2.3	1.6~6.0	14.4~28.4	24.8~85.8
3	溴（Br）	4.3~8.2	2.3~8.3	4.8~5.5	0.57~0.82	0.95~1.30
4	铈（Ce）	69.6~88.5	4.6~15.7	1.6~9.1	11.8~28.4	11.2~33.5
5	氯（Cl）	144~1 340	0.5~2.6	7.6	30.3	262
6	钴（Co）	9.0~14.1	2.6~7.2	8.0~22.8	1.6~1.8	3.2~7.9
7	铬（Cr）	61.8~80.9	0.4~2.4	6.0~6.2	3.2~3.5	11.7~13.4
8	铜（Cu）	21.1~26.0	1.5~3.1	2.8~9.7	1.1~1.8	2.6~6.2
9	镓（Ga）	13.8~15.6	1.5~3.2	0.9~4.9	1.0~1.1	1.1~2.2
10	铪（Hf）	8.3~9.8	1.5~13.2	6.2	2.6	2.8
11	镧（La）	37.5~42.5	4.4~13.0	1.9~2.0	10.0~12.6	9.4~11.8
12	锰（Mn）	692~895	0.1~3.9	2.0~2.8	5.0~56.5	49.1~76.3
13	镍（Ni）	25.8~37.2	0.4~1.4	3.2~8.7	0.83~1.1	3.4~6.8
14	磷（P）	879~907	0.2~1.2	0.6~1.3	5.4~24.1	26.7~33.3
15	铅（Pb）	22.5~24.6	1.7~4.4	3.9~4.0	2.2~2.4	3.3~3.4

序号	元素（化合物）	平均值 /（mg/kg）	实验室内相对标准偏差 /%	实验室间相对标准偏差 /%	重复性限 *r*/（mg/kg）	再现性限 *R*/（mg/kg）
16	铷（Rb）	83.7～103	0.4～2.0	4.4～5.4	1.5～3.7	12.5～13.7
17	硫（S）	382～1 228	1.6～4.6	13.2	108	429
18	钪（Sc）	11.4～12.1	3.7～6.4	1.2	1.6	1.5
19	锶（Sr）	117～168	0.2～1.1	3.1～8.0	1.9～2.9	14.3～27.8
20	钍（Th）	9.4～17.0	2.8～9.9	22.2～22.2	1.8～2.9	7.1～8.8
21	钛（Ti）	4 468～4 750	0.10～0.48	0.8～0.9	25.5～55.8	102～124
22	钒（V）	77.2～86.7	0.6～2.8	2.8～5.8	3.6～5.5	7.4～14.0
23	钇（Y）	26.3～29.0	0.8～1.6	2.7～6.9	0.74～0.83	2.26～5.4
24	锌（Zn）	66.0～84.6	0.4～1.6	0.9～7.1	1.6～2.4	2.7～14.0
25	锆（Zr）	284～314	0.09～1.8	3.4～7.1	3.0～11.1	28.4～60.6
26	二氧化硅（SiO_2）	61.79～69.44	0.0～0.4	1.0～2.5	0.22～0.63	1.8～4.8
27	三氧化二铝（Al_2O_3）	11.02～13.01	0.0～1.0	0.8～7.8	0.09～0.31	0.32～2.6
28	三氧化二铁（Fe_2O_3）	4.07～4.80	0.1～0.9	1.1～7.4	0.03～0.11	0.14～0.90
29	氧化钾（K_2O）	1.91～2.43	0.00～2.1	0.9～3.3	0.02～0.08	0.06～0.19
30	氧化钠（Na_2O）	1.13～1.76	0.2～2.1	6.3～13.6	0.00～0.06	0.30～0.48
31	氧化钙（CaO）	1.58～3.81	0.0～2.2	0.9～0.9	0.03～0.08	0.08～0.10
32	氧化镁（MgO）	1.16～2.14	0.2～0.4	0.8～8.6	0.02～0.02	0.05～0.30

表 E.2 方法的准确度汇总表

序号	元素（化合物）	平均值 /（mg/kg）	相对误差 /%	相对误差最终值 /%
1	砷（As）	8.0～11.4	−3.4～6.2	0.02～0.10
2	钡（Ba）	500～569	−2.9～4.6	0.008～0.04
3	溴（Br）	3.5～4.4	−2.7～14.8	0.03～0.10
4	铈（Ce）	74.0～109	−0.9～1.6	0.02～0.12
5	氯（Cl）	158～257	335	1.19
6	钴（Co）	9.6～25.6	−8.1～−3.4	0.05～0.21
7	铬（Cr）	63.0～73.5	−8.6～−4.9	0.02～0.06
8	铜（Cu）	25.3～29.3	−1.3～2.0	0.02～0.03
9	镓（Ga）	16.6～20.2	−71.2～−0.2	0.003～0.007
10	铪（Hf）	6.9～7.5	2.9～6.1	0.02～0.06
11	镧（La）	40.0～44.0	−4.2～9.5	0.02～0.06
12	锰（Mn）	511～1 125	−1.6～2.9	0.001～0.04
13	镍（Ni）	32.4～34.8	−0.8～1.9	0.002～0.03
14	磷（P）	246～482	−6.5～−1.8	0.002～0.05
15	铅（Pb）	22.2～24.3	−5.6～−5.3	0.02～0.04
16	铷（Rb）	91.8～120	−5.6～−4.6	0.04～0.07
17	硫（S）	130～341	−10.2～32.7	0.04～0.09
18	钪（Sc）	11.9～15.3	1.4～26.8	0.03～0.14
19	锶（Sr）	90.2～172	−2.7～2.2	0.03～0.06
20	钍（Th）	12.9～17.9	−1.0～19.0	0.05～0.2
21	钛（Ti）	4 097～5 306	−2.9～−2.9	0.005～0.01
22	钒（V）	84.3～108	−2.8～1.1	0.02～0.03
23	钇（Y）	26.1～31.2	3.3～8.8	0.02～0.04
24	锌（Zn）	57.1～64.5	−6.0～−0.4	0.005～0.023
25	锆（Zr）	225～265	−2.1～−0.5	0.01～0.04
26	二氧化硅（SiO_2）	60.57～64.6	−3.8～−1.6	0.002～0.02
27	三氧化二铝（Al_2O_3）	13.25～15.5	−0.7～−0.2	0.000～0.05
28	三氧化二铁（Fe_2O_3）	4.70～7.22	−3.7～−0.9	0.01～0.04
29	氧化钾（K_2O）	1.93～2.40	−1.8～3.4	0.006～0.04
30	氧化钠（Na_2O）	0.64～1.24	−12.8～−3.6	0.005～0.07
31	氧化钙（CaO）	0.77～4.87	−4.9～−2.4	0.003～0.04
32	氧化镁（MgO）	1.25～1.57	2.8～6.1	0.004～0.03

第四篇

有机项目测定

第一章
气相色谱法

有机磷农药的测定
《水、土中有机磷农药测定的气相色谱法》
（GB/T 14552—2003）技术和质量控制要点

（一）概述

有机磷农药（Organophosphorus Pesticide）是指在组成上含磷的有机杀虫剂、杀菌剂，多为磷酸酯类或硫代磷酸酯类，结构式中 R_1、R_2 多为甲氧基（$CH_3O—$）或乙氧基（$C_2H_5O—$），Z 为氧（O）或硫（S）原子，X 为烷氧基、芳氧基或其他取代基团。有机磷农药一般不溶于水或微溶于

X
‖
H_2 —— P —— Z
|
R_1

有机磷农药结构通式

水，易溶于苯、丙酮、乙醚等有机溶剂，在中性和酸性条件下较稳定，不易发生水解，在碱性条件下则相反。其主要特点是毒性强、杀虫范围广，在农业生产中具有广泛的应用。有机磷农药种类很多，根据其毒性强弱分为高毒、中毒、低毒三类，其中速灭磷、甲拌磷和水胺硫磷属于高毒类，二嗪类、异稻瘟净和甲基对硫磷属于中毒性，而杀螟硫磷、溴硫磷、稻丰散和杀扑磷属于低毒类。高毒类有机磷农药少量接触即可中毒，低毒类大量进入体内亦可发生危害。有机磷农药从口、鼻、皮肤等任何部位进入体内而被吸收，并能抑制血液和组织中乙酰胆碱酯酶的活性，引起中枢神经系统中毒。

目前，土壤中有机磷农药的残留监测方法采用的样品提取技术主要为索氏提取法、机械振荡法和加速溶剂萃取法等，净化手段主要有液液分配法、柱层析法、固相萃取法和凝胶渗透色谱净化方法，其中所采用的监测方法均为气相色谱配氮磷检测器（NPD）或火焰光度检测器（FPD）。

（二）标准方法解读

1 范围

本标准规定了地面水、地下水及土壤中速灭磷（mevinphos）、甲拌磷（phorate）、二嗪磷（diazinon）、异稻瘟净（iprobenfos）、甲基对硫磷（parathion-methyl）、杀螟硫磷（fenitrothion）、溴硫磷（bromophos）、水胺硫磷（isocarbophos）、稻丰散（phenthoate）、杀扑磷等（methidathion）多组分残留量的测定方法。

本标准适用于地面水、地下水及土壤中有机磷农药的残留量分析。

2 规范性引用文件

下列文件中的条款通过本标准的引用而成为本标准的条款。凡是注日期的引用文件，其随后所有的修改单（不包括勘误的内容）或修订版均不适用于本标准，然而，鼓励根据本标准达成协议的各方研究是否可使用这些文件的最新版本。凡是不注日期的引用文件，其最新版本适用于本标准。

GB/T 5009.20—1996 食品中有机磷农药残留量的测定方法

NY/T 395 农田土壤环境质量监测技术规范

NY/T 396 农田水源环境质量监测技术规范

3 原理

水、土样品中有机磷农药残留量采用有机溶剂提取，再经液 - 液分配和凝结净化步骤除去干扰物，用气相色谱氮磷检测器（NPD）[1] 或火焰光度检测器（FPD）[2] 检测，根据色谱峰的保留时间定性，外标法定量。

4 试剂与材料

4.1 载气和辅助气体

4.1.1 载气：氮气，纯度≥ 99.99%[3]。

4.1.2 燃气：氢气。

4.1.3 助燃气：空气。

要点分析

[1] 氮磷检测器是质量型检测器，是适用于分析氮、磷化合物的高灵敏度、高选择性检测器。它对氮、磷化合物有较高的响应，而对其他化合物响应值较低。

[2] 火焰光度检测器是一种高选择性、高灵敏度的质量型检测器，对含磷、含硫化合物有高选择性、高灵敏度。该检测器对有机磷、有机硫的响应值与碳氢化合物的响应值之比可达 104，因此可排除大量溶剂峰及烃类的干扰，非常有利于痕量磷、硫的分析。

[3] 氮气建议安装除水、除烃装置后使用，确保纯度达到要求。另根据需要，按照仪器使用说明，也可选择使用氦气作为载气。

4.2 配制标准样品和试样分析的试剂和材料：所使用的试剂除另有规定外均系分析纯，水为蒸馏水。

4.2.1 农药标准品：速灭磷等有机磷农药，纯度为95.0%~99.0%[4]。

4.2.1.1 农药标准溶液的制备：准确称取一定量的农药标准样品（准确到 ±0.000 1 g），用丙酮为溶剂，分别配制浓度为0.5 mg/ml的速灭磷、甲拌磷、二嗪磷、水胺硫磷、甲基对硫磷、稻丰散；浓度为0.7 mg/ml杀螟硫磷、异稻瘟净、溴硫磷、杀扑磷储备液，在冰箱中存放。

4.2.1.2 农药标准中间溶液的配制：用移液管准确量取一定量的上述10种储备液于50 ml容量瓶中用丙酮定容至刻度，则配制成浓度为50 μg/ml的速灭磷、甲拌磷、二嗪磷、水胺硫磷、甲基对硫磷、稻丰散和100 μg/ml的杀螟硫磷、异稻瘟净、溴硫磷、杀扑磷的标准中间溶液，在冰箱中存放。

4.2.1.3 农药标准工作液的配制：分别用移液管吸取上述中间溶液每种10 ml于100 ml容量瓶中，用丙酮定容至刻度，得混合标准工作溶液。标准工作溶液在冰箱中存放。

4.2.2 丙酮（CH_3COCH_3），重蒸[5]。

4.2.3 石油醚60~90℃沸腾，重蒸[5]。

4.2.4 二氯甲烷（CH_2Cl_2），重蒸[5]。

4.2.5 乙酸乙酯（$CH_3COOC_2H_5$）。

4.2.6 氯化钠（NaCl）。

要点分析

[4] 也可直接购买包括所有相关目标物的有证标准溶液。

[5] 试剂纯度很高时则无须重蒸，如色谱级或农残级。

4.2.7 无水硫酸钠（Na_2SO_4），300℃烘 4h 后放入干燥器备用[6]。

4.2.8 助滤剂：Celite 545[7]。

4.2.9 磷酸（H_3PO_4）：85%。

4.2.10 氯化铵（NH_4Cl）。

4.2.11 凝结液[8]：20 g 氯化铵和 85% 磷酸 40 ml，溶于 400 ml 蒸馏水中，用蒸馏水定容至 2 000 ml，备用。

5 仪器

5.1 振荡器。

5.2 旋转蒸发器。

5.3 真空泵。

5.4 水浴锅。

5.5 微量进样器。

5.6 气相色谱仪：带氮磷检测器或火焰光度检测器，备有填充柱或毛细管柱。

6 样品

6.1 样品性状

6.1.1 样品种类：水、土壤。

要点分析

[6] 遇到结团情况，先摇匀、敲碎，再用马弗炉烘干；使用前观察是否有板结情况。为了更好地去除有机物等杂质，建议在 450℃烘干无水硫酸钠。

[7] 助滤剂能提高滤液过滤效率的物质，防止滤渣堆积过于密实，使过滤顺利进行。Celite 545 为硅藻土。

[8] 凝结液的作用其实就是提取液，经 H_3PO_4-NH_4Cl 溶液凝结，使提取液中的各种复杂化合物转化为沉淀，通过过滤的方法将之初步分离。

6.1.2 样品状态：液体、固体。

6.1.3 样品的稳定性：在水、土壤中的有机磷农药不稳定，易分解。

6.2 样品的采集与贮存方法

按照 NY/T 395 和 NY/T 396 规定采集。

6.2.1 水样：取具代表性的地表水或地下水，用磨口玻璃瓶取 1 000 ml 装水之前，先用水样冲洗样品瓶 2~3 次。

6.2.2 土壤样：按有关规定在田间采集土样，充分混匀取 500 g 备用，装入样品瓶中，另取 20 g 测定含水量[9]。

6.2.3 样品的保存[10]：水样在 4℃冰箱中保存；土壤保存在 -18℃冷冻箱中，备用。

7 分析步骤

7.1 提取及净化

7.1.1 水样的提取及 A 法净化

取 100.0 ml 水样于分液漏斗中，加入 50 ml 丙酮振摇 30 次，取出 100 ml，相当于样品量的 2/3，移入另一 500 ml 分液漏斗中，加入 10~15 ml 凝结液［用 c（KOH）= 0.5 mol/L 的氢氧化钾（KOH）溶液调至 pH 为 4.5~5.0］和 1 g 助滤剂，振摇 20 次，静置 3 min，过滤入另一 500 ml 分液漏斗中，加 3 g 氯化钠[11]，用 50 ml、50 ml、30 ml 二氯甲烷萃取 3 次，合并有机相，经一装有 1 g 无水硫酸钠和 1 g 助滤剂的筒形漏斗[12]过滤，

要点分析

[9] 也可参照 HJ 166 规定采集。

[10] 土壤样品的含水量可按照 HJ 613 进行测定。

[11] 添加适量的氯化钠，有利于水相和有机相分层。

[12] 漏斗口应垫适量脱脂棉或者玻璃棉，且进行净化处理。

收集于 250 ml 平底烧瓶中，加入 0.5 ml 乙酸乙酯[13]，先用旋转蒸发器[14]浓缩至 3 ml，在室温下用氮气或空气吹[15]浓缩至近干，用丙酮定容 5 ml，供气相色谱测定。

7.1.2 B 法净化[16]

遵照 GB/T 5009.20—1996 中 6.2 的净化步骤进行。

7.1.3 土壤样的提取及 A 法净化

准确称取[17]已测定含水量的土样 20.0 g，置于 300 ml 具塞锥形瓶中，加水，使加入的水量与 20.0 g 样品中水分含量之和为 20 ml，摇匀后静置 10 min，加 100 ml 丙酮水的混合液［丙酮（*V*）/ 水（*V*）= 1/5］，浸泡 6 ~ 8 h 后振荡 1 h，

要点分析

[13] 乙酸乙酯的作用主要为防止提取液旋转蒸干。

[14] 注意事项：① 样品蒸发速度避免过快，且不能蒸干，防止浓缩过程产生气泡。②旋蒸过程实验人员不得随意离开实验现场。

[15] 氮吹时，气针与样品溶剂液面保持一定的距离，控制气流量，避免出现涡旋使样品飞溅造成损失。

[16] 引自 GB/T 5009.20—1996：① 向制备好的滤液中加入 10 ~15 g 氯化钠使溶液处于饱和状态。猛烈振摇 2~3 min，静置 10 min，使丙酮与水相分层，水相用 50 ml 二氯甲烷振摇 2 min，再静置分层。②将丙酮与二氯甲烷提取液合并经装有 20~30 g 无水硫酸钠的玻璃漏斗脱水滤入 250 ml 圆底烧瓶中，再以约 40 ml 二氯甲烷分数次洗涤容器和无水硫酸钠。③洗涤液也并入烧瓶中，用旋转蒸发器浓缩至约 2 ml，浓缩液定量转移至 5~25 ml 中，加二氯甲烷定容至刻度。

[17] 注意分析天平的操作规范：观察和调整水平气泡，开机预热，使用金属药勺等，及时填写天平使用记录。

将提取液倒入铺有2层滤纸及1层助滤剂的布氏漏斗减压抽滤[18]，取80 ml滤液（相当于2/3样品），除以下步骤凝结2~3次外，其余同7.1.1。

7.1.4 B法净化

遵照GB/T 5009.20中6.2的净化步骤进行。

7.2 气相色谱测定[19]

7.2.1 测定条件A

7.2.1.1 柱：

a）玻璃柱：1.0 m×2 mm（i.d），填充涂有5% OV-17的Chrom Q，80~100目的担体。

b）玻璃柱：1.0 m×2 mm（i.d），填充涂有5% OV-101的Chromsorb W-HP，100~120目的担体。

7.2.1.2 温度：柱箱200℃，气化室230℃[20]，检测器250℃。

7.2.1.3 气体流速：氮气（N_2）36 ~40 ml/min；氢（H_2）4.5~6 ml/min；空气60~80 ml/min。

7.2.1.4 检测器：氮磷检测器（NPD）。

7.2.2 测定条件B

7.2.2.1 柱：石英弹性毛细管柱HP-5，30 m×0.32 mm（i.d）。

7.2.2.2 温度：柱温采用程序升温方式。

要点分析

[18] 使用布氏漏斗抽滤时要注意规范操作，防止溶液倒吸。

[19] 方法中参数仅为参考条件，使用时可根据实际所用的仪器设备进行优化。

[20] 气化室和进样口温度应高于所有目标物的沸点。

130℃ $\xrightarrow{\text{恒温3 min;5℃/min}}$ false 140℃ $\xrightarrow{\text{恒温5 min}}$ false 140℃，进样口220℃，检定器（NPD）300℃。

7.2.2.3 气体流速：氮气 3.5 ml/min；氢气 3 ml/min；空气 60 ml/min；尾吹（氮气）10 ml/min。

7.2.3 测定条件 C

7.2.3.1 柱：石英弹性毛细管柱 DB-17，30 m × 0.53 mm（i.d）。

7.2.3.2 温度：150℃ $\xrightarrow{\text{恒温3 min; 8℃/min}}$ false 250℃ $\xrightarrow{\text{恒温10 min}}$ false 250℃，进样口 220℃，检定器（FPD）300℃。

7.2.3.3 气体流速：氮气 9.8 ml/min；氢气 75 ml/min；空气 100 ml/min；尾吹（氮气）10 ml/min。

7.2.4 气相色谱中使用标准样品[21]的条件

标准样品的进样体积与试样进样体积相同，标准样品的响应值接近试样的响应值。当一个标准样品连续注射两次，其峰高或峰面积相对偏差不大于 7%，即认为仪器处于稳定状态。在实际测定时标准样品与试样应交叉进样分析。

7.2.5 进样

7.2.5.1 进样方式：注射器进样。

7.2.5.2 进样量：1~4 μl[22]。

要点分析

[21] 标准样品主要用于检验气相色谱仪的稳定性和准确性。

[22] 要根据实验所选择的进样口和色谱柱类型选择进样体积。

7.2.6 色谱图

7.2.6.1 色谱图

图 1 采用填充柱 a 和 NPD 检测器；

图 2 采用毛细管柱和 NPD 检测器；

图 3 采用毛细管柱和 FPD 检测器。

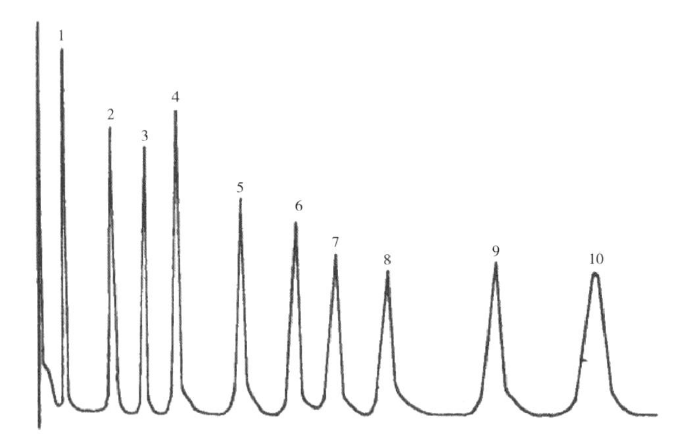

1—速灭磷；2—甲拌磷；3—二嗪磷；4—异稻瘟净；5—甲基对硫磷；6—杀螟硫磷；7—水胺硫磷；8—溴硫磷；9—稻丰散；10—杀扑磷

图 1　10 种有机磷气相色谱图

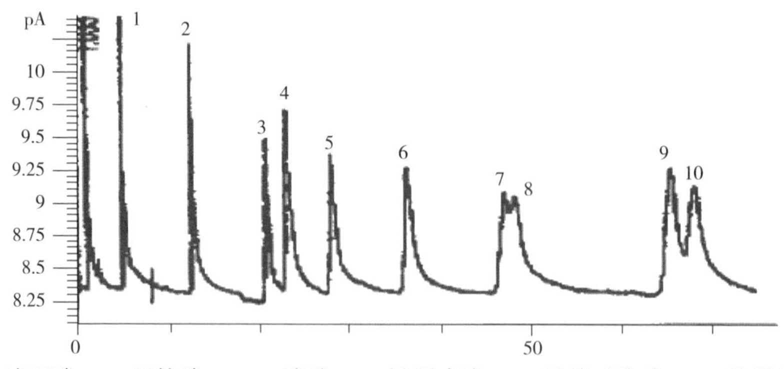

1—速灭磷；2—甲拌磷；3—二嗪磷；4—异稻瘟净；5—甲基对硫磷；6 —杀螟硫磷；7 —水胺硫磷；8 —溴硫磷；9 —稻丰散；10 —杀扑磷

图 2　10 种有机磷气相色谱图

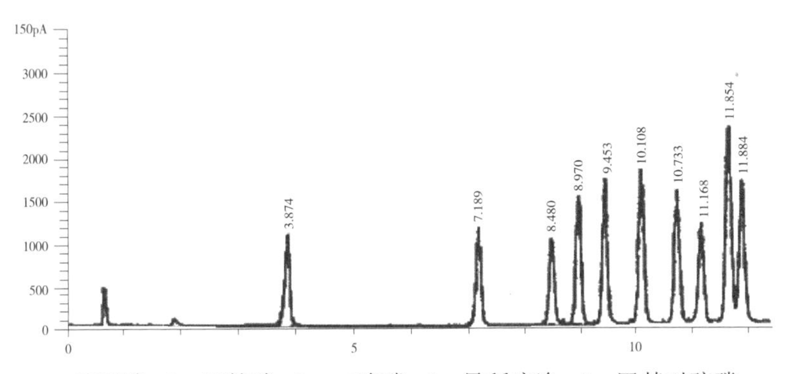

1—速灭磷；2—甲拌磷；3—二嗪磷；4—异稻瘟净；5—甲基对硫磷；

6—杀螟硫磷；7—水胺硫磷；8—溴硫磷；9—稻丰散；10—杀扑磷

图 3　10 种有机磷气相色谱图

7.2.6.2 定性分析

7.2.6.2.1 组分的色谱峰顺序

速灭磷、甲拌磷、二嗪磷、异稻瘟净、甲基对硫磷、杀螟硫磷、水胺硫磷、溴硫磷、稻丰散、杀扑磷。

7.2.6.2.2 检验可能存在的干扰[23]：用 5% OV-17 的 Chrom Q，80~100 目色谱柱测定后，再用 5% OV-101 的 Chromsorb W-HP，100~120 目色谱柱在相同条件下进行验证色谱分析，可确定各有机磷农药的组分及杂质干扰状况。

7.2.6.3 定量分析

7.2.6.3.1 气相色谱测定

吸取 1 μl 混合标准溶液注入气相色谱仪，记录色谱峰的保留时间和峰

要点分析

[23] 也可选用质谱检测器进行检验。

高（或峰面积）。再吸取 1 μl 试样，注入气相色谱仪，记录色谱峰的保留时间和峰高（或峰面积），根据色谱峰的保留时间和峰高（或峰面积）采用外标法定性和定量。

7.2.6.3.2 计算

$$X=\frac{(c_{is}\times V_{is}\times H_i)(S_i\times V)}{(V_i\times H_{is})(S_{is}\times m)} \tag{1}$$

式中：X——样本中农药残留量，单位为毫克每千克或毫克每升（mg/kg，mg/L）；

c_{is}——标准溶液中 i 组分农药浓度，单位为微克每毫升（μg/ml）；

V_{is}——标准溶液进样体积，单位为微升（μl）；

V——样本溶液最终定容体积，单位为毫升（ml）；

V_i——样本溶液进样体积，单位为微升（μl）；

H_{is}（S_{is}）——标准溶液中 i 组分农药的峰高（mm 或峰面积 mm^2）；

H_i（S_i）——样本溶液中 i 组分农药的峰高（mm 或峰面积 mm^2）；

m——称样质量，单位为克（g）（这里只用提取液的 2/3，应乘 2/3）。

8 结果的表示

8.1 定性结果

根据标准样品色谱图各组分的保留时间来确定被测式样中各有机磷农药的组分名称。

8.2 定量结果

8.2.1 含量表示方法

根据计算出的各组分的含量，结果以 mg/kg 或 mg/L 表示。

8.2.2 精密度

变异系数（%）：2.71%~11.29%。参见表 A.1、表 A.2。

8.2.3 准确度[24]

加标回收率（%）：86.5%~98.4%。参见表 A.3。

8.2.4 检测限

最小检出浓度：0.86×10^{-4}~0.29×10^{-2} mg/kg。参见表 A.4。

要点分析

[24] 注意事项：① 空白实验：实验室溶剂、试剂、玻璃器具和其他用于前处理的部件对目标化合物分析产生的干扰物，可以通过实验室空白进行检验。每批次样品（不超过 20 个样品）至少应做一个实验室空白，用蒸馏水或石英砂代替实际样品，与测试样品的保存、制备、预处理及测定步骤相同。要求空白实验分析所有待测目标化合物浓度均应低于方法检出限。②每 20 个样品或每批次（不超过 20 个样品）分析一个平行样，单次平行样品测定结果的相对偏差应在允许的范围之内。③固体样品加标时应混合均匀，使目标物与样品基质充分结合，否则会导致加标回收率偏高、样品测定结果偏小。每批次样品（不超过 20 个样品）至少分析一个加标样品，加标量视被测组分含量而定，含量高的加入被测组分含量的 0.5~1.0 倍，含量低的加 2~3 倍，但加标后被测组分的总量不得超出方法的测定上限。加标样品在与原始样品相同的测试条件下进行分析。土壤加标样品的回收率应在允许范围之内。

附 录 A
（资料性附录）
方法的精密度、准确度和检测限

A.1 方法精密度见表 A.1 和表 A.2。

表 A.1 水样精密度

农药名称	添加浓度 /（mg/L）	变异系数 CV/%		允许差 /%	
		室内	室间	室内	室间
速灭磷	0.056 0	5.03	7.74	19.41	24.30
	0.005 6	3.77	3.77	14.57	6.51
	0.001 1	10.00	10.00	38.60	17.26
甲拌磷	0.092 0	5.06	6.59	19.53	18.48
	0.009 2	4.82	6.02	18.60	16.24
	0.001 8	6.25	6.25	24.13	10.79
二嗪磷	0.092 0	4.46	4.69	17.22	9.48
	0.009 2	4.55	4.55	17.55	7.85
	0.001 0	5.88	5.88	22.71	10.15
异稻瘟净	0.126 0	5.20	5.03	20.06	7.44
	0.012 6	5.65	7.26	21.79	20.13
	0.002 6	4.17	4.17	16.08	7.19
甲基对硫磷	0.142 0	4.97	5.04	19.19	9.19
	0.014 2	5.11	6.57	19.72	18.22
	0.002 8	3.85	3.85	14.85	6.64
杀螟松	0.166 0	4.71	4.78	18.20	8.67
	0.016 6	4.43	6.33	17.10	19.05
	0.003 4	6.45	6.45	24.90	11.14
溴硫磷	0.200 0	5.29	5.55	20.40	11.22
	0.020 0	5.29	7.41	20.42	22.00
	0.004 0	5.40	5.40	20.06	9.33

农药名称	添加浓度 /（mg/L）	变异系数 CV/%		允许差 /%	
		室内	室间	室内	室间
水胺硫磷	0.286 0	4.89	4.74	18.86	17.07
	0.028 6	5.30	7.50	20.47	22.80
	0.005 8	3.77	3.77	14.57	6.51
稻丰散	0.286 0	4.91	4.84	18.76	7.80
	0.028 6	5.28	7.17	20.39	20.81
	0.005 8	3.70	5.56	14.30	17.22
杀扑磷	0.572 0	4.67	4.98	18.03	10.46
	0.057 2	5.62	6.55	21.68	16.24
	0.011 4	4.67	5.61	18.04	14.43

注：协作实验室为 5 个；每个实验室对每个添加浓度重复 5 次试验。

表 A.2　土壤样精密度

农药名称	添加浓度 /（mg/kg）	变异系数 CV/%		允许差 /%	
		室内	室间	室内	室间
速灭磷	0.280 0	5.70	8.44	22.0	26.0
	0.028 0	5.79	6.56	22.3	15.5
	0.005 6	4.00	8.00	15.4	27.6
甲拌磷	0.460 0	4.27	7.53	16.5	25.0
	0.046 0	4.12	7.99	15.9	27.4
	0.009 2	3.75	5.00	14.5	14.3
二嗪磷	0.460 0	2.71	7.28	10.5	26.5
	0.046 0	4.68	7.02	18.1	21.8
	0.009 2	4.82	6.02	18.6	16.3
异稻瘟净	0.625 0	2.87	4.52	11.1	14.4
	0.062 5	2.49	11.29	9.61	42.7
	0.012 5	3.42	6.84	13.2	23.6
甲基对硫磷	0.710 0	4.64	5.92	17.9	16.3
	0.071 0	4.27	5.64	16.5	16.0
	0.014 2	4.65	6.98	17.9	21.6

农药名称	添加浓度 /（mg/kg）	变异系数 CV/%		允许差 /%	
		室内	室间	室内	室间
杀螟松	0.830 0	4.45	5.14	17.2	12.6
	0.083 0	6.10	7.23	23.5	18.3
	0.016 6	5.26	9.21	20.3	30.6
溴硫磷	1.000 0	4.14	7.69	16.0	26.1
	0.100 0	4.60	6.84	17.8	21.1
	0.020 0	5.52	7.18	21.3	20.1
水胺硫磷	1.430 0	4.03	6.96	15.6	23.0
	0.143 0	3.32	5.53	12.8	18.0
	0.028 6	4.67	7.78	18.0	25.8
稻丰散	1.430 0	4.44	4.93	17.1	11.3
	0.143 0	4.94	6.28	19.1	15.7
	0.028 6	4.54	8.33	17.5	20.1
杀扑磷	2.860 0	2.83	3.94	10.9	11.6
	0.286 0	3.95	4.83	15.2	12.7
	0.057 2	5.20	7.32	20.1	21.8

注：协作实验室为 5 个；每个实验室对每个添加浓度重复 5 次试验。

A.2 方法准确度见表 A.3。

表 A.3　方法准确度

农药名称	添加浓度 /（mg/L）	准确度 /（加标回收率 %）	添加浓度 /（mg/kg）	准确度 /（加标回收率 %）
		水样		土壤样
速灭磷	0.056 0	92.5	0.280 0	90.9
	0.005 6	94.6	0.028 0	92.5
	0.001 1	90.9	0.005 6	88.9
甲拌磷	0.092 0	92.4	0.460 0	90.6
	0.009 2	90.2	0.046 0	89.8
	0.001 8	88.9	0.009 2	86.5

农药名称	添加浓度 /（mg/L）	准确度 /（加标回收率 %）	添加浓度 /（mg/kg）	准确度 /（加标回收率 %）
		水样		土壤样
二嗪磷	0.092 0	95.0	0.460 0	93.1
	0.009 2	95.7	0.046 0	92.8
	0.001 0	94.4	0.009 2	90.6
异稻瘟净	0.126 0	96.2	0.625 0	97.6
	0.012 6	98.4	0.062 5	96.3
	0.002 6	92.3	0.012 5	92.9
甲基对硫磷	0.142 0	96.3	0.710 0	95.7
	0.014 2	96.5	0.071 0	92.4
	0.002 8	92.9	0.014 2	90.8
杀螟松	0.166 0	95.8	0.830 0	96.4
	0.016 6	95.2	0.083 0	92.4
	0.003 4	91.2	0.016 6	91.6
溴硫磷	0.200 0	94.6	1.000 0	92.3
	0.020 0	94.5	0.100 0	93.5
	0.004 0	92.5	0.020 0	90.5
水胺硫磷	0.286 0	93.0	1.430 0	92.9
	0.028 6	92.3	0.143 0	88.5
	0.005 8	91.4	0.028 6	89.9
稻丰散	0.286 0	96.1	1.430 0	95.2
	0.028 6	92.7	0.143 0	89.1
	0.005 8	93.1	0.028 6	92.3
杀扑磷	0.572 0	96.7	2.860 0	96.8
	0.057 2	93.4	0.286 0	95.5
	0.011 4	93.9	0.057 2	94.2

注：协作实验室为 5 个；每个实验室对每个添加浓度重复 5 次试验。

A.3 方法的最小检测量和最小检测浓度见表 A.4，最小检测浓度计算见式（A.1）。

表 A.4　方法检测限

农药名称	最小检测量 /g	最小检测浓度	
		水样 /（mg/L）	土壤 /（mg/kg）
速灭磷	$3.446\,1\times10^{-12}$	$0.860\,0\times10^{-4}$	$0.430\,8\times10^{-3}$
甲拌磷	$3.873\,6\times10^{-12}$	$0.960\,0\times10^{-4}$	$0.484\,3\times10^{-3}$
二嗪磷	$5.661\,5\times10^{-12}$	$0.141\,5\times10^{-3}$	$0.707\,8\times10^{-3}$
异稻瘟净	$1.008\,0\times10^{-11}$	$0.252\,0\times10^{-3}$	$0.126\,0\times10^{-2}$
甲基对硫磷	$7.573\,3\times10^{-12}$	$0.189\,3\times10^{-3}$	$0.946\,8\times10^{-3}$
杀螟硫磷	$9.485\,7\times10^{-12}$	$0.237\,2\times10^{-3}$	$1.185\,8\times10^{-3}$
溴硫磷	$1.142\,8\times10^{-11}$	$0.286\,0\times10^{-3}$	$0.142\,8\times10^{-2}$
水胺硫磷	$2.288\,0\times10^{-11}$	$0.572\,0\times10^{-3}$	$0.286\,0\times10^{-2}$
稻丰散	$1.760\,0\times10^{-11}$	$0.440\,0\times10^{-3}$	$0.220\,0\times10^{-2}$
杀扑磷	$1.694\,8\times10^{-11}$	$0.424\,0\times10^{-3}$	$0.211\,8\times10^{-2}$

$$\text{方法最小检测浓度}=\frac{\text{最小检测量（g）}\times\text{样本溶液定容体积（ml）}}{\text{样品溶液进样体积（μl）}\times\text{样品质量（g）}} \quad \text{（A.1）}$$

挥发性芳香烃的测定《土壤和沉积物 挥发性芳香烃的测定 顶空/气相色谱法》（HJ 742—2015）技术和质量控制要点

（一）概述

挥发性芳香烃在我们的日常生活中广泛存在，它们的主要释放来源是燃料（汽油、木材、煤和天然气）的燃烧、溶剂、油漆、胶和其他在家庭及工作场所应用的产品。挥发性芳香烃具有迁移性、持久性和毒性，是一类重要的环境污染物，它们是形成烟雾的必要条件，与空气中的氮氧化物结合还可产生臭氧。这些污染物通过呼吸道、消化道和皮肤进入人体而产生危害，对人体具有致畸、致突变和致癌等作用。挥发性芳香烃对皮肤、黏膜有较强刺激性，高浓度有麻醉作用。

测定土壤中挥发性芳香烃的前处理方法有溶剂萃取、顶空进样、吹扫进样和密闭系统吹扫捕集进样等，分析方法有气相色谱和气相色谱质谱法。

美国 EPA 5000 系列中列举了挥发性有机物前处理方法有：溶剂萃取并直接进样（高浓度样品）、顶空分析（EPA 5021）、吹扫捕集（EPA 5030B）和密闭系统吹扫捕集（EPA 5035）；检测分析存在于 EPA 8000 系列中，主要是《气相色谱/光离子和电导检测器法测定挥发性芳香烃和卤代烃》（EPA 8021B）、《气相色谱/光离子检测器法测定挥发性芳香烃》

（EPA 8020A）和《GC/MS 方法测定 VOCs》（EPA 8260B、8260C）。

国内土壤中挥发性有机物（挥发性芳香烃）分析方法有《土壤和沉积物　挥发性有机物的测定　吹扫捕集/气相色谱－质谱法》（HJ 605—2011）、《展览会用地土壤环境质量评价标准》（HJ 350—2007）附录 C 等。

（二）标准方法解读

警告：试验中所使用的试剂和标准溶液为易挥发的有毒化合物，配制过程应在通风橱中进行操作；应按规定要求佩戴防护器具，避免接触皮肤和衣物。

1 范围

本标准规定了测定土壤和沉积物中 12 种挥发性芳香烃的顶空气相色谱法。

本标准适用于土壤和沉积物中 12 种挥发性芳香烃的测定。其他挥发性芳香烃如果通过验证也适用于本标准。

当样品量为 2 g 时，12 种目标物的方法检出限为 3.0~4.7 μg/kg，测定下限为 12.0~18.8 μg/kg，详见附录 A。

2 规范性引用文件

本标准内容引用了下列文件或其中的条款。凡是不注明日期的引用文件，其有效版本使用于本标准。

GB 17378.3　海洋监测规范　第 3 部分：样品采集、贮存与运输

GB 17378.5　海洋监测规范　第 5 部分：沉积物分析

HJ 613　土壤　干物质和水分的测定　重量法

HJ/T 166　土壤环境监测技术规范

3 原理

在一定温度条件下，顶空瓶内样品中挥发性芳香烃向液上空间挥发，

在气、液、固三相达到热力学动态平衡后。气相中的挥发性芳香烃经气相色谱分离，用火焰离子化检测器[1]检测。以保留时间定性[2]，外标法定量。

4 试剂与材料

4.1 实验用水[3]：二次蒸馏水或通过超纯水制备仪制备的水。使用前需经过空白试验检验，确认在目标物的保留时间区内没有干扰色谱峰出现。

4.2 甲醇（CH_3OH）：农残级或相当级别。通过空白试验，确认在目标物的保留时间区内没有干扰色谱峰出现。

4.3 氯化钠（NaCl）[4]：优级纯。

在马弗炉（或箱式电炉）中400℃下烘烤4 h，置于干燥器中冷却至室温，转移至磨口玻璃瓶中保存。

要点分析

[1] 又称氢火焰离子化检测器（FID），质量型检测器，对有机化合物具有很高的灵敏度，对无机气体、水、四氯化碳等含氢少或不含氢的物质灵敏度低或不响应。

[2] 气相色谱以保留时间定性，若样品有其他杂质干扰，可采用不同极性的辅助色谱柱定性或质谱检测器定性。

[3] 实验用水对分析测试结果影响较大，同批测试的样品（包括空白、实际样品、质控样等）所用须为同一批实验用水，且保证该批实验用水无12种挥发性芳香烃化合物干扰，或目标化合物的含量均低于方法检出限。

[4] 使用前观察是否有板结现象。若试剂结团，应先摇匀，再用马弗炉烘干。氯化钠经马弗炉烘烤处理并在干燥器中自然冷却至室温，需转移至磨口玻璃瓶中密封保存，同时远离挥发性有机物干扰。

4.4 磷酸（H_3PO_4）：优级纯。

4.5 饱和氯化钠溶液[5]。

量取 500 ml 实验用水（4.1），滴加几滴磷酸（4.4）调节 pH ≤ 2，加入 180 g 氯化钠（4.3）溶解并混匀。于 4℃下避光保存，可保存 6 个月。

4.6 标准贮备液[6]：ρ=1 000 μg/ml。

挥发性芳香烃的甲醇标准溶液可直接购买有证标准溶液，也可用标准物质配制。包括苯、甲苯、乙苯、间 - 二甲苯、对 - 二甲苯、邻 - 二甲苯、异丙苯、苯乙烯、氯苯、1,3- 二氯苯、1,4- 二氯苯、1,2- 二氯苯。

在 4℃以下避光保存或参照制造商的产品说明。使用时应恢复至室温，并摇匀。开封后冷冻密封避光可保存 14 d 。如果购置高浓度标准贮备液，使用甲醇（4.2）进行适当稀释。

4.7 石英砂（SiO_2）：分析纯，20~50 目。

使用前需通过检验，确认无目标化合物或目标化合物浓度低于方法检出限。

要点分析

[5] 饱和氯化钠溶液的配制，先用磷酸调节实验用水的酸碱度，使 pH ≤ 2，再缓慢往 500 ml 水里加入 180 g 氯化钠，并不断地用玻璃棒搅拌使氯化钠溶解并混匀，避免结块。

[6] 挥发性芳香烃均属于易挥发性物质，在配制和稀释过程应注意以下几点：① 标准溶液配制所使用物质均应在有效期内。②使用前先恢复标液至室温，轻轻晃动摇匀（不要过于激烈）。③配制、稀释过程速度要快。④标液打开使用后应立即密封保存，以免造成目标化合物及溶剂挥发。

4.8 载气：高纯氮气（≥ 99.999%），经脱氧剂脱氧、分子筛脱水[7]。

4.9 燃气：高纯氢气（≥ 99.999%），经分子筛脱水。

4.10 助燃气：空气，经硅胶脱水、活性炭脱有机物[8]。

5 仪器和设备

5.1 气相色谱仪：具有分流 / 不分流进样口，可程序升温，具氢火焰离子化检测器（FID）。

5.2 毛细管柱：石英毛细管柱，30 m（长）×0.32 mm（内径）×0.25 μm（膜厚），固定相为聚乙二醇。也可使用其他等效毛细柱[9]。

5.3 自动顶空进样器：带顶空瓶（22 ml）、密封垫（聚四氟乙烯 / 硅氧烷）、瓶盖（螺旋盖或一次使用的压盖[10]）。

5.4 往复式振荡器：振荡频率 150 次 /min，可固定顶空瓶。

5.5 天平[11]：精度为 0.01 g 的天平。

要点分析

[7] 脱氧剂、分子筛均属于易消耗品，一般使用 4~5 瓶气后需更换脱氧剂、分子筛，避免噪声波动大影响仪器灵敏度。

[8] 定期观察硅胶颜色及活性炭吸附有机物情况，硅胶吸水失活后会影响检测器的点火和火焰质量，活性炭失活会影响仪器信噪比和带来杂质干扰。硅胶管变色（由蓝色变红色）和活性炭失活前应及时更换。

[9] 固定相为聚乙二醇的色谱柱对 - 二甲苯和间 - 二甲苯有很好的分离效果。

[10] 压盖过程注意事项：调节压盖器松紧位置，放平瓶盖，使用压盖器压紧瓶盖后，再用手旋转瓶盖，看是否可以扭动，如果可扭动应重新压实。

[11] 注意天平的操作规范，称量中注意天平水平、预热、调零、校准等步骤。

5.6 微量注射器[12]：5 μl、10 μl、25 μl 、100 μl、500 μl、1 000 μl。

5.7 采样器材：铁铲和不锈钢药勺。

5.8 便携式冷藏箱：容积 20 L，温度 4℃以下。

5.9 棕色密实瓶：2 ml，具聚四氟乙烯衬垫和实心螺旋盖。

5.10 采样瓶：具聚四氟乙烯－硅胶衬垫螺旋盖的 60 ml 或 200 ml 的螺纹棕色广口玻璃瓶。

5.11 一次性巴斯德玻璃吸液管。

5.12 一般实验室常用仪器设备。

6 样品

6.1 样品的采集与保存

参照 HJ/T 166 的相关规定进行土壤样品的采集和保存。按照 GB 17378.3 的相关规定进行沉积物样品的采集和保存。采集样品的工具应用铁铲和不锈钢药勺。所有样品均应至少采集 3 份代表性样品[13]。

用铁铲和不锈钢药勺将样品尽快采集到采样瓶（5.10）中，并尽量填满[14]。快速清除掉样品瓶螺纹及外表面上黏附的样品，密封样品瓶。置于便携式冷藏箱内，带回实验室[15]。

要点分析

[12] 使用微量针配制标准溶液过程特别要注意针内的气泡，如有气泡应排空后使用，否则会影响定量结果。

[13] 分析挥发性物质，采样时不能用力搅动样品。由于每份样品采集量少，为了保证样品的代表性和均匀性，要求每个点位样品均应至少采集 3 份。

[14] 为了减少样品在运输过程中的挥发，要尽量将样品瓶采满，不留顶空。

[15] 运输时应将样品瓶固定好，避免样品瓶相互碰撞和过度摇晃。

采样瓶中的样品用于样品测定和土壤中干物质含量及沉积物含水率的测定。

注1：必要时，可在采样现场使用用于挥发性芳烃测定的便携式仪器对样品进行浓度高低的初筛。当样品中挥发性芳香烃浓度大于1 000 μg/kg时，视该样品为高含量样品。

注2：样品采集时切勿搅动土壤及沉积物，以免造成有机物的挥发。

样品送入实验室后应尽快分析。若不能立即分析，在4℃以下密封保存，保存期限不超过7 d。样品存放区域应无有机物干扰。

6.2 试样的制备

6.2.1 低含量试样[16]

实验室内取出采样瓶（5.10），待恢复至室温后，称取2g（精确至0.01g）样品置于顶空瓶中，迅速向顶空瓶中加入10.0 ml饱和氯化钠溶液（4.5），立即密封，在往复式振荡器（5.4）上以150次/min的频率振荡10 min，待测。

6.2.2 高含量试样的制备

高含量试样制备如下：取出采样瓶（5.10），使其恢复至室温。称取2 g（精确至0.01 g）样品置于顶空瓶中，迅速加入10.0 ml甲醇（4.2），密封，在往复振荡器（5.4）上以150次/min的频率振荡10 min。静置沉降后，用一次性巴斯德玻璃吸液管[17]移取约1 ml提取液至2 ml棕色密实瓶（5.9）中。该提取液可置于冷藏箱内4℃下保存，保存期为14d。

注3：若甲醇提液中目标化合物浓度较高，可通过加入甲醇进行适当稀释。

要点分析

[16] 先将待测样品恢复至室温后，快速准确称取2 g（精确至0.01 g）样品置于22 ml顶空瓶中，待测样品中不得含有树枝、石块等杂质，并向顶空瓶中迅速加入10.0 ml饱和氯化钠溶液，立即密封，在往复振荡器振荡10 min后，尽快在当天内完成样品分析。

[17] 使用洁净的一次性巴斯德玻璃吸液管移取静置沉降后的提取液，应避免玻璃吸液交替使用时造成的交叉污染。

在分析之前将提取液恢复到室温后，向空的顶空瓶中加入 2 g（精确至 0.01 g）石英砂（4.7）、10.0 ml 饱和氯化钠溶液（4.5）和 0.010~0.100 ml 甲醇[18]提取液。立即密封，在往复式振荡器（5.4）上以 150 次 /min 的频率振荡 10 min，待测。

注 4：若用含量方法分析浓度值过低或未检出，应采用低含量方法重新分析样品。

6.3 空白试样的制备[19]

6.3.1 运输空白试样

采样前在实验室将 10.0 ml 饱和氯化钠溶液（4.5）和 2 g（精确至 0.01 g）石英砂（4.7）放入顶空瓶中密封，将其带到采样现场。采样时不开封，之后随样品运回实验室，在往复式振荡器（5.4）上以 150 次 /min 的频率振荡 10 min，待测。

6.3.2 低含量空白试样

称取 2 g（精确至 0.01 g）石英砂（4.7）代替样品，按照 6.2.1 步骤制备低含量空白试样。

要点分析

[18] 甲醇加入量的大小会影响挥发性芳香烃在气、液、固三相中分配系数，加入量过大会影响定量结果。因此，实验操作过程严格按照标准要求执行，如果加入量达到 0.1 ml，浓度值仍然过低或未检出，应采用低含量方法重新分析样品。

[19] 运输空白、低含量空白、高含量空白测试结果均要低于方法检出限。运输空白超出检出限，此批样品可能在运输过程受到污染，应重新采集；室内实验空白（低、高含量）超出检出限，应查明原因，及时消除，至实验空白测定结果合格后，才能继续进行样品分析。

6.3.3　高含量空白试样

称取 2 g（精确至 0.01 g）石英砂（4.7）代替样品，按照 6.2.2 步骤制备高含量空白试样。

6.4　土壤干物质含量及沉积物含水率的测定

按照 HJ 613 测定土壤中干物质含量；按照 GB 17378.5 测定沉积物样品的含水率。

7　分析步骤

不同型号顶空进样器和气相色谱仪的最佳工作条件不同，应按照仪器使用说明书进行操作。本标准推荐仪器参考条件如下。

7.1　仪器参考条件

7.1.1　顶空进样器参考条件[20]

加热平衡温度 85℃；加热平衡时间 50 min；取样针温度 100℃；传输线温度 110℃；传输线为经过去活处理，内径 0.32 nm 的石英毛细管柱；压力化平衡时间 1 min；进样时间 0.2 min；拔针时间 0.4 min。

7.1.2　气相色谱仪参考条件

升温程度：35℃（保持 6 min），以 5℃ /min 上升至 150℃，保持 5 min，再以 20℃ /min 上升至 200℃，保持 5 min。进样口温度：220℃。检测器温度：240℃。载气：氮气；柱流量：1.0 ml/min；氢气流量：45 ml/min；空气流量：450 ml/min。进样方式：分流进样；分流比：5∶1。

要点分析

[20] 顶空进样器注意：① 更换传输线、密封圈配件时，要做系统检漏。②条件设置要求传输线温度高于取样针温度，取样针温度高于平衡的炉温。

7.2 校准曲线绘制[21]

分别量取 25.0 μl、50.0 μl、100 μl、250 μl、500 μl 标准贮备液（4.6）于已装有少量甲醇的 5 ml 容量瓶中，然后用甲醇定容，得到标准溶液浓度分别为 5.00 μg/ml、10.0 μg/ml、20.0 μg/ml、50.0 μg/ml、100 μg/ml，冷冻（−18℃）保存。

向 5 支顶空瓶中依次加入 2.0 g（精确至 0.01 g）石英砂（4.7）、10ml 饱和氯化钠溶液（4.5）和 10.0 μl 上述标准溶液（7.2），配制目标化合物质量分别为 50.0 ng、100 ng、200 ng、500 ng、1 000 ng 的校准曲线系列。按照仪器参考条件（7.1）依次进行分析，以峰面积或峰高为纵坐标，质量（ng）为横坐标，绘制校准曲线。12 种挥发性芳香烃的标准色谱图，见图 1。

要点分析

[21] 配制标准曲线前应计算好加入的母液体积和溶剂体积；用微量针取母液，每次需用甲醇清洗 5 次以上，再用母液润洗 2 次，方可吸取母液，注意排出气泡，配制过程要做好记录。根据仪器线性范围和样品实际情况可对标准系列进行调整，尽量使样品值位于曲线中间点附近。配制时应先加一定溶剂，后加标准溶液，配制速度要快，摇匀时不要过于猛烈，避免待测物挥发。

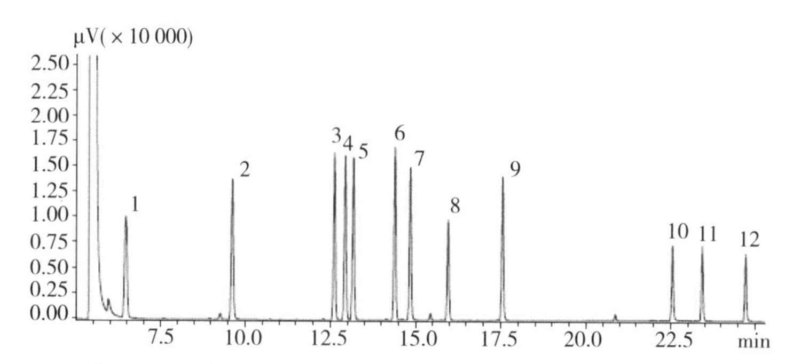

1—苯；2—甲苯；3—乙苯；4—对 - 二甲苯；5—间 - 二甲苯；6—异丙苯；7—邻 - 二甲苯；8—氯苯；9—苯乙烯；10—1,3- 二氯苯；11—1,4- 二氯苯；12—1,2- 二氯苯

图 1　12 种挥发性芳香烃标准色谱图

7.3 测定[22]

将制备好的试样（6.2）置于顶空进样器上，按照仪器参考条件（7.1）进行测定。

7.4 空白试验

将制备好的试样（6.3）置于顶空进样器上，按照仪器参考条件（7.1）进行测定。

8 结果计算与表示

8.1 结果计算

根据标准物质各组分的保留时间进行定性分析。

要点分析

[22] 样品测定顺序：①空白试验（判断仪器是否有干扰）；②标准曲线、空白试验（判断进标曲后系统是否残留）；③实际样品；④每批样品插入标准曲线中间浓度点标准（约 20 个样插入 1 个校准点），要求目标化合物的测定值与标准值间的相对偏差≤ 20%，否则，应重新绘制标准曲线；⑤当高浓度和低浓度的样品相续分析时，低浓度样品测试前应重新校核。

8.2 土壤样品结果计算

8.2.1 低含量样品中挥发性芳香烃含量，按照式（1）进行计算。

$$w = \frac{m_0}{m_1 \times w_{dm}} \tag{1}$$

式中：w——样品中目标化合物含量，μg/kg；

m_0——根据校准曲线计算目标化合物的质量，ng；

m_1——样品量（湿重），g；

w_{dm}——样品的干物质含量，%。

8.2.2 高含量样品中挥发性芳香烃含量，按照式（2）进行计算。

$$w = \frac{m_0 \times 10.0 \times f}{m_1 \times v_s \times w_{dm}} \tag{2}$$

式中：w——样品中目标物含量，μg/kg；

m_0——根据校准曲线计算目标物的质量，ng；

10.0——提取液体积，ml；

m_1——样品量（湿重），g；

v_s——用于顶空测定的甲醇提取液体积，ml；

w_{dm}——样品的干物质含量，%；

f——萃取液的稀释位数。

8.3 沉积物样品结果计算

8.3.1 低含量样品中挥发性芳香烃含量，按照式（3）进行计算。

$$w = \frac{m_0}{m_1(1 - w_{H_2O})} \tag{3}$$

式中：w——样品中目标物含量，μg/kg；

m_0——根据校准曲线计算目标化合物的质量，ng；

m_1——样品量（湿重），g；

w_{H_2O}——样品的含水率，%。

8.3.2 高含量样品中挥发性芳香烃含量，按照式（4）进行计算。

$$w = \frac{m_0 \times 10.0 \times f}{m_1 \times v_s \times (1 - w_{H_2O})} \tag{4}$$

式中：w——样品中目标物含量，μg/kg；

m_0——根据校准曲线计算目标物的质量，ng；

10.0——提取液体积，ml；

m_1——样品量（湿重），g；

v_s——用于顶空测定的甲醇提取液体积，ml；

w_{H_2O}——样品的含水率，%；

f——萃取液的稀释位数。

8.4 结果表示

当测定结果小于 100 μg/kg 时，保留小数点后 1 位，当测定结果大于等于 100 μg/kg 时，保留 3 位有效数字。

9 精密度和准确度

9.1 精密度

6 家实验室分别对浓度水平 25.0 μg/kg、100 μg/kg 和 500 μg/kg 的土壤统一进行了精密度测定：实验室内相对标准偏差范围分别为 3.3%~17.8%、0.9%~11.2% 和 1.8%~13.0%；实验室间相对标准偏差范围分别为 2.4%~10.1%、2.1%~7.8% 和 1.3%~4.8%；重复性范围分别为 1.9~3.3 μg/kg、5.9~11.9 μg/kg 和 30.2~60.9 μg/kg；再现性限范围分别为 2.0 ~3.9 μg/kg、7.7~15.0 μg/kg 和 30.2~64.4 μg/kg。

6 家实验室分别对浓度水平 25.0 μg/kg、100 μg/kg 和 500 μg/kg 的沉积物统一进行了精密度测定：实验室内相对标准偏差范围分别为 1.7%~9.2%、0.9%~7.3% 和 1.2%~5.2%；实验室间相对标准偏差范围分别为 1.7%~6.5%、2.0%~4.4% 和 1.3%~2.6%；重复性范围分别为 1.8~4.4 μg/kg、5.6~10.3 μg/kg

和 23.8～48.5 μg/kg；再现性限范围分别为 2.7～4.7 μg/kg、7.1～14.9 μg/kg 和 27.9～53.1 μg/kg。

9.2 准确度

6 家实验室分别对加标浓度 25.0 μg/kg、100 μg/kg 和 500 μg/kg 的土壤基体加标样品进行了测定，对应 12 种目标的加标回收率范围分别为 35.3%～68.7%、49.3%～90.6% 和 37.8%～73.3%。

6 家实验室分别对加标浓度 25.0 μg/kg、100 μg/kg 和 500 μg/kg 的沉积物基体加标样品进行了测定，对应 12 种目标的加标回收率范围分别为 77.9%～102%、83.8%～106% 和 78.6%～96.5%。

精密度和准确度汇总数据参见附录 B。

10 质量保证和质量控制

10.1 校准曲线

根据目标物的浓度和响应值绘制校准曲线，其相关系数应≥ 0.999，若不能满足要求，需要换色谱柱或采取其他措施，然后重新绘制校准曲线。

10.2 校准确认

每批样品分析前或 24 h 之内，利用标准曲线中间浓度点进行校准确认，目标化合物的测定值与标准值间的相对偏差应≤ 20%，否则，应重新绘制校准曲线。

10.3 样品

10.3.1 实验室空白试验分析结果中所有待测目标化合物浓度均应低于方法检出限。否则，应查明原因及时消除，至实验空白测定结果合格后，才能继续进行样品分析。

10.3.2 每批样品至少应采集一个运输空白样品。其分析结果应满足空白试验的控制指标（10.3.1），否则需查找原因，排除干扰后重新采集样品分析。

10.3.3 每一批样品（最多20个）应测定一个空白加标样品、基体加标样品和基体加标平行样品，实验室空白加标回收率在80.0%~120%，基体加标样品分析结果的加标加收率应在35.0%~110%范围内，基体加标平行样品分析结果的相对偏差应该在20%以内。

11 废物处理

实验产生的含挥发性芳香烃的危险应集中保管，委托有资质的相关单位进行处理。

12 注意事项

12.1 为了防止通过采样工具污染，采样工具在使用前要用甲醇、纯净水充分洗净。在采集其他样品时，要注意更换采样工具和清洗采样工具，以防止交叉污染。

12.2 样品的保存和运输过程中，要避免沾污，样品应放在密闭、避光的便携式冷藏箱（5.8）中冷藏贮存。

12.3 在分析过程中必要的器具、材料、药品等应事先分析确认其是否含有对分析测定有干扰目标物测定的物质。器具、材料可采用甲醇清洗，尽可能在空白中除去干扰物质。

附 录 A
（规范性附录）
方法的检出限和测定下限

当土壤和沉积物取样量为 2 g 时，12 种目标物的方法检出限、测定下限，见表 A.1。

表 A.1 方法的检出限和测定下限

化合物名称	英文名称	检出限 /（μg/kg）	测定下限 /（μg/kg）
苯	benzene	3.1	12.4
甲苯	toluene	3.2	12.8
乙苯	ethylbenzene	4.6	18.4
对 - 二甲苯	*p*-xylene	3.5	14.0
间 - 二甲苯	*m*-xylene	4.4	17.6
异丙苯	isopropylbenzene	3.4	13.6
邻 - 二甲苯	*o*-xylene	4.7	18.8
氯苯	chlorobenzene	3.9	15.6
苯乙烯	Styrene	3.0	12.0
1,3- 二氯苯	1,3-dichlorobenzene	3.4	13.6
1,4- 二氯苯	1,3-dichlorobenzene	4.3	17.2
1,2- 二氯苯	1,3-dichlorobenzene	3.6	14.4

附录 B
（资料性附录）
方法的精密度和准确度

在表 B.1~ 表 B.2 中给出了方法的重复性限、再现性限和加标回收率等精密度和准确度指标。

表 B.1　方法的精密度汇总表

化合物名称	加标浓度 /（μg/kg）		测定含量 /（μg/kg）		实验室内相对标准偏差 /%		实验室间相对标准偏差 /%		重复性限 *r*/（μg/kg）		再现性限 *R*/（μg/kg）	
	土壤	沉积物	土壤	沉积物	土壤	沉积物	土壤	沉积物	土壤	沉积物	土壤	沉积物
苯	25.0	25.0	17.2	25.6	3.6~4.0	2.0~3.0	3.6	3.1	1.9	1.9	2.4	2.8
	100	100	90.6	105	0.9~3.3	1.7~4.0	2.1	3.0	5.9	6.8	7.7	10.8
	500	500	369	483	1.8~3.8	1.2~2.0	1.3	1.4	30.2	23.8	30.5	29.2
甲苯	25.0	25.0	14.7	23.9	3.9~5.7	2.1~2.9	3.3	3.5	2.0	1.8	2.3	2.8
	100	100	84.9	105	1.6~3.9	1.2~3.7	2.7	2.8	7.8	6.7	9.6	10.3
	500	500	327	474	2.3~5.3	1.8~2.9	2.0	1.7	39.6	30.3	40.6	35.6
乙苯	25.0	25.0	14.6	25.0	3.8~5.7	1.7~5.4	2.4	3.2	1.9	2.8	2.0	3.4
	100	100	82.8	106	1.9~5.0	1.3~4.4	2.7	4.2	9.0	8.4	10.4	14.5
	500	500	310	467	2.5~4.5	1.9~4.2	1.7	2.1	31.2	42.4	32.2	47.1
对 - 二甲苯	25.0	25.0	14.1	24.9	4.4~6.8	2.1~4.8	3.4	4.6	2.1	2.7	2.4	4.0
	100	100	79.5	104	1.5~5.6	1.1~4.2	3.4	4.3	10.2	8.2	12.0	14.6
	500	500	304	460	2.4~5.0	2.1~4.3	1.9	2.0	32.6	44.2	34.0	47.6

化合物名称	加标浓度 /（μg/kg）		测定含量 /（μg/kg）		实验室内相对标准偏差 /%		实验室间相对标准偏差 /%		重复性限 r/（μg/kg）		再现性限 R/（μg/kg）	
	土壤	沉积物	土壤	沉积物	土壤	沉积物	土壤	沉积物	土壤	沉积物	土壤	沉积物
间－二甲苯	25.0	25.0	14.2	24.6	5.4～9.9	2.6～4.9	4.0	2.0	3.2	2.7	3.3	2.8
	100	100	80.7	104	2.5～5.9	0.9～4.1	2.9	3.2	9.6	7.5	11.0	11.5
	500	500	302	460	2.5～4.7	2.1～3.6	1.5	2.1	30.2	36.5	30.2	43.0
异丙苯	25.0	25.0	14.7	24.6	4.1～9.3	3.3～8.2	3.0	3.7	2.6	4.4	2.7	4.7
	100	100	82.7	104	2.5～5.4	1.2～4.3	2.4	4.0	9.6	10.3	10.4	14.9
	500	500	312	448	2.4～7.2	2.2～4.6	2.0	2.6	40.1	45.5	40.5	53.1
邻－二甲苯	25.0	25.0	13.8	24.6	3.3～8.4	3.1～4.5	4.6	1.7	2.3	2.7	2.7	2.7
	100	100	77.5	104	2.0～4.8	1.2～4.3	2.9	3.3	8.5	7.4	10.0	11.8
	500	500	299	459	2.6～6.5	2.0～3.2	1.9	1.7	38.4	33.0	38.5	37.3
氯苯	25.0	25.0	10.9	23.2	3.9～10.6	3.5～6.0	6.4	2.8	2.4	3.2	3.0	3.4
	100	100	67.5	98.2	3.0～7.5	1.9～2.6	4.7	3.1	10.2	5.9	12.9	10.2
	500	500	262	451	3.7～8.4	1.5～2.5	2.8	1.3	46.4	25.0	47.0	27.9
苯乙烯	25.0	25.0	11.1	20.0	7.0～9.3	2.3～9.2	7.1	4.3	2.4	3.2	3.1	3.8
	100	100	60.1	83.8	4.3～9.3	1.4～7.3	6.3	2.5	11.6	8.6	15.0	9.8
	500	500	241	402	5.8～12.4	3.4～4.7	4.8	1.9	60.9	48.5	64.4	49.3
1,3- 二氯苯	25.0	25.0	8.83	21.1	9.9～16.9	4.5～8.0	6.1	4.4	3.2	4.0	3.3	4.4
	100	100	53.0	88.9	5.3～9.8	1.2～4.3	6.4	2.8	11.9	5.8	14.4	8.8
	500	500	203	397	4.9～11.8	3.0～4.1	4.1	2.3	49.3	39.2	50.6	44.2
1,4- 二氯苯	25.0	25.0	8.97	19.5	9.6～16	4.5～6.9	9.6	3.6	3.3	2.9	3.9	3.3
	100	100	49.5	87.9	2.6～11.2	1.1～5.0	7.8	4.4	11.2	7.5	14.8	12.8
	500	500	192	393	6.7～13.0	3.1～5.2	4.3	2.2	52.0	41.0	52.9	44.7
1,2- 二氯苯	25.0	25.0	8.94	21.7	6.2～17.8	4.0～4.7	10.1	6.5	3.0	2.5	3.7	4.6
	100	100	49.3	87.0	5.6～9.7	1.0～3.3	7.4	2.0	10.4	5.6	13.9	7.1
	500	500	189	400	4.8～11.6	2.4～3.3	4.6	1.3	47.2	31.5	49.5	32.2

表 B.2　方法的准确度

化合物名称	加标浓度 /（μg/kg）		测定含量 /（μg/kg）		加标回收率 /% $\overline{P}\pm2S_{\overline{p}}$	
	土壤	沉积物	土壤	沉积物	土壤	沉积物
苯	25.0	25.0	17.2	25.6	68.7±5.0	102±6.4
	100	100	90.6	105	90.6±3.8	105±6.4
	500	500	369	483	73.7±1.8	96.5±2.8
甲苯	25.0	25.0	14.7	23.9	58.8±4.0	95.7±6.6
	100	100	84.9	105	84.9±4.6	105±6.0
	500	500	327	474	84.9±4.6	105±6.0
乙苯	25.0	25.0	14.6	25.0	58.5±2.8	100±6.4
	100	100	82.8	106	82.8±4.6	106±8.8
	500	500	310	467	62.0±2.2	93.4±3.8
对－二甲苯	25.0	25.0	14.1	24.9	56.5±2.8	100±9.2
	100	100	79.5	104	79.5±5.4	104±9.2
	500	500	304	460	60.8±2.4	92.1±3.6
间－二甲苯	25.0	25.0	14.2	24.6	56.7±4.6	98.4±3.6
	100	100	80.7	104	80.7±4.6	98.4±3.6
	500	500	302	457	80.7±4.6	104±6.6
异丙苯	25.0	25.0	14.7	24.6	58.9±3.6	98.2±7.4
	100	100	82.7	104	82.7±4.0	104±8.4
	500	500	312	448	62.3±2.4	89.5±4.8
邻－二甲苯	25.0	25.0	13.8	24.6	55.3±5.2	98.5±3.4
	100	100	77.5	104	77.5±4.4	104±7.0
	500	500	299	459	59.8±2.2	91.7±3.2
氯苯	25.0	25.0	10.9	23.2	43.5±5.6	92.6±5.2
	100	100	67.5	98.2	67.5±6.4	98.2±6.2
	500	500	262	451	52.4±3.0	90.2±2.2
苯乙烯	25.0	25.0	11.1	20.0	44.3±6.2	80.0±7.0
	100	100	60.1	83.8	60.1±7.6	83.8±4.2
	500	500	241	402	48.2±4.6	80.4±3.2
1,3- 二氯苯	25.0	25.0	8.83	21.1	35.3±4.4	84.5±7.4
	100	100	53.0	88.9	53.0±6.8	88.9±5.0
	500	500	203	397	40.5±3.2	79.5±3.8
1,4- 二氯苯	25.0	25.0	8.97	19.5	35.9±6.8	77.9±5.4
	100	100	49.4	87.9	49.4±7.2	87.9±7.6
	500	500	192	393	38.4±3.4	78.6±3.6
1,2- 二氯苯	25.0	25.0	8.94	21.7	35.8±3.4	87.0±11.4
	100	100	49.3	87.0	49.3±7.2	87.0±3.6
	500	500	189	400	37.8±3.4	80.0±2.0

挥发性有机物的测定 《土壤和沉积物 挥发性有机物的测定 顶空/气相色谱法》（HJ 741—2015）技术和质量控制要点

（一）概述

挥发性有机物（Volatile Organic Compounds，VOCs），按世界卫生组织的定义，是指沸点在50~260℃的化合物，在常温下以气体形式存在于空气中的一类有机物。美国EPA的定义是除CO、CO_2、H_2CO_3、金属碳化物、金属碳酸盐和碳酸铵外，任何参加大气光化学反应的碳化合物。VOCs按化学结构可分为8类：烷烃类、芳烃类、烯烃类、卤烃类、酯类、醛类、酮类和其他。挥发性有机物主要的释放来源是燃料（汽油、木材、煤和天然气）燃烧、汽车尾气、溶剂、油漆、胶和其他在家庭及工作场所应用的产品。VOCs具有迁移性、持久性和毒性，是一类重要的环境污染物。这些污染物通过呼吸道、消化道和皮肤进入人体而产生危害，对人体具有致畸、致突变和致癌等作用。挥发性有机物与空气中的氮氧化物产生化学反应，生成臭氧，继而形成微粒，臭氧、微粒和其他污染物积聚会形成灰霾，使能见度降低。近年来，随着我国城市化加速、经济规模扩张，各大城市机动车保有量也随之迅速增长，大气污染日趋严重，灰霾天气变得越来越多，使$PM_{2.5}$成为空气污染的首要大敌。在$PM_{2.5}$形成之前，作为前体物的VOCs，会让细颗粒物污染渐趋严重。

目前，常用的土壤样品中挥发性有机物前处理方法有溶剂萃取并直接进样（高浓度样品）、顶空进样、吹扫捕集、密闭系统吹扫捕集等。检测技术有气相色谱法、气相色谱/质谱法等。

顶空进样采用气体进样，可收集样品中的易挥发性成分，与液-液萃取和固相萃取相比既可避免在除去溶剂时引起挥发物的损失，又可降低共提物引起的噪音，具有更高灵敏度和分析速度，对分析人员和环境危害小，操作简便，是一种符合“绿色分析化学”要求的分析手段。顶空法与吹扫捕集法相比，灵敏度较低，但操作简便，成本低，且易于自动化。

吹扫捕集技术是20世纪70年代中期Benar和Lichtenberg等推出的一种复杂样品的前处理方法，具有快速、准确、高灵敏度、高富集效率、高精密度和不使用有机溶剂等优点，能够与GC、GC-MS、GC-FTIR和HPLC等分析仪器联用，实现吹扫、捕集、色谱分离全过程的自动化而不损失精密度和准确度，因此这种方法受到人们的普遍重视。吹扫捕集技术对沸点低于200℃、疏水性的挥发性有机物有较高的富集效率；而水溶性较大的挥发性有机物，可适当延长吹扫时间或加热样品以提高吹扫效率。用吹扫捕集技术可富集绝大多数样品中的挥发性有机物，常用于富集水、泥沙及沉积物等环境样品中的痕量挥发性有机物。

（二）标准方法解读

警告：实验中所使用的有机试剂和标准溶液为易挥发的有毒化合物，操作过程应在通风橱中进行操作，应按规定要求佩戴防护器具，避免接触皮肤和衣服。

1 主要内容与适用范围

HJ 741—2015规定了测定土壤中37种挥发性有机物的顶空/气相色谱法。

本方法适用于土壤中37种挥发性芳香烃和卤代烃的测定：苯、甲苯、氯苯、乙苯、间-二甲苯、对-二甲苯、邻-二甲苯、苯乙烯、1,3,5-三甲基苯、1,2,4-三甲基苯、1,3-二氯苯、1,4-二氯苯、1,2-二氯苯、1,1-二氯乙烯、二氯甲烷、反-1,2-二氯乙烯、1,1-二氯乙烷、顺-1,2-二氯乙烯、氯乙烯、氯仿、1,1,1-三氯乙烷、四氯化碳、1,2-二氯乙烷、三氯乙烯、1,2-二氯丙烷、溴二氯甲烷、1,1,2-三氯乙烷、四氯乙烯、二溴一氯甲烷、1,2-二溴乙烷、1,1,1,2-四氯乙烷、溴仿、1,1,2,2-四氯乙烷、1,2,3-三氯丙烷、萘、六氯丁二烯、1,2,4-三氯苯。

当土壤样品量为2 g时，37种挥发性有机物的方法检出限为0.005~0.03 mg/kg，测定下限为0.02~0.12 mg/kg，详见附录A。

2 规范性引用文件

本标准内容引用了下列文件或其中的条款。凡是不注日期的引用文件,其有效版本适用于本标准。

GB 17378.3　海洋监测规范　第3部分：样品采集储存与运输

GB 17378.5　海洋监测规范　第5部分：沉积物分析

HJ 163　土壤干物质水分的测定　重量法

HJ/T 166　土壤环境监测技术规范

3 方法原理

在一定温度下，顶空瓶内样品中挥发性有机物向液上空间挥发，产生蒸气压，在气、液、固三相达到热力学动态平衡后。气相中的挥发性有机物经气相色谱分离，用氢火焰离子化检测器检测。以保留时间定性，外标法定量。

4 试剂和材料

4.1 实验用水[1]：二次蒸馏水或通过纯水设备制备的水。

4.2 甲醇（CH_3OH）[2]：色谱纯。

使用前，需通过检验，确认无目标化合物或目标化合物浓度低于方法检出限。

4.3 氯化钠（NaCl）[3]：优级纯。

在马弗炉中400℃下烘烤4 h，置于干燥器中冷却至室温，转移至磨口玻璃瓶中保存。

4.4 磷酸（H_3PO_4）：优级纯。

4.5 饱和氯化钠溶液。

量取500 ml实验用水（4.1），滴加几滴磷酸（4.4）调节pH ≤ 2，加入180 g氯化钠（4.3），溶解并混匀。于4℃下保存，可保存6个月。

4.6 标准贮备液：ρ=1 000~5 000 mg/L。

可直接购买有证标准溶液，也可用标准物质配备。

要点分析

[1] 实验用水使用前需按照样品测定相同条件进行空白检验，确认在目标化合物的保留时间内无干扰峰出现或目标化合物浓度低于方法检出限。

[2] 甲醇：实验前需进行检验，通过仪器直接进样后，确认其无目标化合物或目标化合物浓度低于方法检出限，否则须经蒸馏提纯后方可使用。

[3] 烘烤后备用的氯化钠不宜放置时间太久，一般不超过1周。

4.7 标准使用液[4]：ρ=10～100 mg/L。

目标化合物的标准使用液保存于密实瓶中保存期为 30 d，或参照制造商说明配制。

4.8 石英砂（SiO_2）[5]：分析纯，20～50 目。

使用前需通过检验，确认无目标化合物或目标化合物浓度低于方法检出限。

4.9 载气：高纯氮气（≥ 99.999%），经脱氧剂脱氧、分子筛脱水。

4.10 燃气：高纯氢气（≥ 99.999%），经分子筛脱水。

4.11 助燃气：空气，经硅胶脱水、活性炭脱有机物。

注 1：以上所有标准溶液均以甲醇为溶剂，配制或开封后的标准溶液应置于密实瓶中，4℃以下避光保存，保存期一般为 30 d。使用前应恢复至室温、混匀。

5 仪器及设备

5.1 气相色谱仪：具有毛细管分流 / 不分流进样口，可程序升温，具氢火焰离子化检测器（FID）。

5.2 色谱柱：石英毛细管柱。柱 1：60 m × 0.25 mm，膜厚 1.4 μm（6% 腈丙苯基、94% 二甲基聚硅氧烷固定液），也可使用其他等效毛细柱。柱 2：30 m × 0.32 mm，膜厚 0.25 μm（聚乙二醇 -20 M），也可使用其他等效毛细柱。

要点分析

[4] 所有标准溶液均以甲醇为溶剂，配制或开封后的标准溶液应置于密实封瓶中，4℃以下避光保存，保存期一般为 30 d，使用前恢复至室温混匀，一般配制目标化合物的混标。

[5] 使用前应在马弗炉中 400℃下烘烤 4 h，置于干燥器中冷却至室温，转移至磨口玻璃瓶中保存。

5.3 自动顶空进样器：顶空瓶（22 ml）、密封垫（聚四氟乙烯 / 硅氧烷材料）、瓶盖（螺旋盖或一次使用的压盖）[6]。

5.4 往复式振荡器：振荡频率 150 次 /min，可固定顶空瓶。

5.5 天平：精度为 0.01 g。

5.6 微量注射器：5 μl、10 μl、25 μl、100 μl、500 μl。

5.7 采样器材：铁铲或不锈钢药勺。

5.8 便携式冷藏箱：容积 20 L，温度 4℃以下。

5.9 棕色密实瓶：2 ml，具聚四氟乙烯衬垫和实心螺旋盖。

5.10　采样瓶：具聚四氟乙烯 - 硅胶衬垫螺旋盖的 60 ml 或 200 ml 的螺纹棕色广口玻璃瓶。

5.11　一次性巴斯德玻璃吸液管。

5.12　马弗炉。

5.13　一般实验室常用仪器和设备。

6 样品

6.1 样品的采集和保存

根据 HJ/T 166、GB 17378.3 的相关要求进行土壤和沉积物样品的采集[7]和保存[8]。采集样品的工具应用金属制品，用前应进行清洗。所有样品

要点分析

[6] 顶空瓶、瓶盖如需重复使用，应先用清洁剂清洗，再依次经自来水、蒸馏水冲洗，在 105℃下烘干后密封保存备用。

[7] 样品采集时切勿过大幅度搅动土壤，以免造成土壤中有机物的挥发。

[8] 可在采样现场使用用于挥发性有机物测定的便携式仪器对样品进行浓度高低的初筛，当样品中挥发性有机物浓度大于 1 000 μg/kg 时，视该样品为高含量样品，并标记。

均应至少采集 3 份代表性样品[9]。

6.1.1 样品采集时加饱和氯化钠溶液[10]

22 ml 顶空瓶中加入 10.0 ml 饱和氯化钠溶液（4.5），称重（精确至 0.01 g）后，带到现场。用采样器采集约 2 g 的土壤或沉积物样品于顶空瓶中，立即密封，置于冷藏箱内，带回实验室。

6.1.2 样品采集时未加饱和氯化钠溶液[11]

用铁铲或药勺将样品尽快采集到采样瓶（5.10）中，并尽量填满，快速清除掉采样瓶螺纹及外表面黏附的样品，密封采样瓶。置于便携式冷藏箱内，带回实验室。采样瓶中的样品用于土壤中干物质含量、沉积物含水率和高含量样品的测定。

注 2：可在采样现场使用用于挥发性有机物测定的便携式仪器对样品进行浓度高低的初筛。当样品中挥发性有机物浓度大于 1 000 μg/kg 时，视该样品为高含量样品。

注 3：样品采集时，切勿搅动土壤和沉积物，以免造成土壤和沉积物中有机物的挥发。

样品运回实验室后应尽快分析。若不能立即分析，应在 4℃以下密封保存，保存期限不超过 7 d。样品存放区域应无挥发性有机物干扰。

6.2 试样的制备

6.2.1 低含量试样

6.1.1 步骤采集到样品的制备：在实验室内取出装有样品的顶空瓶（6.1.1），待恢复至室温后，称重，精确至 0.01 g。在振荡器上以 150 次 /min 的频率振荡 10 min，待测。

要点分析

[9] 每个点位采集 3 份样品，3 份样品为平行样。

[10] 现场需带精度为 0.1g 的粗天平，用于样品称重。

[11] 高含量土壤样品现场采集时不需要加入饱和氯化钠溶液，直接采样于顶空瓶中，尽量采满，密封采样瓶。

6.1.2 步骤采集到样品的制备[12]：在实验室内取出装有样品的顶空瓶（6.1.1），待恢复至室温后，称取 2 g（精确至 0.01 g）样品置于顶空瓶中，迅速加入 10.0 ml 饱和氯化钠溶液（4.5），立即密封，在振荡器上以 150 次 /min 的频率振荡 10 min，待测。

6.2.2 高含量试样

如果现场初步筛选挥发性有机物为高含量或低含量样品测定结果大于 1 000 μg/kg 时应视为高含量试样。

取出装有高含量样品的样品瓶（6.1.2），待其恢复至室温。称取 2 g（精确至 0.01 g）样品置于顶空瓶中，迅速加入 10.0 ml 甲醇（4.2），密封，在振荡器上以 150 次 /min 的频率振荡 10 min。静置沉降后，用一次性巴斯德玻璃吸管移取约 1 ml 甲醇提取液至 2 ml 棕色密实瓶（5.9）中。该提取液可冷冻密封避光保存，保存期为 14 d。若甲醇提取液中目标化合物浓度较高，可通过加入甲醇进行适当稀释[13]。

然后，向空的顶空瓶中依次加入 2 g（精确至 0.01 g）石英砂（4.8）、10.0 ml 饱和氯化钠溶液（4.5）和 10~100 μl（5.6）上述甲醇提取液，立即密封，在振荡器上以 150 次 /min 的频率振荡 10 min，待测。

注 4：若用高含量分析方法浓度值过低或未检出，应采用低含量方法重新分析样品。

要点分析

[12] 低含量样品如果在现场采集时未使用加入饱和氯化钠溶液的顶空瓶采样，也可回实验室后重新称取样品于顶空瓶中，并加入饱和氯化钠溶液。

[13] 甲醇提取液的稀释倍数视目标化合物的浓度而定，样品的测定浓度不应高于校准曲线的最大浓度点。

6.3 空白试样的制备

6.3.1 运输空白[14]

采样前在实验室将 10.0 ml 饱和氯化钠溶液和 2 g（精确至 0.01 g）石英砂放入顶空进样瓶中密封，将其带到采样现场。采样时不开封，之后随样品回到实验室。在振荡器上以 150 次 /min 的频率振荡 10 min，待测。用于检查样品运输过程中是否受到污染。

6.3.2 低含量空白试样

称取 2 g（精确至 0.01 g）石英砂（4.8）代替样品，置于顶空瓶内，加 10.0 ml 饱和氯化钠溶液（4.5），立即密封，在振荡器上以 150 次 /min 的频率振荡 10 min，待测。

6.3.3 高含量空白试样[15]

以 2 g（精确至 0.01 g）石英砂（4.8）代替高含量样品，按照 6.2.2 步骤进行制备。

要点分析

[14] 采样前在实验室向 22 ml 顶空瓶中称入 2.00 g 石英砂，迅速加入 10.0 ml 饱和氯化钠溶液（4.5），密封，带到采样现场。采样时其瓶盖一直处于密封状态，随样品运回实验室，按与样品分析相同的分析步骤进行处理和测定（在振荡器上以 150 次 /min 的频率振荡 10 min，待测），用于检查运输过程中是否受到污染。

[15] 称取 2.00 g 石英砂置于顶空瓶中，迅速加入 10.0 ml 甲醇（4.2），密封，振荡 10 min。静置沉降后，用一次性巴斯德玻璃吸管移取约 1 ml 甲醇提取液至 2 ml 棕色密实瓶（5.9）中。然后，向空的顶空瓶中依次加入 2.00 g 石英砂（4.8）、10.0 ml 饱和氯化钠溶液（4.5）和 100μl 上述甲醇提取液，立即密封，振荡 10 min，待测。

6.4 土壤干物质含量及沉积物含水率的测定

按照 HJ 613 测定土壤中干物质含量；按照 GB 17378.5 沉积物样品的含水率。

7 分析步骤

7.1 仪器参考条件

不同型号顶空进样器和气相色谱仪的最佳工作条件不同，应按照仪器使用说明书进行操作。本标准给出的仪器参考条件如下。

7.1.1 顶空自动进样器参考条件

加热平衡温度 85℃；加热平衡时间 50 min；取样针温度 100℃；传输线温度 110℃；传输线为经过惰性处理，内径 0.32 mm 的石英毛细管柱；压力化平衡时间 1 min；进样时间 0.2 min；拨针时间 0.4 min。

注 5：也可采用其他进样方式。

7.1.2 气相色谱仪参考条件

升温程序：40℃（保持 5 min）$\xrightarrow{8℃/min}$100℃（保持 5 min）$\xrightarrow{6℃/min}$200℃（保持 10 min）。进样口温度：220℃；检测器温度：240℃；载气：氮气；载气流量：1 ml/min；氢气流量：45 ml/min；空气流量：450 ml/min。进样方式：分流进样；分流比：10∶1。

7.2 标准曲线绘制

向 5 支顶空瓶中依次加入 2.00 g 石英砂（4.8）、10.0 ml 饱和氯化钠溶液（4.5）和一定量的标准使用液（4.7），立即密封，配制目标化合物分别为 0.10 μg、0.20 μg、0.50 μg、1.00 μg 和 2.00 μg 的 5 个不同浓度系列的校准曲线系列[16]。将配制好的标准系列样品在振荡器（5.4）上以150次/min的频率振荡10 min，按照仪器参考条件（7.1）依次进样分析，以峰面积或峰高为纵坐标，质量（μg）为横坐标，绘制校准曲线。

7.3 测定

将制备好的试样（6.2）置于自动顶空进样器（5.3）上，按照仪器参考条件（7.1）进行测定。如果挥发性有机物有检出，应用色谱柱2辅助定性予以确认。

7.4 空白试验

将制备好的空白试样（6.3）置于自动顶空进样器（5.3）上，按照仪器参考条件（7.1）进行测定。

8 结果表示

8.1 定性分析

配制挥发性有机物浓度为0.200 mg/L的标准溶液，使用色谱柱1进行分离，按照顶空自动进样器和气相色谱仪参考条件进行测定，以保留时间定性[17]。当使用本方法无法定性时，用色谱柱2或GC-MS等其他方式辅助定性。色谱柱1分析挥发性有机物的标准色谱图见图1。色谱柱2分析挥发性有机物的标准色谱图见附录C。

要点分析

[16] 由于FID检测器对卤代烃和苯系物的响应值差别较大，建议13种苯系物的5点校准曲线浓度为0.05 μg、0.10 μg、0.20 μg、0.50 μg和1.00 μg。

[17] 色谱柱1无法对1,2-二氯乙烷+苯、间+对-二甲苯、邻-二甲苯+苯乙烯进行有效分离，涉及这3对有机物时，建议采用色谱柱2进行辅助定性并进行定量，其色谱图见附录C。

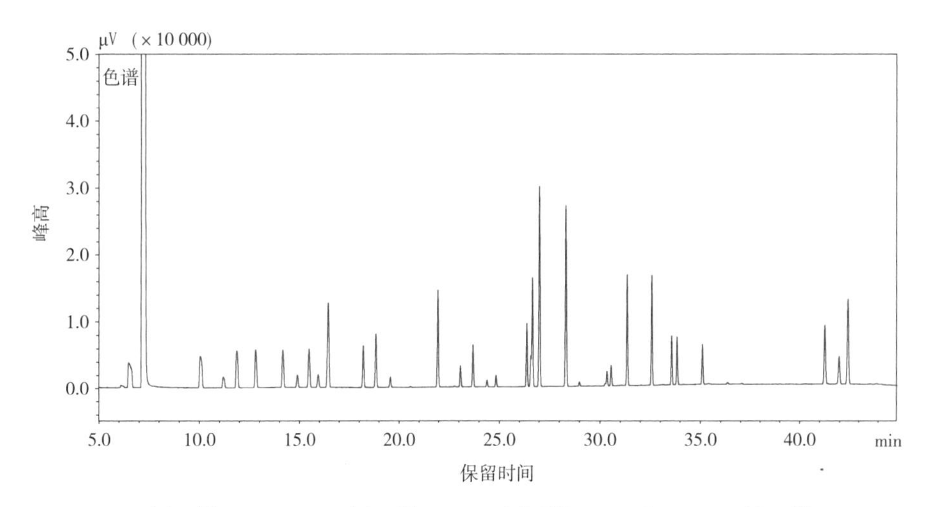

1—氯乙烯；2—1,1- 二氯乙烯；3—二氯甲烷；4—反 -1,2- 二氯乙烯；
5—1,1- 二氯乙烷；6—顺 -1,2- 二氯乙烯；7—氯仿；8—1,1,1- 三氯乙烷；
9—四氯化碳；10—1,2- 二氯乙烷 + 苯；11—三氯乙烯；12—1,2- 二氯丙烷；
13—溴二氯甲烷；14—甲苯；15—1,1,2- 三氯乙烷；16—四氯乙烯；
17—二溴一氯甲烷；18—1,2- 二溴乙烷；19—氯苯；20—1,1,1,2- 四氯乙烷；
21—乙苯；22—间 - 二甲苯 + 对 - 二甲苯；23—邻 - 二甲苯 + 苯乙烯；24—溴仿；
25— 1,1,2,2- 四氯乙烷；26—1,2,3- 三氯丙烷；27—1,3,5- 三甲基苯；
28—1,2,4- 三甲基苯；29—1,3- 二氯苯；30—1,4- 二氯苯；31—1,2- 二氯苯；
32—1,2,4- 三氯苯；33—六氯丁二烯；34—萘

图 1　柱 1 分析 37 种挥发性有机物标准色谱图

8.2 土壤样品结果计算

8.2.1 低含量样品中挥发性有机物的含量（mg/kg），按照式（1）进行计算。

$$w=\frac{m_0}{m_1\times w_{dm}} \tag{1}$$

式中：w——样品中挥发性有机物的含量，mg/kg；

m_0——校准曲线计算目标物的含量，μg；

m_1——样品量（湿重），g；

w_{dm}——样品的干物质含量，%。

8.2.2 高含量样品中挥发性有机物的含量（mg/kg），按照式（2）进行计算。

$$w=\frac{m_0\times 10\times f}{m_1\times w_{dm}\times V_S} \tag{2}$$

式中：w——样品中挥发性有机物的含量，mg/kg；

m_0——校准曲线计算目标物的含量，μg；

10——提取样品加入的甲醇量，ml；

m_1——样品量（湿重），g；

V_S——用于顶空测定的甲醇提取液体积，ml；

w_{dm}——样品的干物质含量，%；

f——提取液的稀释倍数。

8.3 沉积物样品结果计算

8.3.1 低含量样品中挥发性有机物的含量（mg/kg），按照式（3）进行计算。

$$w=\frac{m_0}{m_1\times(1-w_{H_2O})} \tag{3}$$

式中：w——样品中挥发性有机物的含量，mg/kg；

m_0——校准曲线计算目标物的含量，μg；

m_1——样品量（湿重），g；

w_{H_2O}——样品的含水率，%。

8.3.2 高含量样品中挥发性有机物的含量（mg/kg），按照式（4）进行计算。

$$w=\frac{m_0\times 10\times f}{m_1\times(1-w_{H_2O})\times V_S} \tag{4}$$

式中：w——样品中挥发性有机物的含量，mg/kg；

m_0——校准曲线计算目标物的含量，μg；

10——提取样品加入的甲醇量，ml；

m_1——样品量（湿重），g；

V_S——用于顶空测定的甲醇提取液体积，ml；

w_{H_2O}——样品的含水率，%；

f——提取液的稀释倍数。

8.4 结果表示

测定结果小数位数与方法检出限一致，最多保留3位有效数字。

9 精密度和准确度

9.1 精密度

6家实验室分别对浓度水平[18]0.25 mg/kg（0.1 mg/kg）和1.0 mg/kg（0.5 mg/kg）的土壤样品进行了精密度测定：实验室内相对标准偏差范围分别为1.7%~14.4%、1.0%~11.7%；实验室间相对标准偏差范围分别为4.8%~20.1%、1.7%~15.1%；重复性范围分别为0.013~0.05 mg/kg、0.041~0.15 mg/kg；再现性范围分别为0.020~0.07 mg/kg、0.044~0.30 mg/kg。

6家实验室分别对浓度水平0.25 mg/kg（0.1 mg/kg）和1.0 mg/kg（0.5 mg/kg）的沉积物样品进行了精密度测定：实验室内相对标准偏差范围分别为0.8%~15.6%、0.7%~24.7%；实验室间相对标准偏差范围分别为7.2%~15.9%、2.5%~16.6%；重复性范围分别为0.012~0.06 mg/kg、0.045~0.29 mg/kg；再现性范围分别为0.033~0.14 mg/kg、0.071~0.46 mg/kg。

要点分析

[18] 括号内为苯系物浓度，括号外为卤代烃浓度，以下同。

9.2 准确度

6家实验室对土壤基体加标样品进行了测定，土壤样品加标浓度为0.10 mg/kg（0.25 mg/kg），37种挥发性有机物的加标回收率范围为22.4%~113%；土壤样品加标浓度为0.50 mg/kg（1.00 mg/kg），37种挥发性有机物的加标回收率范围为40.7%~94.7%。

6家实验室对沉积物基体加标样品进行了测定，沉积物样品加标浓度为0.10 mg/kg（0.25 mg/kg），37种挥发性有机物的加标回收率范围为52.5%~131%；沉积物样品加标浓度为0.50 mg/kg（1.00 mg/kg），37种挥发性有机物的加标回收率范围为65.1%~116%。

精密度和准确的汇总数据参见附录B。

10 质量保证和质量控制

10.1 目标化合物的校准曲线，其相关系数应大于0.99，若不能满足要求，应查找原因，重新绘制校准曲线。

10.2 校准确认。每批样品分析之前或24 h之内，需测定校准曲线中间浓度点，与校准曲线该浓度点响应值比较，保留时间的变化不超过 ±2 s，其测定值与标准值的相对误差应不大于20%，否则应采取校正措施。若校正措施无效，则应重新绘制校准曲线。

10.3 实验室空白试验分析结果中所有待测目标化合物浓度均应低于方法检出限。否则，需查明原因，及时消除，至实验室空白测定结果合格后，才可继续进行样品分析。

10.4 每批样品至少应采集一个运输空白。其分析结果应小于方法检出限，否则需查找原因，排除干扰后重新采集样品分析。

10.5 每一批样品（最多20个）应测定一个空白加标样品、基体加标样品和基体加标平行样品，实验室空白加标回收率在80.0% ~120%。若样品回收率较低，说明样品存在基体效应，但平行加标样品回收率相对偏差不得超过 25%。

11 废物处理

实验产生的含挥发性有机物的危险废物应分类收集、保管，委托有资质单位进行处理。

12 注意事项

12.1 为了防止通过采样工具污染，采样工具在使用前要用甲醇、纯净水充分洗净。在采集其他样品时，要注意更换采样工具和清洗采样工具，以防止交叉污染。

12.2 样品的保存和运输过程中，要避免沾污，样品应放在密闭、避光的便携式冷藏箱（5.6）中冷藏贮存。

12.3 在分析过程中必要的器具、材料、药品等事先分析确认其是否含有对分析测定有干扰目标物测定的物质。器具、材料可采用甲醇清洗。通过空白检验是否有干扰物质。

附 录 A
（规范性附录）
方法的检出限和测定下限

当土壤和沉积物样品量为 2 g 时，37 种目标物的方法检出限和测定下限，见表 A.1。

表 A.1 方法检出限和测定下限 单位：mg/kg

序号	化合物名称	CAS 号	检出限	测定下限
1	氯乙烯	75-01-4	0.02	0.08
2	1,1- 二氯乙烯	75-35-4	0.01	0.04
3	二氯甲烷	75-09-2	0.02	0.08
4	反 -1,2- 二氯乙烯	156-60-5	0.02	0.08
5	1,1- 二氯乙烷	75-34-3	0.02	0.08
6	顺 -1,2- 二氯乙烯	156-59-2	0.008	0.032
7	氯仿	67-66-3	0.02	0.08
8	1,1,1- 三氯乙烷	71-55-6	0.02	0.08
9	四氯化碳	56-23-5	0.03	0.12
10	1,2- 二氯乙烷 + 苯	107-06-2/71-43-2	0.01	0.04
11	三氯乙烯	79-01-6	0.009	0.036
12	1,2- 二氯丙烷	78-87-5	0.008	0.032
13	溴二氯甲烷	75-27-4	0.03	0.12
14	甲苯	108-88-3	0.006	0.024
15	1,1,2- 三氯乙烷	79-00-5	0.02	0.08
16	四氯乙烯	127-18-4	0.02	0.08
17	二溴一氯甲烷	124-48-1	0.03	0.12
18	1,2- 二溴乙烷	106-93-4	0.02	0.08
19	氯苯	108-90-7	0.005	0.02
20	1,1,1,2- 四氯乙烷	79-34-5	0.02	0.08
21	乙苯	100-41-4	0.006	0.024
22	间 + 对 - 二甲苯	108-38-3/106-42-3	0.009	0.036

序号	化合物名称	CAS 号	检出限	测定下限
23	邻－二甲苯＋苯乙烯 苯乙烯	95-47-6/100-42-5	0.02	0.08
24	溴仿	75-25-2	0.03	0.12
25	1,1,2,2- 四氯乙烷	79-34-5	0.02	0.08
26	1,2,3- 三氯丙烷	96-18-4	0.02	0.08
27	1,3,5- 三甲基苯	108-67-8	0.007	0.028
28	1,2,4- 三甲基苯	95-63-6	0.008	0.032
29	1,3- 二氯苯	541-73-1	0.007	0.028
30	1,4- 二氯苯	106-46-7	0.008	0.032
31	1,2- 二氯苯	95-50-1	0.02	0.08
32	1,2,4- 三氯苯	120-82-1	0.005	0.02
33	六氯丁二烯	87-68-3	0.02	0.08
34	萘	91-20-3	0.007	0.028

附 录 B
（资料性附录）
方法的精密度和准确度

表 B.1、表 B.2 中给出了方法的重复性限、再现性限和加标回收率等精密度和准确度指标。

表 B.1 方法的精密度

化合物名称	含量 /（mg/kg）		实验室内相对标准偏差 /%		实验室间相对标准偏差 /%		重复性限 *r*/（mg/kg）		再现性限 *R*/（mg/kg）	
	土壤	沉积物	土壤	沉积物	土壤	沉积物	土壤	沉积物	土壤	沉积物
氯乙烯	0.25	0.25	1.7~9.2	2.3~8.9	8.4	9.3	0.04	0.04	0.07	0.08
	0.91	1.06	2.4~6.6	1.2~5.2	1.8	3.1	0.11	0.08	0.11	0.12
1,1- 二氯乙烯	0.25	0.26	1.8~7.3	1.4~7.7	7.9	8.1	0.03	0.04	0.06	0.07
	0.85	1.07	2.7~7.0	1.4~7.0	2.8	4.2	0.12	0.11	0.13	0.16
二氯甲烷	0.21	0.24	4.1~8.1	1.2~5.6	5.3	7.5	0.03	0.02	0.04	0.05
	0.89	1.03	1.9~5.3	1.6~4.2	4.9	2.7	0.10	0.09	0.15	0.11
反 -1,2- 二氯乙烯	0.21	0.24	3.2~8.8	1.5~7.1	6.6	9.5	0.04	0.03	0.05	0.07
	0.81	1.02	2.0~6.3	0.7~6.4	1.7	4.0	0.09	0.09	0.09	0.14
1,1- 二氯乙烷	0.23	0.24	2.8~5.4	1.2~7.2	6.9	8.1	0.03	0.03	0.05	0.06
	0.85	1.05	2.2~5.5	0.9~7.5	1.9	4.8	0.10	0.11	0.10	0.17
顺 -1,2- 二氯乙烯	0.196	0.233	3.3~7.9	1.8~6.6	7.3	8.3	0.035	0.02	0.05	0.06
	0.810	1.02	1.0~5.6	0.9~6.0	2.3	4.1	0.071	0.09	0.08	0.14
氯仿	0.22	0.24	3.4~7.0	1.7~6.7	6.4	8.2	0.04	0.03	0.05	0.06
	0.84	1.04	2.4~6.3	0.8~6.1	2.0	4.3	0.10	0.10	0.10	0.15
1,1,1- 三氯乙烷	0.24	0.26	2.0~6.5	1.7~8.4	7.5	8.6	0.03	0.04	0.06	0.07
	0.80	1.07	2.9~8.2	1.4~8.8	3.2	5.3	0.14	0.13	0.15	0.20
四氯化碳	0.24	0.23	2.9~6.9	2.0~10.4	8.4	17.2	0.04	0.05	0.07	0.12
	0.79	1.07	2.9~9.2	1.6~8.6	3.4	4.8	0.14	0.14	0.15	0.19
1,2- 二氯乙烷 + 苯	0.30	0.36	3.5~6.1	0.8~8.6	6.0	12.2	0.04	0.05	0.06	0.13
	1.30	1.60	1.9~6.2	2.1~5.1	2.8	3.3	0.13	0.18	0.16	0.22
三氯乙烯	0.211	0.245	3.4~7.6	1.7~8.0	6.7	8.9	0.033	0.032	0.049	0.068
	0.766	1.04	2.2~7.0	1.2~7.9	2.3	4.7	0.106	0.113	0.108	0.173

化合物名称	含量/（mg/kg）		实验室内相对标准偏差/%		实验室间相对标准偏差/%		重复性限 *r*/（mg/kg）		再现性限 *R*/（mg/kg）	
	土壤	沉积物	土壤	沉积物	土壤	沉积物	土壤	沉积物	土壤	沉积物
1,2-二氯丙烷	0.208	0.235	3.3~6.6	1.2~7.1	6.5	8.3	0.031	0.026	0.047	0.059
	0.832	1.04	2.6~5.4	0.7~6.8	3.4	4.7	0.097	0.109	0.119	0.169
溴二氯甲烷	0.50	0.23	2.3~7.1	1.9~6.0	7.0	8.0	0.03	0.03	0.05	0.06
	0.82	1.03	2.5~5.9	0.9~6.1	5.3	4.6	0.10	0.11	0.16	0.17
甲苯	0.084	0.105	3.5~7.7	1.2~9.7	7.5	15.4	0.014	0.017	0.022	0.048
	0.408	0.531	1.2~6.5	2.1~5.7	1.7	3.8	0.045	0.058	0.045	0.078
1,1,2-三氯乙烷	0.19	0.23	3.9~6.5	1.9~7.3	5.6	9.8	0.03	0.03	0.04	0.07
	0.82	1.03	2.9~8.4	2.6~5.4	8.7	4.1	0.14	0.12	0.24	0.16
四氯乙烯	0.22	0.25	3.9~6.9	1.5~8.3	6.8	9.3	0.03	0.03	0.05	0.07
	0.74	1.04	2.3~7.1	1.5~8.5	3.3	4.5	0.12	0.13	0.13	0.18
二溴一氯甲烷	0.18	0.23	5.6~9.1	3.2~7.8	4.8	8.2	0.04	0.03	0.04	0.06
	0.81	1.03	2.2~7.8	1.2~5.3	8.1	3.8	0.12	0.11	0.21	0.15
1,2-二溴乙烷	0.16	0.23	7.2~11.5	1.8~7.7	5.7	11.1	0.04	0.03	0.05	0.08
	0.79	0.99	2.1~7.3	1.8~4.0	9.6	2.5	0.12	0.09	0.24	0.11
氯苯	0.069	0.097	5.3~8.6	1.2~8.3	7.9	13.7	0.014	0.014	0.020	0.039
	0.389	0.511	2.2~6.3	3.0~5.7	2.1	3.6	0.041	0.063	0.044	0.077
1,1,1,2-四氯乙烷	0.18	0.20	5.8~9.2	1.4~15.6	6.7	16.9	0.04	0.04	0.05	0.10
	0.76	1.02	2.7~10.7	2.4~8.9	5.1	6.2	0.14	0.16	0.17	0.23
乙苯	0.084	0.105	3.9~7.9	1.0~8.9	6.8	15.2	0.015	0.016	0.021	0.047
	0.390	0.526	1.6~5.8	2.4~5.6	2.7	4.1	0.047	0.054	0.052	0.078
间+对-二甲苯	0.168	0.215	4.2~8.0	1.1~7.5	6.8	14.0	0.029	0.029	0.041	0.088
	0.782	1.04	2.0~6.6	1.8~5.2	2.7	4.0	0.101	0.100	0.109	0.147
邻-二甲苯+苯乙烯	0.15	0.22	6.5~10.8	1.1~9.5	10.6	11.6	0.04	0.03	0.06	0.08
	0.79	1.01	2.8~7.8	2.1~4.7	2.3	2.9	0.10	0.10	0.11	0.12
溴仿	0.16	0.24	4.4~13.2	4.6~11.8	5.2	19.5	0.04	0.06	0.05	0.14
	0.80	1.04	3.6~9.3	2.5~5.4	10.1	2.8	0.15	0.12	0.26	0.14
1,1,2,2-四氯乙烷	0.18	0.21	4.3~14.0	4.3~9.0	6.4	15.1	0.05	0.04	0.06	0.10
	0.69	0.80	4.5~10.1	4.8~13.2	11.2	4.1	0.14	0.23	0.25	0.23
1,2,3-三氯丙烷	0.17	0.22	2.8~7.5	1.4~7.2	5.2	8.4	0.03	0.03	0.04	0.06
	0.79	1.02	1.4~10.6	2.4~5.4	11.9	2.6	0.15	0.12	0.30	0.13
1,3,5-三甲基苯	0.083	0.106	5.6~7.3	1.1~7.2	7.5	13.4	0.015	0.013	0.022	0.042
	0.374	0.498	2.8~7.4	2.0~6.0	3.8	4.8	0.056	0.049	0.065	0.081
1,2,4-三甲基苯	0.081	0.112	5.7~8.0	1.3~10.4	8.5	13.2	0.016	0.016	0.024	0.044
	0.379	0.496	3.0~7.3	2.0~5.0	3.0	4.4	0.058	0.045	0.062	0.074
1,3-二氯苯	0.059	0.088	5.6~9.7	1.5~7.5	12.8	14.7	0.013	0.012	0.024	0.038
	0.351	0.473	4.7~7.0	3.4~6.2	2.3	4.1	0.053	0.060	0.053	0.078

化合物名称	含量 /（mg/kg）		实验室内相对标准偏差 /%		实验室间相对标准偏差 /%		重复性限 r/（mg/kg）		再现性限 R/（mg/kg）	
	土壤	沉积物	土壤	沉积物	土壤	沉积物	土壤	沉积物	土壤	沉积物
1,4- 二氯苯	0.055	0.084	5.3~9.3	3.2~7.6	12.6	13.2	0.013	0.013	0.023	0.033
	0.350	0.465	4.9~7.0	3.6~5.9	2.3	3.5	0.054	0.059	0.054	0.071
1,2- 二氯苯	0.05	0.08	7.6~9.9	2.4~7.2	12.8	14.6	0.01	0.01	0.02	0.04
	0.34	0.47	3.6~7.0	3.1~6.4	4.6	4.2	0.05	0.06	0.06	0.08
1,2,4- 三氯苯	0.106	0.168	8.5~13.7	3.0~8.6	20.1	8.5	0.032	0.032	0.066	0.050
	0.536	0.790	5.4~8.7	3.0~12.4	2.9	7.6	0.104	0.147	0.104	0.215
六氯丁二烯	0.17	0.19	7.8~14.4	5.1~10.0	9.4	7.2	0.05	0.04	0.06	0.05
	0.57	0.80	4.1~10.3	3.4~24.7	6.8	16.6	0.12	0.29	0.16	0.46
萘	0.076	0.148	8.2~12.7	5.5~10.9	18.9	12.4	0.022	0.033	0.045	0.059
	0.507	0.779	6.9~11.7	2.5~6.6	15.1	4.0	0.123	0.100	0.242	0.126

表 B.2　方法的准确度

化合物名称	含量 /（mg/kg）		P/%		$S_{\bar{P}}$/%		加速回收率 /% $\bar{P}\pm 2S_{\bar{P}}$	
	土壤	沉积物	土壤	沉积物	土壤	沉积物	土壤	沉积物
氯乙烯	0.25	0.25	101	101	8.5	9.4	101±16.9	101±18.8
	0.91	1.06	90.6	106	1.7	3.3	90.6±3.31	106±6.66
1,1- 二氯乙烯	0.25	0.26	98.6	102	7.8	8.4	98.6±15.5	102±16.7
	0.85	1.07	84.6	107	2.3	4.5	84.6±4.68	107±8.91
二氯甲烷	0.21	0.24	85.5	95.3	4.5	7.2	85.5±9.06	95.3±14.3
	0.89	1.03	89.1	103	4.4	2.8	89.1±8.73	103±5.61
反 -1,2- 二氯乙烯	0.21	0.24	85.6	95.6	5.7	9.1	85.6±11.3	95.6±18.2
	0.81	1.02	82.4	102	1.4	4.0	82.4±2.81	102±8.08
1,1- 二氯乙烷	0.23	0.24	92.7	97.1	6.4	7.9	92.7±12.8	97.1±15.8
	0.85	1.05	85.2	105	1.6	5.1	85.2±3.20	105±10.1
顺 -1,2- 二氯乙烯	0.196	0.233	78.4	93.3	5.7	7.8	78.4±11.4	93.3±15.6
	0.810	1.02	81.0	102	1.8	4.2	81.0±3.69	102±8.37
氯仿	0.22	0.24	87.2	95.8	5.6	7.9	87.2±11.2	95.8±15.8
	0.84	1.04	84.0	104	1.7	4.4	84.0±3.40	104±8.87
1,1,1- 三氯乙烷	0.24	0.26	95.4	103	7.1	8.9	95.4±14.2	103±17.7
	0.80	1.07	80.2	107	2.6	5.7	80.2±5.10	107±11.3

化合物名称	含量 /（mg/kg）		P/%		$S_{\bar{P}}$ /%		加速回收率 /% $\bar{P}\pm 2S_{\bar{P}}$	
	土壤	沉积物	土壤	沉积物	土壤	沉积物	土壤	沉积物
四氯化碳	0.24	0.23	97.7	91.1	8.3	15.7	97.7±16.5	91.1±31.4
	0.79	1.07	78.9	107	2.7	5.1	78.9±5.33	107±10.2
1,2- 二氯乙烷 + 苯	0.30	0.36	85.9	102	5.2	12.2	85.9±10.3	102±24.3
	1.30	1.60	86.6	106	2.4	3.5	86.6±4.87	106±6.97
三氯乙烯	0.211	0.245	84.5	98.1	5.7	8.7	84.5±11.3	98.1±17.4
	0.766	1.04	76.6	104	1.8	4.9	76.6±3.52	104±9.86
1,2- 二氯丙烷	0.208	0.235	83.3	93.8	5.5	7.8	83.3±10.9	93.8±15.6
	0.832	1.04	83.2	104	2.8	4.9	83.2±5.68	104±9.80
溴二氯甲烷	0.50	0.23	77.9	92.3	5.5	7.4	77.9±11.0	92.3±14.7
	0.82	1.03	82.1	103	4.4	4.8	82.1±8.76	103±9.62
甲苯	0.084	0.105	83.9	105	6.3	16.1	83.9±12.6	105±32.2
	0.408	0.531	81.6	106	1.4	4.1	81.6±2.83	106±8.13
1,1,2- 三氯乙烷	0.19	0.23	75.0	92.3	4.2	9.1	75.0±8.40	92.3±18.1
	0.82	1.03	82.3	103	7.2	4.3	82.3±14.3	103±8.50
四氯乙烯	0.22	0.25	86.8	99.4	6.0	9.3	86.8±11.9	99.4±18.5
	0.74	1.04	73.8	104	2.0	4.6	73.8±4.00	104±9.23
二溴一氯甲烷	0.18	0.23	72.0	93.5	3.5	7.7	72.0±6.92	93.5±15.4
	0.81	1.03	80.5	103	6.6	4.0	80.5±13.1	103±7.90
1,2- 二溴乙烷	0.16	0.23	64.9	91.4	3.7	10.2	64.9±7.42	91.4±20.3
	0.79	0.99	79.2	99.4	7.6	2.4	79.2±15.2	99.4±4.88
氯苯	0.069	0.097	69.3	97.4	5.5	13.3	69.3±11.0	97.4±26.6
	0.389	0.511	77.8	102	1.6	3.7	77.8±3.29	102±7.30
1,1,1,2- 四氯乙烷	0.18	0.20	71.7	80.1	4.8	13.5	71.7±9.63	80.1±27.0
	0.76	1.02	76.5	102	3.9	6.4	76.5±7.81	102±12.8
乙苯	0.084	0.105	84.4	105	5.8	15.9	84.4±11.5	105±31.8
	0.390	0.526	78.0	105	2.1	4.3	78.0±4.22	105±8.67
间 + 对 - 二甲苯	0.168	0.215	83.8	107	5.7	15.1	83.8±11.3	107±30.1
	0.782	1.04	78.2	104	2.1	4.1	78.2±4.26	104±8.25

化合物名称	含量 /（mg/kg）		P/%		$S_{\bar{P}}$/%		加速回收率 /% $\bar{P}\pm 2S_{\bar{P}}$	
	土壤	沉积物	土壤	沉积物	土壤	沉积物	土壤	沉积物
邻 - 二甲苯 + 苯乙烯	0.15	0.22	73.9	111	7.9	13.0	73.9±15.7	111±25.9
	0.79	1.01	79.0	101	1.8	2.9	79.0±3.57	101±5.83
溴仿	0.16	0.24	65.3	96.9	3.4	18.9	65.3±6.85	96.9±37.7
	0.80	1.04	79.6	104	8.0	2.9	79.6±16.0	104±5.77
1,1,2,2- 四氯乙烷	0.18	0.21	70.4	83.3	4.5	12.6	70.4±9.02	83.3±25.1
	0.69	0.80	68.7	89.9	7.7	3.7	68.7±15.4	89.9±7.32
1,2,3- 三氯丙烷	0.17	0.22	67.0	90.1	3.5	7.6	67.0±7.04	90.1±15.2
	0.79	1.02	78.6	102	9.4	2.6	78.6±18.7	102±5.27
1,3,5- 三甲基苯	0.083	0.106	82.9	106	6.3	14.2	82.9±12.5	106±28.4
	0.374	0.498	74.9	99.5	2.8	4.8	74.9±5.69	99.5±9.63
1,2,4- 三甲基苯	0.081	0.112	80.8	112	6.9	14.8	80.8±13.7	112±29.5
	0.379	0.496	75.8	99.1	2.3	4.4	75.8±4.51	99.1±8.70
1,3- 二氯苯	0.059	0.088	58.9	87.7	7.5	12.9	58.9±15.0	87.7±25.8
	0.351	0.473	70.1	94.6	1.6	3.9	70.1±3.18	94.6±7.77
1,4- 二氯苯	0.055	0.084	55.4	84.4	7.0	11.1	55.4±14.0	84.4±22.2
	0.350	0.465	70.0	93.0	1.6	3.2	70.0±3.21	93.0±6.46
1,2- 二氯苯	0.05	0.08	51.7	85.1	6.7	12.4	51.7±13.3	85.1±24.8
	0.34	0.47	67.8	94.1	3.1	3.9	67.8±6.25	94.1±7.82
1,2,4- 三氯苯	0.106	0.168	42.4	67.2	8.6	5.8	42.4±17.1	67.2±11.5
	0.536	0.790	53.6	79.0	1.5	6.0	53.6±3.09	79.0±12.0
六氯丁二烯	0.17	0.19	68.3	75.3	6.5	5.5	68.3±12.9	75.3±10.9
	0.57	0.80	58.6	80.0	4.0	13.3	58.6±7.93	80.0±26.6
萘	0.076	0.148	30.4	59.1	5.7	7.3	30.4±11.4	59.1±14.6
	0.507	0.779	50.7	77.9	7.7	3.1	50.7±15.3	77.9±6.26

附 录 C
（资料性附录）
聚乙二醇 -20M 色谱柱分析目标物的色谱图

37 种挥发性有机物在聚乙二醇 -20 M（30 m × 0.32 mm，膜厚 0.25 μm）毛细柱上的色谱图见图 C.1。

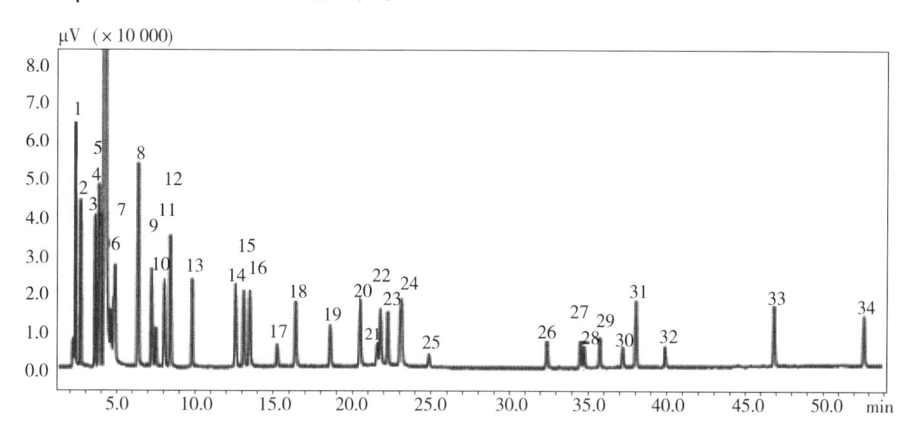

1—氯乙烯；2—顺 –1,2- 二氯乙烯 +1,1- 二氯乙烯；3—反 –1,2- 二氯乙烯；4—四氯化碳 +1,1,1- 三氯乙烷；5—1,1- 二氯乙烷；6—二氯甲烷；7—苯，8—三氯乙烯；9—四氯乙烯；10—氯仿；11—甲苯；12—1,2- 二氯丙烷；13—1,2- 二氯乙烷；14—乙苯；15—对 - 二甲苯；16— 间 - 二甲苯；17—溴二氯甲烷；18—邻 - 二甲苯；19—氯苯；20—1,3,5- 三甲基苯；21—1,2- 二溴乙烷；22—苯乙烯；23—1,1,1,2- 四氯乙烷；24—1,2,4- 三甲基苯 +1,1,2- 三氯乙烷；25—二溴一氯甲烷；26—1,3- 二氯苯；27—1,4- 二氯苯；28—溴仿；29—1,2,3- 三氯丙烷；30—1,2- 二氯苯；31—六氯丁二烯；32—1,1,2,2- 四氯乙烷；33—1,2,4- 三氯苯；34—萘

图 C.1　聚乙二醇 -20M 毛细柱分析 37 种挥发性有机物色谱图

酚类化合物的测定《土壤和沉积物 酚类化合物的测定 气相色谱法》（HJ 703—2014）技术和质量控制要点

（一）概述

酚类化合物（phenolic compounds）是指芳香烃中苯环上的氢原子被羟基取代所生成的化合物，根据其分子所含的羟基数目可分为一元酚和多元酚，根据其挥发性分为挥发性酚和不挥发性酚，根据其分子中苯环上的氢被不同基团取代又可分为卤代酚类（如氯酚、二氯酚、五氯酚等）、硝基酚类（如硝基酚、二硝基酚、三硝基酚等）。煤焦油是酚类污染物的主要来源之一，煤制气、焦化、钢铁等工业活动会产生大量的酚类污染；此外，酚类化合物又是重要的有机化工原料，大量用于制造酚醛树脂、高分子材料、染料、药物、炸药、木材防腐等；也被当作除草剂、杀虫剂、杀菌剂使用。环境中主要的酚类化合物有苯酚、甲酚、二甲酚和硝基酚等。

酚类化合物是一种原型质毒物，可通过与皮肤、黏膜的接触不经肝脏解毒直接进入血液循环，致使细胞破坏并失去活力，也可通过口腔浸入人体，造成细胞损伤。酚能使蛋白质变性、凝固，并能继续向体内渗透，引起深部组织损伤、坏死乃至全身中毒。长期饮用被酚污染的水能引起慢性中毒，出现贫血、头昏、记忆力衰退以及各种神经系统的疾病，严重的会引起死亡。酚的口服致死量 530 mg/kg（体重）左右，甲基酚和硝基酚对人体的毒性最大。在人类生产活动中，酚类化合物可经大气沉降、工业废水排放、灌溉、农业生产和废弃物处置等多种途径进入土壤环境中，对生态系统造成破坏，最终又会通过多种途径影响人类的生存和发展。

酚类化合物的测定方法有气相色谱法、液相色谱法以及气相色谱 / 质谱法等。土壤样品中酚类化合物的提取方法有索氏提取、超声提取、快速溶剂萃取、微波萃取法、超临界流体萃取等。色谱法测定的主要干扰来源于共流出化合物，消除方法除了采用净化方法去除干扰物外，还可使用不同性质色谱柱分离定性。美国环境保护局酚类化合物的分析方法主要包括 EPA 8041（毛细管柱气相色谱法）和 EPA 604（填充柱 GC-FID 法）等。

（二）标准方法解读

1 适用范围

本标准规定了土壤中酚类化合物测定的气相色谱法。

当取样量为 10.0 g 时，21 种酚类化合物的方法检出限为 0.02~0.08 mg/kg，测定下限为 0.08~0.32 mg/kg[1]。详见附录 A。

2 规范性引用文件

本标准内容引用了下列文件或其中的条款。凡是不注明日期的引用文件，其有效版本适用于本标准。

GB 17378.3　海洋监测规范　第 3 部分：样品采集、贮存与运输

GB 17378.5　海洋监测规范　第 5 部分：沉积物分析

HJ/T 166　土壤环境监测技术规范

要点分析

[1] 分析测试过程中如果称样量或最终定容体积发生变化，方法检出限和测定下限也会变化。

HJ 613　土壤　干物质和水分的测定　重量法

3 方法原理

土壤或沉积物用合适的有机溶剂提取，提取液经酸碱分配净化，酚类化合物进入水相；再将水相调节至酸性，用合适的有机溶剂萃取水相，萃取液经脱水、浓缩、定容后进气相色谱分离，氢火焰检测器测定，以保留时间定性，外标法定量。

4 试剂和材料

除非另有说明，分析时均使用符合国家标准的分析纯化学试剂，实验用水为二次蒸馏水或通过纯水设备制备的水[2]。

4.1 氢氧化钠（NaOH）。

4.2 盐酸（HCl）：ρ= 1.19 g/ml。

4.3 无水硫酸钠（Na_2SO_4）：在 400℃烘烤 4 h，置于干燥器中冷却至室温，转移至磨口玻璃瓶中，于干燥器中保存。

4.4 氢氧化钠溶液（NaOH）：c（NaOH）= 5 mol/L。

称取 20 g NaOH 固体（3.1），用水溶解冷却后定容至 100 ml。

4.5 盐酸溶液：c（HCl）=3 mol/L。

量取 125 ml 盐酸（3.2），用水稀释至 500 ml。

4.6 二氯甲烷（CH_2Cl_2）：色谱纯。

4.7 乙酸乙酯（$CH_3COOC_2H_5$）：色谱纯。

4.8 甲醇（CH_3OH）：色谱纯。

要点分析

[2] 有机试剂和纯水在使用前均要进行检查，浓缩 100 倍或者按照方法中的使用量浓缩，目标化合物检出量应低于方法检出限。

4.9 正己烷（C_6H_{14}）：色谱纯。

4.10 二氯甲烷与乙酸乙酯混合溶剂：4 ∶1（*V/V*）。

4.11 二氯甲烷与正己烷混合溶剂：2 ∶1（*V/V*）。

4.12 标准贮备液（ρ=1 000 mg/L）。

可直接购买包括所有相关分析组分的有证标准溶液，也可用纯标准物质制备[3]。包括苯酚，邻 - 甲酚，对 - 甲酚，间 - 甲酚，2,4- 二甲酚，2- 氯酚，2,4- 二氯酚，2,6- 二氯酚，4- 氯 -3- 甲酚，2,4,6- 三氯酚，2,4,5- 三氯酚，2,3,4,6- 四氯酚，2,3,4,5- 四氯酚，2,3,5,6- 四氯酚，五氯酚，2- 硝基酚，4- 硝基酚，2,4- 二硝基酚，2- 甲基 -4,6- 二硝基酚，2-（1- 甲基 - 正丙基）-4,6- 二硝基酚（地乐酚），2- 环己基 -4,6 二硝基酚。

4.13 标准使用液（ρ=100 mg/L）。

用甲醇（3.8）稀释标准贮备液（3.12），配制成浓度为 100 mg/L 的标准使用液，于 4℃冰箱避光保存，密闭可保存 1 个月。

4.14 石英砂（0.84~0.297 mm，20~50 目）：在 400℃烘烤 4 h，置于干燥器中冷却至室温，转移至磨口玻璃瓶中，于干燥器中保存。

4.15 硅藻土（0.15~0.038 mm，100~400 目）：在 400℃烘烤 4 h，置于干燥器中冷却至室温，转移至磨口玻璃瓶中，于干燥器中保存。

4.16 氮气（N_2）：纯度 ≥ 99.999%。

4.17 氢气（H_2）：纯度 ≥ 99.999%。

要点分析

[3] 可用单物质或多物质标准溶液配制成混合溶液使用，应注意溶液溶剂应尽量保持一致，如不一致应注意溶剂的互溶性，避免因溶剂不互溶或冷藏保存时出现的分层现象。

4.18 与索氏提取装置配套的纸质套筒：使用前应检查酚类化合物的残留量，避免干扰[4]。

5 仪器和设备

5.1 气相色谱仪：具分流 / 不分流进样口，带氢火焰检测器（FID）。

5.2 色谱注：30 m×0.25 mm×0.25 m，100% 甲基聚硅氧烷毛细管柱；或 30 m × 0.25 mm× 0.25 μm，50% 苯基 50% 甲基聚硅氧烷毛细管柱，或其他等效毛细管柱[5][6]。

5.3 提取设备：索氏提取装置，也可选用探针式超声波提取仪、加压流体萃取装置或微波提取装置[7]。

5.4 分液漏斗：带聚四氟乙烯（PTFE）塞子。

要点分析

[4] 可用经过检查合格的试剂进行空白套筒萃取，萃取液浓缩后测定，目标化合物检出量低于方法检出限为合格。

[5] 酚类化合物为弱酸性化合物，可溶于碱性水溶液中。酸碱分配净化可去除碱性化合物，但羧酸类化合物会与酚类化合物一起被提取。

[6] 两种色谱柱极性不同，对各酚类化合物的保留能力不同，在两种色谱柱上的保留时间和出峰顺序也不同，如果在两个色谱柱上与标准物质保留时间均相同可认定为含有该目标化合物。同时，双柱定性定量也可减少或消除与酚类化合物一起被提取的羧酸类等化合物的干扰。

[7] 选定前处理设备，然后参考本标准和仪器说明书设定合理的条件，确认性能（准确度）满足要求后不可随意改变。

5.5 浓缩装置：旋转蒸发装置或K-D浓缩仪、氮吹浓缩仪等性能相当的设备[8]。

5.6 研钵：由玻璃、玛瑙或其他无干扰物的材质制成。

5.7 微量注射器：10 μl、25 μl、100 μl、250 μl、500 μl和1 000 μl。

5.8 一般实验室常用仪器和设备。

6 样品

6.1 样品采集和保存

按照HJ/T 166的相关规定进行土壤样品的采集。按照GB 17378.3和GB 17378.5的相关规定进行沉积物样品的采集。

样品采集后密闭储存于棕色玻璃瓶中，应尽快分析。若不能及时分析，应冷藏避光保存，保存期为10 d[9]。注意避免有机物干扰。样品提取液避光冷藏保存，保存期40 d。

6.2 试液的制备

6.2.1 脱水

去除样品中的异物（石子、叶片等），称取约10 g（精确到0.01 g）样品双份，土壤样品一份按照HJ 613测定干物质含量，另一份加入适量无水硫酸钠（4.3），研磨均化成流砂状，如使用加压流体萃取，则用硅藻土（4.15）脱水。沉积物样品一份按照GB 17378.5测定含水率，另一份参照土壤样品脱水。

要点分析

[8] 使用不同的浓缩装置目标，化合物在溶剂蒸发过程中的损失也不同，选定浓缩装置、确定条件后不要随意变换，特别应注意苯酚的回收率，如果回收率偏低可能是由于氮吹气流量过大、水浴温度过高或负压过低造成的。

[9] 样品采集应避免使用塑料用品，样品采集后用四分法分样直接装入棕色玻璃瓶中，冷藏避光运输和保存。

6.2.2 提取[10]

可选择索氏提取、加压流体萃取、超声波提取或微波提取等任意一种方式进行目标物的提取。

6.2.2.1 索氏提取

将6.2.1得到的试样全部转移至纸质套筒（4.18）中，加入100 ml二氯甲烷与正己烷混合溶剂（4.11），提取16~18 h，回流速率控制在10次/h左右，冷却后收集所有提取液备净化用。

6.2.2.2 加压流体萃取[11]

根据6.2.1得到的试样体积选择合适的萃取池，装入样品，以二氯甲烷与正己烷混合溶剂（4.11）为萃取溶剂，按以下参考条件进行萃取：萃取温度100℃，萃取压力1 500 psi，静态萃取时间5 min，淋洗体积为60%池体积，氮气吹扫时间60 s，萃取循环次数2次。也可参照仪器生产商说明书设定条件。收集提取液，待净化。

6.2.2.3 超声波提取[12]

根据6.2.1得到的试样体积选择合适的锥形瓶，加入适量二氯甲烷与

要点分析

[10] 提取方法及条件均为参考条件，方法确认时可参考本标准及仪器说明书确定本实验室操作条件。

[11] 使用加压流体萃取（ASE）方法时，应使用硅藻土进行脱水。每次应注意检查样品罐的密封性，避免漏液；检查滤膜的完整性，避免小颗粒进入仪器液体流路中堵塞电磁阀，损坏设备。

[12] 超声波萃取设备为探头式，而非普通超声波清洗器。使用时应保证探头在溶剂液面下，工作时间不宜过长，少量多次，应注意避免超声时溶剂冲出锥形瓶。

正己烷混合溶剂（4.11），使得液面至少高出固体 2 cm，将超声探头置于液面下，超声提取 3 次，每次 3 min，控制提取时温度不超过 40℃（可将锥形瓶放在冰水浴中），合并提取液，待净化。

6.2.2.4 微波提取[13]

将 6.2.1 得到的试样转移至微波提取专用容器中，加入适量二氯甲烷与正己烷混合溶剂（4.11），液面高度须没过试样且低于容器深度的 2/3（样品过多可分多份单独提取，最后合并提取液）。微波提取参考条件：功率 800 W，5 min 内升温至 75℃，保持 10 min。待提取液冷却后过滤，用适量混合溶剂（4.11）洗涤容器内壁及试样，收集提取液，待净化。

6.2.3 净化[14]

将 6.2.2 得到的提取液转入分液漏斗中，加入 2 倍于提取液体积的水，用 NaOH 溶液（4.4）调节至 pH ＞ 12，充分振荡、静置，弃去下层有机相，保留水相部分。

6.3 萃取和浓缩

将 6.2.3 得到的水相部分用盐酸溶液（4.5）[15] 调节 pH ＜ 2，加入 50 ml

要点分析

[13] 不同生产商的微波萃取仪条件设定方法可能存在较大差异，应注意在密闭体系中加热效率高的微波易造成内压过高，而微波提取罐一般没有过压保护，因此控制最终加热温度很重要，一般设置温度比萃取溶剂沸点高 10℃即可，混合溶剂按照高沸点溶剂的沸点设置。

[14] 若有机相颜色较深，可将净化次数适当增加至 2~3 次。也可采用 KOH 和 H_2SO_4 调节 pH。

[15] 也可采用 H_2SO_4 调节 pH。

二氯甲烷与乙酸乙酯混合溶剂（4.10），充分振荡、静置，弃去水相，有机相经过装有适量无水硫酸钠（4.3）的漏斗除水，用二氯甲烷与乙酸乙酯混合溶剂（4.10）充分淋洗硫酸钠，合并全部有机相，浓缩定容[16]至 1.0 ml，待测。

7 分析步骤

7.1 气相色谱参考条件

进样口温度：260℃；进样方式：分流或不分流；进样体积：1.0~2.0 μl；柱箱升温程序：80℃保持 1.0 min，以 10℃ /min 的升温速率升至 250℃并保持 4.0 min；FID 检测器温度：280℃；色谱柱内载气流量：1.0 ml/min；尾吹气：氮气；流量：30 ml/min；氢气流量：35 ml/min；空气流量：300 ml/min。

7.2 校准

精确移取标准贮备液（4.12）5.0 μl、25.0 μl、100 μl、250 μl 和 500 μl 于 5 ml 容量瓶中，用二氯甲烷与乙酸乙酯混合溶剂（4.10）稀释至标线，配制校准系列，目标化合物浓度分别为 1.00 mg/L、5.00 mg/L、20.0 mg/L、50.0 mg/L 和 100 mg/L。在推荐仪器条件（7.1）下进行测定，以各组分的质量浓度为横坐标，以该组分色谱峰面积（或峰高）为纵坐标绘制校准曲线。

7.3 参考色谱图

按照上述气相色谱参考条件（7.1）分析，21 种酚类化合物在 100% 甲基聚硅氧烷（非极性）色谱柱上的参考色谱图见图 1[17]。

要点分析

[16] 最终定容体积可根据土壤样品目标物的含量确定。

[17] 中等极性毛细管柱作为辅助定性确认使用，必要时也可用质谱做进一步确认。

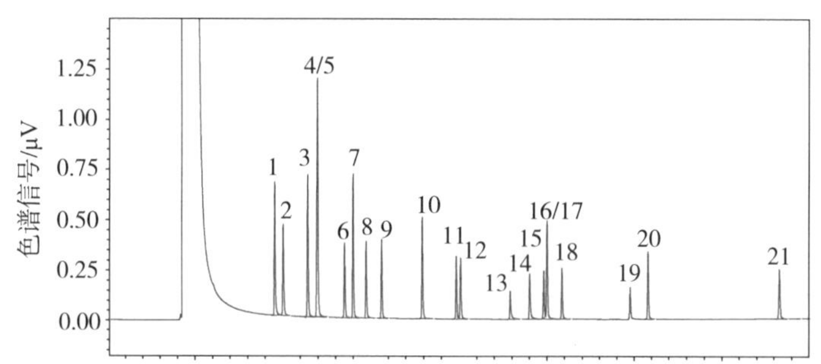

出峰顺序：1—苯酚；2— 2- 氯酚；3—邻 - 甲酚；4/5— 对 / 间 - 甲酚；
6—2- 硝基酚；7— 2,4- 二甲酚；8— 2,4- 二氯酚；9— 2,6- 二氯酚；
10— 4- 氯 -3- 甲酚；11—2,4,6- 三氯酚；12—2,4,5- 三氯酚；13—2,4- 二硝基酚；
14—4- 硝基酚；15—2,3,4,6- 四氯酚；16/17— 2,3,4,5- 四氯酚 /2,3,5,6- 四氯酚；
18—2- 甲基 -4,6- 二硝基酚；19—五氯酚；20—2-（1- 甲基 - 正丙基）-4,6-
二硝基酚（地乐酚）；21—2- 环己基 -4,6 二硝基酚

图 1　21 种酚类化合物参考色谱图

7.4 测定

将制备好的试样（6.3）按照气相色谱参考条件（7.1）进行测定。

7.5 空白实验

称取 10.0 g 石英砂（4.14），按照 6.2~6.3 步骤制备试样，按照气相色谱参考条件（7.1）测定。

8 计算结果及表示

8.1 目标化合物定性

样品分析前，应建立保留时间窗口 $t \pm 3S$。t 为初次校准时各浓度标准物质保留时间的平均值，S 为初次校准时各标准物质保留时间的标准偏差。当样品分析时，目标化合物保留时间应在保留时间窗口内。

8.2 结果计算

目标化合物用外标法定量，土壤中酚类化合物的含量（mg/kg）按式（1）进行计算，沉积物中酚类化合物的含量（mg/kg）按式（2）进行计算。

$$\omega_i = \frac{\rho_i \times V}{m \times w_{dm}} \quad (1)$$

式中：ω_i——样品中目标化合物的含量，mg/kg；

ρ_i——由校准曲线计算所得目标化合物的质量浓度，mg/L；

V——试样定容体积，ml；

m——土壤试样质量（湿重），g；

w_{dm}——土壤试样干物质含量，%。

$$\omega_i = \frac{\rho_i \times V}{m \times (1-w)} \quad (2)$$

式中：ω_i——样品中目标化合物的含量，mg/kg；

ρ_i——由校准曲线计算所得目标化合物的质量浓度，mg/L；

V——试样定容体积，ml；

m——沉积物试样质量（湿重），g；

w——沉积物试样含水率，%。

8.3 结果表示

8.3.1 当结果大于等于 1.00 mg/kg 时，结果保留 3 位有效数字；小于 1.00 mg/kg 时，结果保留至小数点后两位。

8.3.2 间 - 甲酚和对 - 甲酚、2,3,4,5- 四氯酚和 2,3,5,6- 四氯酚为难分离物质对，测定结果为难分离物质对两者之和。

9 精密度和准确度

9.1 精密度

6 家实验室对目标化合物浓度为 0.05 mg/kg、0.65~3.63 mg/kg 和 2.58~6.46 mg/kg 的统一样品进行测定，实验室内相对标准偏差为 3.8%~40.7%、1.6%~24.4% 和 2.1%~20.4%；实验室间相对标准偏差为 8.9%~30.7%、13.3%~56.0% 和 22.2%~41.6%；重现性限范围为 0.01~0.05 mg/kg、0.14~1.03 mg/kg 和 0.48~1.40 mg/kg；再现性限范围为 0.02~0.08 mg/kg、

0.42～5.72 mg/kg 和 1.81～7.58 mg/kg。

9.2 准确度

6 家实验室对实际沉积物样品进行两种不同浓度基体加标样测定，基体加标量为 1.00 mg/kg 和 4.00 mg/kg，目标化合物的加标回收率范围为 59.1%～89.2% 和 61.8%～95.9%。

具体的方法精密度和准确度数据参见附录 C。

10 质量保证和质量控制

10.1 用线性拟合曲线进行校准，其相关系数应大于等于 0.995，否则需重新绘制校准曲线。

10.2 每次分析样品前应选择校准曲线中间浓度进行校准曲线核查，其测定结果相对偏差应≤ 30%，否则应重新绘制校准曲线。

10.3 每批样品应同时进行一次空白试验。空白结果中目标化合物浓度应小于方法检出限。

10.4 每批样品（最多 20 个样品）应至少进行 1 次平行测定，平行双样测定结果相对偏差应在 30% 以内。

10.5 每一批样品（最多 20 个样品）应至少分析 1 个实际样品加标和一个加标平行。实际样品加标回收率应在 50%～140%，加标平行样的测定结果相对偏差应在 30% 以内。

若加标回收率达不到要求，而加标平行符合要求，则说明样品存在基体效应，在结果中注明。

11 废物处理

实验产生含有机试剂的废物应集中保管，送具有资质的单位集中处理。

12 注意事项

12.1 校准曲线范围

校准曲线浓度范围可根据实际样品浓度做适当调整。低浓度曲线可用标准使用液（4.13）配制。

12.2 实际样品

对于样品中超过校准曲线上限的目标化合物，可进行稀释或减少取样量重新分析[18]。

含酚类化合物浓度较高的样品会对仪器产生记忆效应，随后应分析一个或多个空白样品，直至空白试验结果满足质控要求后才能分析下一个样品。

必要时可用 30 m × 0.25 mm ×0.25 m，50% 苯基 50% 甲基聚硅氧烷（中等极性）毛细管柱做辅助定性确认，也可用质谱做进一步确认。辅助定性色谱柱的色谱参考条件见 7.1[19]。

要点分析

[18] 也可重新提取后，分取适量提取液进行后续步骤处理和测定。

[19] 土壤样品基质复杂，多次进样容易造成色谱柱分离能力下降，应注意观察苯酚、硝基酚等极性较大化合物的分离效果，当色谱峰明显出现拖尾时应及时维护色谱仪的进样系统或更换色谱柱。

附 录 A
（规范性附录）
方法检出限和测定下限

表 A　方法检出限和测定下限

序号	组分名称	检出限 /（mg/kg）	测定下限 /（mg/kg）
1	苯酚	0.04	0.16
2	2- 氯酚	0.04	0.16
3	邻 - 甲酚	0.02	0.08
4/5	对 / 间 - 甲酚	0.02	0.08
6	2- 硝基酚	0.02	0.08
7	2,4- 二甲酚	0.02	0.08
8	2,4- 二氯酚	0.03	0.12
9	2,6- 二氯酚	0.03	0.12
10	4- 氯 -3- 甲酚	0.02	0.08
11	2,4,6- 三氯酚	0.03	0.12
12	2,4,5- 三氯酚	0.03	0.12
13	2,4- 二硝基酚	0.08	0.32
14	4- 硝基酚	0.04	0.16
15	2,3,4,6- 四氯酚	0.02	0.08
16/17	2,3,4,5- 四氯酚 /2,3,5,6- 四氯酚	0.03	0.12
18	2- 甲基 -4,6- 二硝基酚	0.03	0.12
19	五氯酚	0.07	0.28
20	2-（1- 甲基 - 正丙基）-4,6- 二硝基酚（地乐酚）	0.02	0.08
21	2- 环己基 -4,6- 二硝基酚	0.02	0.08

附 录 B

（资料性附录）

目标化合物及参考保留时间

表 B 酚类化合物在非极性色谱柱上的参考保留时间

序号	组分名称	英文名称	保留时间 */min
1	苯酚	Phenol	4.76
2	2- 氯酚	2-Chlorophenol	5.05
3	邻 - 甲酚	2-Methylphenol	5.70
4/5	对 / 间 - 甲酚	4-Methylphenol/3-Methylphenol	6.05
6	2- 硝基酚	2-Nitrophenol	6.80
7	2,4- 二甲酚	2,4-Dimethylphenol	6.99
8	2,4- 二氯酚	2,4-Dichlorophenol	7.38
9	2,6- 二氯酚	2,6-Dichlorophenol	7.82
10	4- 氯 -3- 甲酚	4-Chloro-3-methylphenol	8.89
11	2,4,6- 三氯酚	2,4,6-Trichlorophenol	9.89
12	2,4,5- 三氯酚	2,4,5-Trichlorophenol	9.98
13	2,4- 二硝基酚	2,4-Dinitrophenol	11.43
14	4- 硝基酚	4-Nitrophenol	11.82
15	2,3,4,6- 四氯酚	2,3,4,6-Tetrachlorophenol	12.05
16/17	2,3,4,5- 四氯酚 /2,3,5,6- 四氯酚	2,3,4,5-Tetrachlorophenol/2,3,5,6-Tetra	12.52
18	2- 甲基 -4,6- 二硝基酚	2-Methyl-4,6-dinitrophenol	13.03
19	五氯酚	Pentachlorophenol	14.95
20	2-（1- 甲基 - 正丙基）-4,6- 二硝基酚（地乐酚）	2-sec-butyl-4,6-dinitrophenol	15.49
21	2- 环己基 -4,6- 二硝基酚	2-Cyclohexyl-4,6-dinitrophenol	19.18

*注：表中保留时间为按照 7.1 推荐条件下获得。

附 录 C

（资料性附录）

方法精密度和准确度

表 C　方法精密度和准确度

化合物名称	加标水平 /（mg/kg）	平均值 /（mg/kg）	实验室内相对标准偏差 /%	实验室间相对标准偏差 /%	重复性限 r /（mg/kg）	再现性限 R /（mg/kg）	$\bar{P}\pm 2S_{\bar{p}}$/%
苯酚	1.00	0.84	3.5～24.4	27.4	0.21	0.67	80.9±21.7
	4.00	3.04	2.0～19.0	27.9	0.48	2.42	72.1±18.1
2- 氯酚	1.00	0.84	2.2～20.6	26.7	0.18	0.65	80.3±19.4
	4.00	3.61	2.1～15.3	31.2	0.55	3.19	87.1±32.3
邻 - 甲酚	1.00	0.82	2.0～9.4	31.8	0.14	0.74	78.6±30.2
	4.00	3.52	3.8～17.5	36.7	0.56	3.65	86.7±45.6
对 / 间 - 甲酚	2.00	1.77	1.8～13.5	35.7	0.32	1.79	82.0±44.6
	8.00	7.25	2.1～11.9	33.7	0.93	6.90	86.2±38.1
2- 硝基酚	1.00	0.95	2.9～17.1	33.7	0.16	0.91	89.2±32.9
	4.00	3.94	2.1～19.0	36.1	0.67	4.03	95.9±47.2
2, 4- 二甲酚	1.00	0.74	1.8～21.4	31.8	0.13	0.67	72.8±25.9
	4.00	3.32	3.7～20.4	31.7	0.56	2.99	81.0±29.1
2, 4- 二氯酚	1.00	0.83	4.2～15.1	28.7	0.19	0.69	79.6±24.1
	4.00	3.62	4.4～15.7	30.9	0.62	3.19	87.2±29.3
2, 6- 二氯酚	1.00	0.84	2.3～18.1	30.5	0.21	0.75	80.2±28.1
	4.00	3.50	3.2～10.4	31.5	0.58	3.13	83.6±30.4
4- 氯 -3- 甲酚	1.00	0.86	2.4～13.8	33.2	0.14	0.81	83.3±34.3
	4.00	3.48	3.6～9.8	32.4	0.57	3.20	83.4±32.2
2, 4, 6- 三氯酚	1.00	0.88	1.6～12.6	26.8	0.16	0.67	83.7±21.0
	4.00	3.66	4.2～12.7	29.8	0.58	3.10	87.4±26.8
2, 4, 5- 三氯酚	1.00	1.04	1.7～9.1	23.0	0.16	0.68	77.9±31.7
	4.00	4.00	4.1～11.1	29.0	0.62	3.30	91.2±32.6
2, 4- 二硝基酚	1.00	0.65	6.1～21.5	17.1	0.30	0.42	60.4±12.2
	4.00	2.58	2.5～18.4	23.5	0.70	1.81	61.8±9.38
4- 硝基酚	1.00	0.70	4.7～18.7	20.7	0.23	0.46	59.1±18.9
	4.00	3.80	5.8～13.7	32.1	0.90	3.52	88.9±37.4

化合物名称	加标水平/（mg/kg）	平均值/（mg/kg）	实验室内相对标准偏差/%	实验室间相对标准偏差/%	重复性限 r/（mg/kg）	再现性限 R/（mg/kg）	$\bar{P}\pm2S_{\bar{p}}$/%
2, 3, 4, 5-四氯酚	1.00	0.94	2.0～19.7	13.3	0.28	0.43	78.4±18.8
	4.00	3.69	4.0～14.0	22.2	0.70	2.38	84.9±30.1
2, 3, 4, 6-四氯酚/2, 3, 5, 6-四氯酚	2.00	1.68	4.9～16.5	26.4	0.42	1.30	79.4±20.1
	8.00	7.26	4.1～13.8	31.7	1.40	6.56	84.7±27.0
2-甲基-4, 6-二硝基酚	1.00	0.90	3.7～16.9	25.0	0.19	0.65	81.2±38.8
	4.00	3.61	3.7～10.2	29.5	0.73	3.05	83.9±34.4
五氯酚	1.00	3.63	2.9～11.8	56.0	0.70	5.72	81.0±29.7
	4.00	6.46	3.6～16.4	41.6	1.03	7.58	85.6±31.6
2-（1-甲基-正丙基）-4,6-二硝基酚（地乐酚）	1.00	0.92	2.3～11.2	25.5	0.15	0.67	85.7±27.1
	4.00	3.80	4.5～12.4	30.3	0.72	3.29	90.3±32.1
2-环己基-4, 6-二硝基酚	1.00	0.89	2.7～15.6	31.2	0.15	0.79	84.7±30.7
	4.00	3.77	3.6～14.5	29.1	0.95	3.19	89.7±24.7

附 录 D

（资料性附录）

辅助定性参考色谱图

按照气相色谱参考条件（7.1），使用50%苯基50%甲基聚硅氧烷（中等极性）毛细管柱分离21种酚类化合物的参考色谱图如下图。

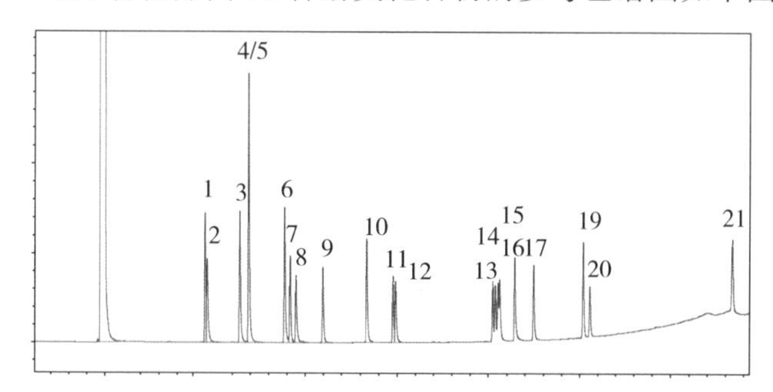

出峰顺序及保留时间：1—苯酚（4.75 min）；2—2-氯酚（4.81 min）；3—邻-甲酚（5.7 min）；4/5—对/间-甲酚（5.94 min）；6—2,4-二甲酚（7.08 min）；7—2-硝基酚（6.93 min）；8—2,4-二氯酚（7.24 min）；9—2,6-二氯酚（7.98 min）；10—4-氯-3-甲酚（9.16 min）；11—2,4,6-三氯酚（9.88 min）；12—2,4,5-三氯酚（9.95 min）；13—2,3,4,6-四氯酚（12.8 min）；14—2,3,4,5-四氯酚（13.2 min）；15—2,3,5,6-四氯酚（12.60 min）；16—2,4-二硝基酚（12.68 min）；17—4-硝基酚（12.75 min）；18—2-甲基-4,6-二硝基酚（13.72 min）；19—2-（1-甲基-正丙基）-4,6-二硝基酚（地乐酚）（15.27 min）；20—五氯酚（15.08 min）；21—2-环己基-4,6二硝基酚（19.26 min）

图 D.1　21种酚类化合物参考色谱图（辅助定性）

丙烯醛、丙烯腈、乙腈的测定《土壤和沉积物 丙烯醛、丙烯腈、乙腈的测定 顶空-气相色谱法》（HJ 679—2013）技术和质量控制要点

（一）概述

丙烯醛，无色或淡黄色液体，有恶臭；溶于水，易溶于醇、丙酮等多数有机溶剂。密度为 0.84 g/cm^3，闪点为 –15℃，熔点为 –86.9℃，沸点为 52.5℃。丙烯醛用于生产农药杀虫剂吡虫啉、医药抗肿瘤药二溴丙醛、饲料添加剂蛋氨酸、杀菌剂戊二醛等化学品。丙烯醛经氧化可生产丙烯酸，进一步合成丙烯酸酯，也可还原成丙醇，是合成甘油、香料及医药烯丙基硫脲、异硫氢酸烯丙酯的重要中间体，为合成树脂工业的重要原料之一，也大量用于有机合成与药物合成。丙烯醛常温下为无色透明液体，具有强烈的刺激性，其蒸汽有强烈的催泪性，吸入会损害呼吸道，出现咽喉炎、胸部压迫感、支气管炎；大量吸入可致肺炎、肺水肿，可致休克、肾炎及心力衰竭，可致死；液体及蒸汽损害眼睛，接触皮肤可致灼伤；口服可引起口腔及胃刺激或灼伤。

丙烯腈，常温下无色易燃易挥发液体，有桃仁气味；微溶于水，其低浓度水溶液很不稳定，易溶于多数有机溶剂；密度为 0.81 g/cm^3，熔点为 –82℃，沸点为 77.3℃。丙烯腈的蒸气与空气可形成爆炸性混合物，遇

明火、高热易燃烧，并放出有毒气体；与氧化剂、强酸、强碱、胺类、溴反应剧烈。工业上丙烯腈主要用于腈纶纤维、丁腈橡胶、ABS 工程塑料及丙烯酸酯、丙烯酸树脂的制造等。丙烯腈属于高毒类，可由吸入、食入、经皮肤吸收等途径进入人体，引起急性中毒和慢性中毒。

乙腈，无色易燃液体，有刺激性气味；与水混溶，溶于醇等多数有机溶剂；密度 0.79 g/cm^3，熔点 –45.7℃，沸点 81.1℃。易燃，其蒸气与空气可形成爆炸性混合物，遇明火、高热或与氧化剂接触，有引起燃烧爆炸的危险。乙腈最主要的用途是作溶剂，如作为抽提丁二烯的溶剂，合成纤维的溶剂和某些特殊涂料的溶剂。在石油工业中用于从石油烃中除去焦油、酚等物质的溶剂。在油脂工业中用作从动植物油中抽提脂肪酸的溶剂，在医药上用于甾族类药物的再结晶的反应介质。乙腈可通过多种方式进入人体产生急性中毒，其主要症状为衰弱、无力、面色灰白、恶心、呕吐、腹痛、腹泻、胸闷、胸痛；严重者呼吸及循环系统紊乱，呼吸浅、慢而不规则，血压下降，脉搏细而慢，体温下降，阵发性抽搐，昏迷，可有尿频、蛋白尿等。

目前，对土壤和沉积物中丙烯醛、乙腈、丙烯腈的测定前处理方法主要有顶空法、固相微萃取、吹扫捕集及直接进样，美国 EPA 测试方法主要有 METHOD 8316（高效液相色谱法）和 EPA 8260C（顶空气相色谱法或顶空气相色谱质谱法）。《危险废物鉴别标准浸出毒性鉴别》（GB 5085.3—2007）附录 Q（固体废物挥发性有机化合物的测定平衡顶空法）中采用的静态顶空技术进样，气相色谱或气质联用仪测定。

（二）标准方法解读

警告：实验中所使用的试剂和标准溶液为易挥发的有毒化合物，配制时应在通风良好的环境中进行；操作时应按规定佩带防护器具，避免接触皮肤和衣服[1]。

1 适用范围

本标准规定了测定土壤和沉积物中丙烯醛、丙烯腈、乙腈的顶空-气相色谱法。

本标准适用于土壤和沉积物中丙烯醛、丙烯腈、乙腈的测定。

当取样量为2.0 g时，丙烯醛的检出限为0.4 mg/kg，测定下限为1.6 mg/kg；丙烯腈的检出限为0.3 mg/kg，测定下限为1.2 mg/kg；乙腈的检出限为0.3 mg/kg，测定下限为1.2 mg/kg[2]。

2 规范性引用文件

本标准内容引用了下列文件或其中的条款，凡是不注明日期的引用文件，其有效版本适用于本标准。

GB 17378.3　海洋监测规范　第3部分：样品采集储存与运输

GB 17378.5　海洋监测规范　第5部分：沉积物分析

HJ/T 166　土壤环境监测技术规定

HJ 613　土壤　干物质和水分的测定　重量法

要点分析

[1] 由于测试项目对人体有害，实验过程中务必谨记：佩戴防护口罩和防护手套，前处理在通风橱中进行，仪器间也应保持通风良好。

[2] 仪器性能不同，检出限也会不同，如使用此方法，检出限需满足此方法要求。实验过程中如果定容体积或取样量变化，则方法检出限也会变化。

3 方法原理

密封在顶空瓶中的样品，在一定温度条件下，样品中所含的丙烯醛、丙烯腈、乙腈挥发至上部空间，并在气、液、固三相中达到热力学动态平衡。取一定量的顶空瓶中气相气体注入带有氢火焰检测器的气相色谱仪中进行分离和测定。以保留时间定性，外标法定量。

4 试剂和材料

4.1 实验用水

新制备的不含有机物的去离子水或蒸馏水[3]。使用前需经过空白检验，确认无目标化合物或目标化合物浓度低于方法检出限。

要点分析

[3] 天然水中通常含有5种杂质：电解质，包括带电粒子；有机物，如有机酸、农药、烃类、醇类和酯类等；颗粒物；微生物；溶解气体。①蒸馏水：以去除电解质及与水沸点相差较大的非电解质为主，无法去除与水沸点相当的非电解质，纯度用电导率衡量。②去离子水：去掉水中除氢离子、氢氧根离子外的，其他由电解质溶于水中电离所产生的全部离子，即去掉溶于水中的电解质物质。去离子水基本用离子交换法制得，纯度用电导率来衡量。去离子水中可含有不能电离的非电解质，如乙醇等。③超纯水：一般工艺很难达到的程度，如水的电阻率大于18 MΩ · cm（没有明显界线），则称为超纯水。关键是看用水的纯度及各项特征性指标，如电导率或电阻率、pH、钠、重金属、二氧化硅、溶解有机物、微粒子以及微生物指标等。④每个实验室应该有实验室用水检查记录，如果实验室的去离子水或蒸馏水达不到要求，应查找原因，保证实验用水无目标化合物或目标化合物浓度低于方法检出限。

4.2 氯化钠（NaCl）：优级纯。在 400℃下烘 4 h，以除去可能的干扰物质，冷却后贮于磨口玻璃瓶内密封保存[4]。

4.3 甲醇（CH_3OH）：色谱纯级。使用前需进行检验，确认无目标化合物或目标化合物浓度低于方法检出限。

4.4 磷酸（H_3PO_4）：优级纯。

4.5 基体改性剂

量取 500 ml 实验用水（4.1），滴加几滴磷酸（4.4）调节 pH ≤ 2，再加入 180 g 氯化钠（4.2），溶解并混匀。在无有机物干扰的环境中 4℃以下密封保存。保存期为 6 个月。

4.6 甲醇中丙烯醛、丙烯腈、乙腈标准溶液：ρ=2 000 mg/L

以甲醇为溶剂，用丙烯醛、丙烯腈、乙腈标准物质制备，或直接购买市售有证标准溶液。标准溶液在 −18℃以下避光保存。使用前将该溶液恢复至室温，并摇匀。开封后用密实瓶避光保存，在 1 个月内使用有效[5]。

4.7 石英砂（SiO_2）：20~50 目。使用前需进行检验，确认无目标化合物或目标化合物浓度低于方法检出限。

4.8 载气：氮气，纯度≥ 99.999%。

4.9 燃烧气：氢气，氮气，纯度≥ 99.99%。

4.10 助燃气：空气，需脱水、脱有机物。

要点分析

[4] 装有氯化钠的磨口玻璃瓶应放在干燥器内，在无有机物干扰的环境中保存。

[5] 盛装标准溶液的密实瓶应密封良好，防止和其他挥发性有机物交叉污染。

5 仪器和设备

5.1 气相色谱仪：具毛细管分流/不分流进样口，可程序升温，带氢火焰离子化检测器。

5.2 毛细管色谱柱：30 m（长）×0.53 mm（内径）×1.0 μm（膜厚），聚乙二醇固定液或其他等效毛细柱。

5.3 顶空进样器：带顶空瓶、密封垫（硅橡胶内衬聚四氟乙烯）和密封瓶盖。顶空瓶、瓶盖如需重复使用，应先用清洁剂清洗，再依次经自来水、蒸馏水冲洗，在105℃下烘干后密封保存备用[6]。

5.4 往复式振荡器：振荡频率150次/min，可固定顶空瓶。

5.5 超纯水制备仪或亚沸蒸馏器。

5.6 天平：精度为0.01 g。

5.7 微量注射器：10 μl、50 μl、100 μl。

5.8 采样器：土壤采样器选用不锈钢材质，内径1 cm，长度20 cm，或使用与样品瓶口径匹配的一次性塑料注射器；沉积物采样器采用抓斗式或锥式采泥器。

5.9 便携式冷藏箱：容积20 L，温度4℃以下。

5.10 棕色密实瓶：2 ml，具聚四氟乙烯衬垫和实心螺旋盖。

5.11 样品瓶：具聚四氟乙烯－硅胶衬垫螺旋盖的40 ml棕色广口玻璃瓶（或大于40 ml其他规格的玻璃瓶）。

5.12 一般实验室常用仪器和设备。

要点分析

[6] 必要时可在使用前用甲醇清洗3遍。

6 样品

6.1 采集与保存

6.1.1 样品采集[7]

按照HJ/T 166的相关规定进行土壤样品的采集和保存，按照GB 17378.3的相关规定进行沉积物样品的采集和保存。样品采集工具使用前应经过净化处理。可在采样现场使用便携式挥发性有机物测定仪器对样品进行浓度高低的初筛。所有样品均应至少采集3份平行样品。

样品应尽快采集到样品瓶（5.11）中并填满，快速清除掉样品瓶螺纹及外表面上黏附的样品，密封样品瓶、置于便携式冷藏箱内，带回实验室。

注1：样品采集时切勿搅动土壤及沉积物，以免造成土壤及沉积物中有机物的挥发。采集的土壤或沉积物样品，要轻缓地放入采样瓶中，不留空间，迅速密封。

6.1.2 样品保存

样品送入实验室后应尽快分析。若不能立即分析，样品应在无有机物干扰的4℃以下环境中密封保存。丙烯醛的保存期限不超过2 d，乙腈和丙烯腈的保存期限不超过5 d。

要点分析

[7] 由于样品瓶较小，操作时可将样品瓶倾斜，用不锈钢勺将样品装入瓶内，不锈钢勺在使用前也需用清洁剂清洗，再依次经自来水、蒸馏水冲洗，在105℃下烘干后密封保存。密封好样品瓶后，用铝箔纸将样品瓶包好，防止运输途中损坏。

6.2 试样制备

6.2.1 低含量样品

取出样品瓶，待恢复至室温后，称取 2 g 样品于顶空瓶中，迅速加入 10 ml 基体改性剂（4.5），立即密封，在振荡器上以 150 次 /min 的频率振荡 10 min，待测。

6.2.2 高含量样品

如果现场初步筛选挥发性有机物为高含量或低含量测定结果大于 300 mg/kg 时应视为高含量试样。高含量试样制备如下：另取一个未启封的样品，恢复到室温后，称取 2 g 样品于顶空瓶中，迅速加入 10 ml 甲醇（4.3），密封，在振荡器上振摇 10 min。静置沉降后，移取 1~2 ml 甲醇提取液（必要时，可先离心后取上清液）至 2 ml 棕色玻璃瓶中。该提取液在 4℃暗处保存，丙烯醛保存期为 2 d，若只测乙腈和丙烯腈，则可保存 7 d。

在分析之前将甲醇提取液恢复到室温后，向空的顶空瓶中加入 2 g 石英砂（4.7）、10 ml 基体改性剂（4.5）和 10~200 μl 的甲醇提取液，立即密封，在振荡器上以 150 次 /min 的频率振荡 10 min，待测。

注 2：若甲醇提取液中目标化合物浓度较高，可用甲醇进行适当稀释。

6.3 空白试样制备

6.3.1 低含量空白试样

以 2 g 石英砂（4.7）代替样品，按照 6.2.1 步骤制备低含量空白试样。

6.3.2 高含量空白试样

以 2 g 石英砂（4.7）代替样品，按照 6.2.2 步骤制备高含量空白试样。

6.4 样品干物质含量和水分的测定[8]

土壤样品干物质含量的测定按照 HJ 613 执行，沉积物样品含水率的测定按照 GB 17378.5 执行。

7 分析步骤

7.1 仪器参考条件

不同型号顶空进样器、气相色谱仪的最佳工作条件不同，应按照仪器使用说明书进行操作，本标准推荐仪器参考条件如下：

7.1.1 顶空仪参考条件[9]

加热平衡温度：75℃；加热平衡时间：30 min；取样针温度：105℃；传输线类型：经过去活处理，内径为 0.32 mm 的石英毛细管柱；压力化平衡时间：2 min；进样时间：0.10 min；拔针时间：0.2 min；顶空瓶压力：8 psi。

7.1.2 气相色谱仪参考条件

程序升温：40 ℃（保持 5min）$\xrightarrow{5℃/min}$ 60 ℃ $\xrightarrow{30℃/min}$ 150 ℃（保持 5min）；

进样口温度：150℃；载气：氮气，恒流，流速为 4.5 ml/min；进样方式：分流进样，分流比 5∶1；检测器温度：250℃；氢气流量：40 ml/min；空气流量：450 ml/min；尾吹气：30 ml/min。

要点分析

[8]HJ 613—2011 中干物质含量为：$w_{dm}(\%)=\frac{m_2-m_0}{m_1-m_0}\times 100$；

GB 17378.5 中含水率为：$w_{H_2O}(\%)=\frac{m_2-m_3}{m_2-m_1}\times 100$。

[9] 顶空仪器厂商、规格型号不同，参数也不一样，或者有些设置也不同，测试条件设置时可咨询厂商。

7.2 校准

7.2.1 绘制校准曲线

向6支22 ml顶空瓶中分别加入2 g石英砂（4.7）、10 ml基体改性剂（4.5）和适量的标准溶液（4.6），配制5个不同浓度的标准系列，目标化合物的含量见表1。按照仪器参考条件（7.1），从低至高浓度依次进样分析，以峰面积或峰高为纵坐标，目标化合物含量（μg）为横坐标，绘制校准曲线。目标化合物的标准色谱图见图1。

表1　标准系列目标化合物的含量　　单位：μg

序号	化合物名称	1	2	3	4	5
1	丙烯醛	2.0	5.0	20.0	40.0	80.0
2	丙烯腈	2.0	5.0	20.0	40.0	80.0
3	乙腈	2.0	5.0	20.0	40.0	80.0

7.2.2 标准色谱图

在本标准规定色谱分析条件下，目标化合物的标准参考色谱图，见图1。

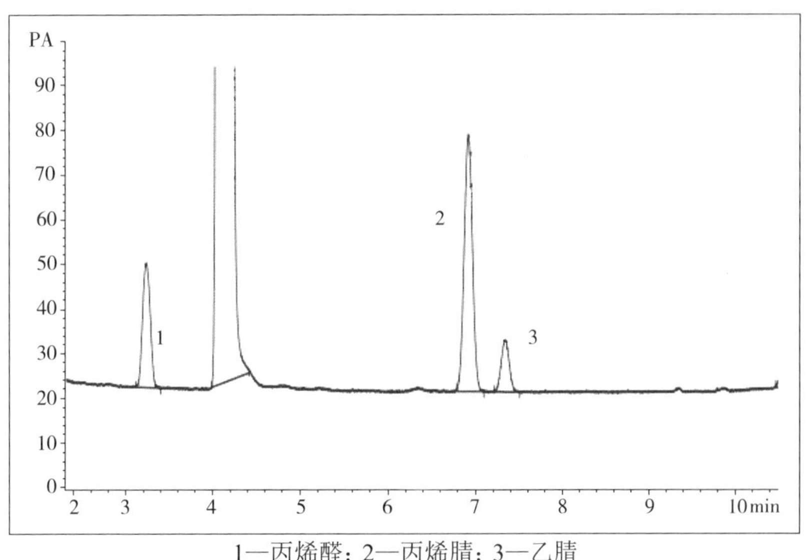

1—丙烯醛；2—丙烯腈；3—乙腈

图1　丙烯醛、丙烯腈、乙腈的标准参考色谱图

7.3 测定

将制备好的试样（6.2）置于顶空进样器的样品盘上，按照仪器参考条件（7.1）进行测定。

7.4 空白试验

将制备好的空白试样（6.3）置于顶空进样器上，按照仪器参考条件（7.1）进行测定。

8 结果计算与表示

8.1 结果计算

8.1.1 低含量土壤样品结果计算

低含量土壤样品中目标化合物的含量（mg/kg），按照式（1）进行计算。

$$w=\frac{m_1}{m\times w_{dm}} \tag{1}$$

式中：w——目标化合物浓度，mg/kg；

m_1——校准曲线上查得目标化合物的含量，μg；

m——样品量（湿重），g；

w_{dm}——样品的干物质含量，%。

8.1.2 高含量土壤样品结果计算

高含量土壤样品中目标化合物的含量（mg/kg），按照式（2）进行计算。

$$w=\frac{m_1\times V_c\times K}{m\times W_{dm}\times V_s} \tag{2}$$

式中：w——目标化合物浓度，mg/kg；

m_1——校准曲线上查得目标化合物的含量，μg；

V_c——提取样品加入的甲醇量，ml；

m——样品量（湿重），g；

V_s——用于顶空测定的甲醇提取液量，ml；

w_{dm}——样品的干物质含量，%；

K——提取液的稀释倍数。

8.1.3 低含量底泥样品结果计算

低含量底泥样品中目标化合物的含量（mg/kg），按照式（3）进行计算。

$$w=\frac{m_1}{m\times(1-w_{水})} \tag{3}$$

式中：w——目标化合物浓度，mg/kg；

m_1——校准曲线上查得目标化合物的含量，μg；

m——样品量（湿重），g；

$w_{水}$——样品的含水率，%。

8.1.4 高含量底泥样品结果计算

高含量底泥样品中目标化合物的含量（mg/kg），按照式（4）进行计算。

$$w=\frac{m_1\times V_c\times K}{m\times V_s\times(1-w_{水})} \tag{4}$$

式中：w——目标化合物浓度，mg/kg；

m_1——校准曲线上查得目标化合物的含量，μg；

V_c——提取样品加入的甲醇量，ml；

m——样品量（湿重），g；

V_s——用于顶空测定的甲醇提取液量，ml；

$w_{水}$——样品的含水率，%；

K——提取液的稀释倍数。

注3：若土壤和沉积物样品含水率大于10%时，提取液体积V_c应为甲醇与样品中水的体积之和；若样品含水率小于等于10%，提取液体积V_c为10 ml。

8.2 结果表示

测定结果小于 10.0 mg/kg 时，保留小数点后 1 位；测定结果大于等于 10.0 mg/kg 时，保留 3 位有效数字。

9 精密度和准确度

9.1 精密度

9.1.1 土壤

6 家实验室分别对加标量为 1.0 mg/kg 和 5.0 mg/kg 的同一样品进行了测定，实验室内相对标准偏差范围分别为 2.0%~10.3%、2.4%~9.0%；实验室间相对标准偏差范围分别为 6.1%~9.8%、4.8%~10.7%；重复性限范围分别为 0.17~0.18 mg/kg、0.77~0.82 mg/kg；再现性限范围分别为 0.16~0.25 mg/kg、0.77~1.20 mg/kg。

9.1.2 沉积物

6 家实验室分别对加标量为 1.0 mg/kg 和 5.0 mg/kg 的同一样品进行了测定，实验室内相对标准偏差范围分别为 2.9%~10.3%、2.3%~8.6%；实验室间相对标准偏差范围分别为 4.8%~10.7%、5.5%~10.8%；重复性限范围分别为 0.16~0.18 mg/kg、0.63~0.72 mg/kg；再现性限范围分别为 0.12~0.26 mg/kg、0.72~1.30 mg/kg。

9.2 准确度

9.2.1 土壤

6 家实验室分别对加标量为 1.0 mg/kg 和 5.0 mg/kg 的同一样品进行了测定，加标回收率范围分别为 74.5%~115%、80.0%~113%。

9.2.2 沉积物

6 家实验室分别对加标量为 1.0 mg/kg 和 5.0 mg/kg 的同一样品进行了测定，加标回收率范围分别为 70.0%~108%、67.3%~105%。

方法的精密度和准确度结果参见附录 A。

10 质量保证和质量控制

10.1 校准曲线

每批样品分析之前应绘制校准曲线，校准曲线的相关系数应≥ 0.995。连续分析时，每隔 24 h 分析一个中间点浓度标准溶液，其测定结果与校准曲线中间点浓度的相对偏差应≤ 20%，目标化合物的保留时间应在保留时间窗内，否则应重新绘制校准曲线和分析样品。

10.2 定性

样品以保留时间定性。必要时采用双柱或气质联机方法定性。

样品分析前，应建立保留时间窗口 $t \pm 3s$。t 为初次校准时各浓度标准物质保留时间的平均值，s 为初次校准时各标准物质保留时间的标准偏差。当样品分析时，目标化合物保留时间应在保留时间窗口内。

10.3 空白试验

每批样品应至少测定一个实验室空白和全程序空白，目标化合物浓度应低于方法检出限。

10.4 样品测定

超过校准曲线上限 4 倍以内的样品可减少样品取样量重新分析，两个结果都要报出，减少取样量后的样品浓度要大于曲线中间点浓度。最小样品取样量不能低于 0.5 g，否则需用高浓度方法分析。

10.5 平行样测定

每批样品应分析 20% 的平行样品，若样品中含有目标化合物，则平行样品测定值的相对偏差应在 25% 以内。

10.6 加标回收率

每批样品至少分析 10% 的加标平行样品，加标平行样品测定值的相对偏差应在 25% 以内。

11 废物处理

实验过程中产生的有毒废物应集中保存，委托有资质的单位进行处理。

12 注意事项

12.1 采样工具在使用前依次用甲醇、纯净水充分洗净，晾干备用。在采集其他样品时，要注意更换采样工具和清洗采样工具，以防止交叉污染。

12.2 在样品的保存和运输过程中，要避免沾污，样品应放在密闭、避光的冷藏箱（5.9）中冷藏贮存。

12.3 测试过程中使用的器具、材料、试剂应事先分析确认其是否含有对目标物测定有干扰的物质。器具、材料可采用甲醇清洗，尽可能除去干扰物质。

12.4 高含量样品分析后，应分析空白样品，直到空白样品中目标化合物的浓度小于检出限时，才可以进行后续分析。

附 录 A

（资料性附录）

方法的精密度和准确度

附表 A 给出了方法的重复性限、再现性限和加标回收率等精密度和准确度指标。

附表 A　方法的精密度和准确度

化合物名称	含量水平 /（mg/kg）	重复性限 /（mg/kg）		再现性限 /（mg/kg）		实验室内相对标准偏差 /%		实验室间相对标准偏差 /%		加标回收率最终值 /%	
		土壤	沉积物	土壤	沉积物	土壤	沉积物	土壤	沉积物	土壤	沉积物
丙烯醛	1.0	0.18	0.17	0.28	0.26	4.3~8.5	4.4~8.3	10.7	10.6	90.3±16.6	86.1±19.7
	5.0	0.84	0.72	1.34	1.26	3.6~8.9	3.0~8.8	10.0	10.4	93.5±13.1	85.0±20.1
丙烯腈	1.0	0.16	0.15	0.19	0.20	2.0~10.0	2.0~10.6	7.4	7.9	93.4±15.0	90.5±11.7
	5.0	0.73	0.60	1.15	1.05	2.8~7.4	2.3~6.9	8.5	8.2	95.8±15.4	91.5±15.8
乙腈	1.0	0.18	0.18	0.18	0.12	2.9~8.3	4.3~9.3	6.6	4.7	97.0±7.6	90.5±8.8
	5.0	0.76	0.64	0.90	0.79	2.5~8.6	3.2~5.9	6.8	6.1	98.6±11.6	93.2±10.3

第二章
GC-MS 法

挥发性卤代烃的测定
《土壤和沉积物 挥发性卤代烃的测定 顶空气相色谱质谱法》(HJ 736—2015)技术和质量控制要点

一、概述

卤代烃是烃类与卤族元素发生加成、取代等反应生成的一系列衍生物。一般来说，碘代烃毒性最大，溴代烃、氯代烃、氟代烃毒性依次降低，挥发性卤代烃（volatile halohydroearbons，VHCs）一般不溶或微溶于水，沸点低于 200℃，且分子量在 16~250。这些挥发性卤代烃主要是人为产生的，被广泛地用作溶剂、洗涤剂、脱脂剂、发泡剂、农药、灭火剂、麻醉剂、工业制冷剂、聚合调节剂和热交换液等。

VHCs 因为用途广泛，在环境中具有长效性及毒性而成为特别重要的挥发性有机污染物，同时它也正广泛地威胁着人类的健康。大多数卤代烃具有“三致性”作用，而且难以进行微生物降解和光化学降解。VHCs 的毒性与其电子亲和势有关。它们能干扰电子在生物细胞内的转移，从而损坏细胞内的新陈代谢。摄入 VHCs 会由于急性中毒而产生麻醉现象，慢性 VHCs 中毒会引起中枢神经系统损伤。三卤甲烷特别伤害肝、肾和血液，它们的分子量、沸点和致癌风险都很高。

挥发性卤代烃的检测方法目前主要有气相色谱法和气相色谱质谱法，辅以顶空或吹扫捕集进样（水样、土样、固废样品）或热脱附进样（气体样品）。

顶空进样是气相色谱法中一种方便快捷的样品前处理方法，其原理是将待测样品置入一密闭的容器中，通过加热升温使挥发性组分从样品基体中挥发出来，在气液（或气固）两相中达到平衡，直接抽取顶部气体进行色谱分析，从而检验样品中挥发性组分的成分和含量。使用顶空进样技术可以免除冗长烦琐的样品前处理过程，避免有机溶剂对分析造成的干扰、减少对色谱柱及进样口的污染。

本方法利用顶空进样，样品进入气相色谱分离后，用质谱仪进行检测。根据保留时间、碎片离子质荷比及不同离子丰度比定性，用内标法定量。

二、标准方法解读

警告：试验中所使用的内标、替代物和标准溶液均为易挥发的有毒化学品，配制过程中应在通风柜中进行操作；应按规定要求佩戴防护器具，避免接触皮肤和衣物。

1 适用范围

本标准规定了测定土壤和沉积物中挥发性卤代烃的顶空/气相色谱-质谱法。适用于土壤和沉积物中氯甲烷等35种挥发性卤代烃的测定。其他挥发性卤代烃如果通过验证也适用于本标准。

当取样量为2 g时，35种挥发性卤代烃的方法检出限为2~3 μg/kg，测定下限为8~12 μg/kg。详见附录A。

2 规范性引用文件

本标准内容引用了下列文件或其中的条款。凡是不注明日期的引用文件，其有效版本适用于本标准。

GB 17378.3　海洋监测规范　第3部分　样品采集储存与运输

GB 17378.5　海洋监测规范　第5部分　沉积物分析

HJ 613　土壤　干物质和水分的测定　重量法

HJ/T 166　土壤环境监测技术规范

3 方法原理

在一定的温度条件下，顶空瓶内样品中的挥发性卤代烃向液上空间挥发，产生一定的蒸气压，并达到气液固三相平衡，取气相样品进入气相色谱分离后，用质谱仪进行检测。根据保留时间、碎片离子质荷比及不同离子丰度比定性，内标法定量。

4 试剂和材料

4.1 实验用水[1]：二次蒸馏水或纯水设备制备水，使用前需经过空白检验，确认无目标化合物或目标化合物浓度低于方法检出限。

4.2 甲醇（CH_3OH）：农残级，使用前需通过检验，确认无目标物或目标物浓度低于方法检出限。

4.3 氯化钠（NaCl）[2]：优级纯，在马弗炉中400℃下烘烤4 h，置于干燥器中冷却至室温后，贮于磨口棕色玻璃瓶中密封保存。

4.4 磷酸（H_3PO_4）：优级纯。

4.5 基体改性剂[3]：将磷酸（4.4）滴加到100 ml实验用水中，调节溶液pH小于2；再加入36g氯化钠（4.3）混均。于4℃下保存，可保存6个月。

要点分析

[1] 每个实验室应该有实验室用水检查记录。一般实验室二氯甲烷背景值较高，注意空白试剂水应与二氯甲烷等干扰溶剂区别存放，如果有必要，在实验前可将实验用水加热至微沸保持半小时，冷却后使用。

[2] 使用的氯化钠和磷酸纯度应符合要求（优级纯）。若氯化钠结团，应先摇匀，再用马弗炉烘，经马弗炉烘烤处理后，在干燥器中自然冷却至室温，需转移至磨口玻璃瓶中密封保存，同时远离挥发性有机物干扰。使用前观察是否有板结现象。试剂应通过空白检验。

[3] 顶空法对土壤、沉积物样品进行前处理，添加一定量的基体改性剂，有利于抑制样品生物降解和提高顶空法的效率。基体改进剂同时作为电解质溶液，可以使VHCs回收率不受样品含水率的影响。

4.6 标准贮备液[4]：ρ=2 000 mg/L。

直接购买市售有证标准溶液。在 -10℃以下避光保存，或参照制造商的产品说明。使用时应恢复至室温并摇匀。开封后在密实瓶中可保存1个月。

4.7 标准使用液：ρ=20 mg/L。

取适量标准贮备液（4.6），用甲醇（4.2）进行适当稀释。在密实瓶中 -10℃以下避光保存，可保存一周。

4.8 内标贮备液：ρ=2 000 mg/L。

选用氟苯、1- 氯 -2- 溴丙烷、4- 溴氟苯作为内标。可直接购买有证标准溶液，也可用标准物质制备。在 -10℃以下避光保存或参照制造商的产品说明。使用时应恢复至室温，并摇匀。开封后在密实瓶中可保存一个月。

4.9 内标使用液[5]：ρ=25 mg/L。

取适量内标贮备液（4.8），用甲醇（4.2）进行适当稀释。在密实瓶中 -10℃以下避光保存，可保存一周。

要点分析

[4] 挥发性卤代烃标准贮备液、内标、替代物贮备液、25 mg/L 的 BFB 溶液等均应在 -10℃以下避光保存，开封后有效期为 1 个月。保存条件和有效期应符合要求。使用前应平衡至室温再取用。

[5] 内标物一般在上机分析测定前加入，且尽量保证每个样品加入量相同，有的吹扫捕集仪自带添加内标功能，只有经过验证仪器自动添加内标性能良好，才可使用该功能，否则应手动添加。内标的选择应满足大部分化合物的保留时间在与其对应的内标的保留时间的 0.80%~1.20%。

4.10 替代物贮备液：ρ=2 000 mg/L。

选用二氯甲烷-d_2、1,2-二氯苯-d_4作为替代物。可直接购买有证标准溶液，也可用标准物质制备。在-10℃以下避光保存或参照制造商的产品说明。使用时应恢复至室温，并摇匀。开封后在密实瓶中可保存一个月。

4.11 替代物使用液：ρ=25 mg/L。

取适量替代物贮备液（4.10），用甲醇（4.2）进行适当稀释。在密实瓶中-10℃以下避光保存，可保存一周。

4.12 4-溴氟苯（BFB）溶液：ρ=25 mg/L。

可直接购买有证标准溶液，也可用标准物质制备。在-10℃以下避光保存或参照制造商的产品说明。使用时应恢复至室温，并摇匀。开封后在密实瓶中可保存一个月。

4.13 石英砂[6]：20~50 目，使用前需通过检验，确认无目标化合物或目标化合物浓度低于方法检出限。

4.14 氦气：纯度≥99.999%，经脱氧剂脱氧、分子筛脱水[7]。

5 仪器和设备

5.1 采样器材：铁铲和不锈钢药勺。

要点分析

[6] 使用前应在马弗炉中400℃下烘烤4 h，置于干燥器中自然冷却至室温，转移至磨口玻璃瓶中密封保存，同时远离挥发性卤代烃干扰。

[7] 脱氧剂、分子筛均属于易消耗品，一般使用4~5瓶气后需更换脱氧剂、分子筛（在气瓶不漏气前提下），避免噪声波动大影响仪器灵敏度。气质的载气氦气要求纯度应≥99.999%；顶空使用的氮气也要求≥99.999%。

5.2 采样瓶：具聚四氟乙烯衬垫的 60 ml 螺纹棕色玻璃瓶。

5.3 气相色谱 - 质谱联用仪：EI 电离源[8]。

5.4 色谱柱：石英毛细管柱，长 30 m，内径 0.25 mm，膜厚 1.4 μm，固定相为 6% 腈丙苯基 /94% 二甲基聚硅氧烷，也可使用其他等效毛细柱。

5.5 顶空自动进样器：具顶空瓶。

5.6 顶空瓶：22 ml，具聚四氟乙烯衬垫密封盖的顶空瓶（与顶空进样器相匹配），瓶盖（螺旋盖或一次使用的压盖）。

5.7 微量注射器：10 μl、25 μl、100 μl、250 μl、500 μl 和 1 000 μl。

5.8 天平：精度为 0.01 g。

5.9 往复式振荡器：振荡频率 150 次 /min，可固定顶空瓶。

5.10 棕色密实瓶：2 ml，具聚四氟乙烯衬垫。

5.11 pH 计：精度为 ±0.05。

5.12 便携式冷藏箱：容积 20 L。温度达到 4℃以下。

5.13 一般实验室常用仪器和设备。

要点分析

[8] EI 源主要由阴极（灯丝）、离子室、电子接收极、一组静电透镜组成。在高真空条件下，给灯丝加电流，使灯丝发射电子，电子从灯丝加速飞向电子接收极，在此过程中与离子室中的样品分子发生碰撞，使样品分子离子化或碎裂成碎片离子。为了使产生的离子流稳定，电子束的能量一般设为 70 eV，这样可以得到稳定的标准质谱图。利用电子电离源可以得到样品的分子量信息和结构信息，但不适于分析易分解、难挥发的化合物。

6 样品

6.1 样品的采集

按照 HJ/T 166 和 GB 17378.3 的相关要求采集土壤和沉积物样品。在采样现场使用便携式 VOC 测定仪对样品浓度高低进行初筛，并标记。所有样品均应至少采集 3 个平行样品。尽快采集样品于采样瓶（5.2）中并尽量填满，快速清除掉采样瓶螺纹及外表面上黏附的样品，密封采样瓶。

注 1：现场初步筛选挥发性卤代烃含量测定结果大于 200 μg/kg 时，视该样品为高含量样品。

6.2 样品的保存[9]

样品到达实验室后，应尽快分析。若不能及时分析，应将样品低于 4℃下保存，保存期为 14 d。样品存放区域应无有机物干扰。

6.3 试样的制备

6.3.1 低含量试样的制备

实验室内取出采样瓶（5.2）恢复至室温，称取 2 g 样品于顶空瓶（5.6）中，加入 10.0 ml 基体改性剂（4.5），2.0 μl 替代物（4.11）和 4.0 μl 内标（4.9），立即密封。振荡 10 min 使样品混匀，待测。

要点分析

[9] 对于测定 VOC 的土壤样品不加保存试剂，因为含有碳酸盐的样品（可能是天然的，也可能是改质的）会与样品瓶中的酸性保存溶液反应产生气泡，导致挥发性物质的损失。

6.3.2 高含量试样的制备[10]

实验室内取出采样瓶（5.2），待恢复至室温后，称取 2 g 样品于顶空瓶（5.6）中，迅速加入 10.0 ml 甲醇（4.2），密封。室温下振荡 10 min，静置沉降后，取 2.0 ml 提取液至 2 ml 棕色密实瓶（5.10）中，密封。该提取液可置于冷藏箱内 4℃下保存，保存期为 14 d。分析前样品恢复至室温，用微量注射器（5.7）取适量该提取液注入含 2 g 石英砂（4.13）、10.0 ml 基体改性剂（4.5）的顶空瓶（5.6）中，加入 2.0 μl 替代物（4.11）和 4.0 μl 内标（4.9）后立即密封，振荡 10 min 使样品混匀，待测。

6.4 空白试样的制备

6.4.1 低含量空白试样

以 2g 石英砂（4.13）代替样品，按照 6.3.1 步骤制备低含量空白试样。

6.4.2 高含量空白试样

以 2g 石英砂（4.13）代替样品，按照 6.3.2 步骤制备高含量空白试样。

6.5 水分的测定

土壤样品含水率的测定按照 HJ 613 执行，沉积物样品含水率的测定按照 GB 17378.5 执行。

要点分析

[10] 若甲醇提取液中目标物浓度较高，可用甲醇适当稀释；若用高含量方法分析浓度值过低或未检出，应采用低含量方法重新分析样品。

7 分析步骤

7.1 仪器参考条件

7.1.1 顶空装置参考条件

平衡时间：30 min；平衡温度：60℃；进样时间：0.04 min；传输线温度：110℃。

7.1.2 气相色谱仪参考条件

程序升温：35℃（5 min）$\xrightarrow{5℃/min}$ 180℃ $\xrightarrow{20℃/min}$ 200℃（5min）；

进样口温度：180℃；进样方式：分流进样，分流比：20∶1；载气：氦气；

接口温度：230℃；柱流量：1.2 ml/min。

7.1.3 质谱仪参考条件

离子化方式：EI；离子源温度：200℃；传输线温度：230℃；电子加速电压：70 eV；检测方式：Full Scan 法；质量范围：35~300 u。

7.2 校准

7.2.1 仪器性能检查[11]

每天分析样品前应对气相色谱－质谱仪进行性能检查。取 4- 溴氟苯（4.12）溶液 1 μl 直接进气相色谱分析，得到的 BFB 质谱图应符合表 1 中规定的要求或参照制造商的说明。

要点分析

[11] 也可检查调谐报告，判断仪器性能是否达标。

表 1　BFB 关键离子丰度标准

质荷比（m/z）	离子丰度标准	质荷比（m/z）	离子丰度标准
50	基峰的 15%~40%	174	大于基峰的 50%
75	基峰的 30%~60%	175	174 峰的 5%~9%
95	基峰，100% 相对丰度	176	174 峰的 95%~101%
96	基峰的 5%~9%	177	176 峰的 5%~9%
173	小于 174 峰的 2%	—	—

7.2.2 校准曲线的绘制 [12]

向 5 支顶空瓶中依次加入 2 g 石英砂（4.13）、10.0 ml 基体改性剂（4.5），分别量取适量标准使用液（4.7）、替代物使用液（4.11）配制目标物和替代物含量为 20 ng、40 ng、100 ng、200 ng、400 ng 的标准系列，并分别加入 4.0 μl 内标使用液（4.9），立即密封，充分振摇 10 min 后，按照仪器参考条件（7.1）进行分析，得到不同目标物的色谱图。以目标物定量离子的响应值与内标物定量离子的响应值的比值为纵坐标，目标物含量（ng）为横坐标，绘制校准曲线。图 1 为在本标准规定的仪器条件下目标物的色谱图。

要点分析

[12] 配制标准曲线前应计算好加入的母液体积及溶剂体积，至少配制 5 个浓度点；采用微量进样针吸取母液，每次需使用溶剂洗针 5 次以上，再用少量母液多次来回润洗 5 次以上，随后再吸取母液，除去气泡，滤纸擦拭针外壁，最后快速打入进样瓶中。曲线最低点应为目标化合物检出限浓度的 2~10 倍。可以根据分析仪器的性能不同而改变校准曲线范围，但最高点浓度值不能使检测器饱和或者系统有残留，即随后分析空白样不得检出目标化合物。

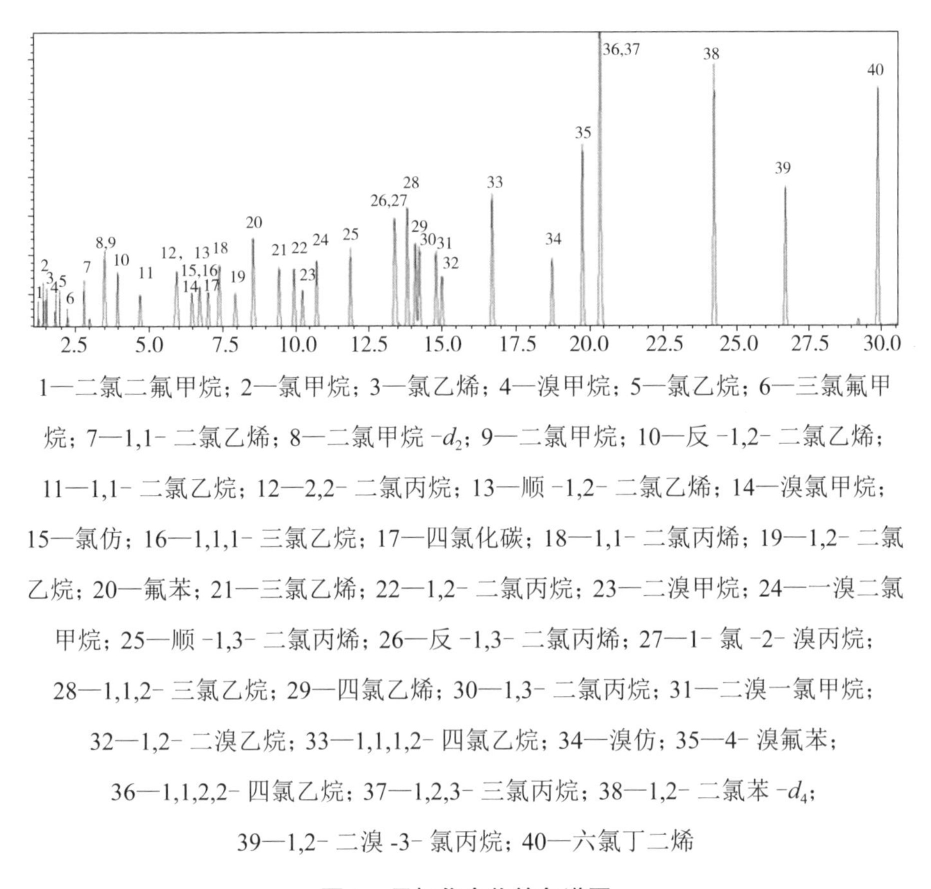

1—二氯二氟甲烷；2—氯甲烷；3—氯乙烯；4—溴甲烷；5—氯乙烷；6—三氯氟甲烷；7—1,1- 二氯乙烯；8—二氯甲烷 -d_2；9—二氯甲烷；10—反 -1,2- 二氯乙烯；11—1,1- 二氯乙烷；12—2,2- 二氯丙烷；13—顺 -1,2- 二氯乙烯；14—溴氯甲烷；15—氯仿；16—1,1,1- 三氯乙烷；17—四氯化碳；18—1,1- 二氯丙烯；19—1,2- 二氯乙烷；20—氟苯；21—三氯乙烯；22—1,2- 二氯丙烷；23—二溴甲烷；24—一溴二氯甲烷；25—顺 -1,3- 二氯丙烯；26—反 -1,3- 二氯丙烯；27—1- 氯 -2- 溴丙烷；28—1,1,2- 三氯乙烷；29—四氯乙烯；30—1,3- 二氯丙烷；31—二溴一氯甲烷；32—1,2- 二溴乙烷；33—1,1,1,2- 四氯乙烷；34—溴仿；35—4- 溴氟苯；36—1,1,2,2- 四氯乙烷；37—1,2,3- 三氯丙烷；38—1,2- 二氯苯 -d_4；39—1,2- 二溴 -3- 氯丙烷；40—六氯丁二烯

图 1　目标化合物的色谱图

7.2.2.1 用平均响应因子建立校准曲线

标准第 i 点目标物（或替代物）的相对响应因子（RRF_i）, 按式（1）进行计算。

$$\mathrm{RRF}_i = \frac{A_i}{A_{\mathrm{IS}i}} \times \frac{\rho_{\mathrm{IS}i}}{\rho_i} \tag{1}$$

式中：RRF_i——标准系列中第 i 点目标物（或替代物）的相对响应因子；

A_i——标准系列中第 i 点目标物（或替代物）定量离子的响应值；

$A_{\mathrm{IS}i}$——标准系列中第 i 点目标物（或替代物）相对应内标定量

离子的响应值；

ρ_{ISi}——标准系列中内标的含量，ng；

ρ_i——标准系列中第 i 点目标物（或替代物）的含量，ng。

目标物（或替代物）的平均响应因子，按式（2）进行计算。

$$\overline{RRF}=\frac{\sum_{i=1}^{n}RRF_i}{n} \tag{2}$$

式中，$\overline{RRF}$——目标物（或替代物）的平均相对响应因子；

RRF_i——标准系列中第 i 点目标物（或替代物）的相对响应因子；

n——标准系列点数。

RRF 的标准偏差，按照式（3）进行计算。

$$SD=\sqrt{\frac{\sum_{i=1}^{n}(RRF_i-\overline{RRF})^2}{n-1}} \tag{3}$$

RRF 的相对标准偏差，按照式（4）进行计算。

$$RSD=\frac{SD}{\overline{RRF}}\times 100\% \tag{4}$$

标准系列目标物（或替代物）相对响应因子（RRF）的相对标准偏差（RSD）应小于等于 20%。

7.2.2.2 用最小二乘法绘制校准曲线

以目标化合物和相对应内标的响应值比为纵坐标，浓度比为横坐标，用最小二乘法建立校准曲线，标准曲线的相关系数≥ 0.990。若校准曲线的相关系数小于 0.990 时，也可以采用非线性拟合曲线进行校准，但应至少采 6 个浓度点进行校准。

7.3 样品测定

将制备好的试样（6.3）按照仪器参考条件（7.1）进行测定。

7.4 空白试验

将制备好的空白试样（6.4）按照仪器参考条件（7.1）进行测定。

8 结果计算与表示

8.1 定性分析

以全扫描方式采集数据，以样品中目标化合物相对保留时间（RRT、辅助定性离子和目标离子丰度（Q）与标准溶液中的变化范围来定性。样品中目标化合物的相对保留时间与校准曲线该化合物的相对保留时间的差值应在 ±0.06 内。样品中目标化合物的辅助定性离子和定量离子峰面积比（$Q_{样品}$）与标准曲线目标化合物的辅助定性离子和定量离子峰面积比（$Q_{标准}$）相对偏差控制在 ±30% 以内。

按式（5）计算相对保留时间 RRT。

$$\mathrm{RRT}=\frac{\mathrm{RT}_x}{\mathrm{RT}_{\mathrm{IS}}} \tag{5}$$

式中：RRT——相对保留时间；

RT_x——目标物的保留时间，min；

$\mathrm{RT}_{\mathrm{IS}}$——内标物的保留时间，min。

平均相对保留时间（$\overline{\mathrm{RRT}}$）：标准系列中同一目标化合物的相对保留时间平均值。

按式（6）计算辅助定性离子和定量离子峰面积比（Q）。

$$Q=\frac{A_{\mathrm{q}}}{A_{\mathrm{t}}} \tag{6}$$

式中：A_{t}——定量离子峰面积；

A_{q}——辅助定性离子峰面积。

8.2 定量分析

根据目标物和内标定量离子的响应值进行计算。当样品中目标物的定量离子有干扰时，可以使用辅助离子定量，具体见附录 B。

8.2.1 目标物（或替代物）含量 m_1 的计算

8.2.1.1 用平均相对响应因子计算

当目标（或替代物）采用平均相对响应因子进行校准时，目标物的含量 m_1 按式（7）进行计算。

$$m_1 = \frac{A_x \times m_{IS}}{A_{IS} \times \overline{RRF}} \tag{7}$$

式中：m_1——目标物（或替代物）的含量，ng；

A_x——目标物（或替代物）定量离子的响应值；

m_{IS}——内标物的含量，ng；

A_{IS}——与目标物（或替代物）相对应定量离子的响应值；

$\overline{RRF}$——目标物（或替代物）的平均相对响应因子。

8.2.1.2 用线性或非线性校准曲线计算

当目标物采用线性或非线性校准曲线进行校准时，目标物的含量 m_1 通过相应的校准曲线计算。

8.2.2 土壤样品结果计算

低含量样品中目标物的浓度（μg/kg），按照式（8）进行计算。

$$w = \frac{m_1}{m \times W_{dm}} \tag{8}$$

式中：w——样品中目标物的浓度，μg/kg；

m_1——校准曲线上查得的目标物（或替代物）的含量，ng；

m——采样量（湿重），g；

w_{dm}——样品干物质含量，%。

高含量样品目标物的浓度（μg/kg），按照式（9）进行计算。

$$w = \frac{m_1 \times V_c \times f}{V_s \times m \times W_{dm}} \tag{9}$$

式中：w——样品中目标物的浓度，μg/kg；

m_1——校准曲线上查得的目标物（或替代物）的含量，ng；

V_c——提取液体积，ml；

m——采样量（湿重），g；

V_s——用于顶空的提取液体积，ml；

w_{dm}——样品干物质含量，%；

f——提取液的稀释倍数。

8.2.3 沉积物样品结果计算

低含量样品中目标物的浓度（μg/kg），按照式（8）进行计算。

$$w=\frac{m_1}{m\times(1-W)} \tag{10}$$

式中：w——样品中目标物的浓度，μg/kg；

m_1——校准曲线上查得的目标物（或替代物）的含量，ng；

m——采样量（湿重），g；

W——样品含水率，%。

高含量样品目标物的浓度（μg/kg），按照式（9）进行计算。

$$w=\frac{m_1\times V_c\times f}{V_s\times m\times(1-W)} \tag{11}$$

式中：w——样品中目标物的浓度，μg/kg；

m_1——校准曲线上查得的目标物（或替代物）的含量，ng；

V_c——提取液体积，ml；

m——采样量（湿重），g；

V_s——用于顶空的提取液体积，ml；

W——样品含水率，%；

f——提取液的稀释倍数。

8.3 结果表示[13]

当测定结果小于 100 μg/kg 时，保留小数点后 1 位；当测定结果大于等于 100 μg/kg 时，保留 3 位有效数字。

9 精密度和准确度

9.1 精密度

6 家实验室分别对 10 μg/kg、50 μg/kg、200 μg/kg 的样品采用顶空 / 气相色谱 - 质谱法进行了测定，实验室内相对标准偏差分别为 1.6%~12%、1.7%~15%、0.5%~9.7%，实验室间相对标准偏差为 4.0%~10%、6.3%~13%、3.9%~12%，重复性限分别为 1.5~2.4 μg/kg、5.8~10.4 μg/kg、20.9~31.7 μg/kg，再现性限分别为 2.1~3.1 μg/kg、11.4~19.5 μg/kg、32.1~64.2 μg/kg。

9.2 准确度

6 家实验室分别对土壤和沉积物的实际样品采用顶空 / 气相色谱 - 质谱法进行加标分析测定，加标浓度为 20 μg/kg，加标回收率范围分别为 77.6%~113%，76.1%~115%。

精密度和准确度结果见附录 C。

10 质量保证和质量控制

10.1 仪器性能检查

每 24h 进行仪器性能检查，BFB 的关键离子和丰度必须全部满足表 1 的要求。

要点分析

[13] 结果表示应符合标准方法要求。

10.2 校准

校准曲线至少需 5 个浓度系列，目标化合物相对响应因子的 RSD 应小于等于 20%。或者校准曲线的相关系数大于等于 0.990，否则应查找原因或重新建立校准曲线。每 12 h 分析 1 次校准曲线中间浓度点，中间浓度点测定值与校准曲线相应点浓度的相对偏差不超过 30%。

10.3 空白

每批样品应至少测定一个全程序空白样品，目标物浓度应小于方法检出限。如果目标物有检出，需查找原因。

10.4 平行样的测定

每批样品（最多 20 个）应选择一个样品进行平行分析。当测定结果为 10 倍检出限以内（包括 10 倍检出限），平行双样测定结果的相对偏差应≤ 50%，当测定结果大于 10 倍检出限，平行双样测定结果的相对偏差应≤ 20%。

10.5 回收率的测定

每批样品至少做一次加标回收率测定，样品中目标物和替代物加标回收率应在 70%~130%，否则重复分析样品。若重复测定替代物回收率仍不合格，说明样品存在基体效应。应分析一个空白加标样品。

11 废物处理

实验产生的含挥发性有机物的废物应集中保管，送具有资质单位集中处理。

12 注意事项

12.1 为了防止采样工具污染，采样工具在使用前要用甲醇、纯净水充分洗净。在采集其他样品时，要注意更换采样工具和清洗采样工具，以防止交叉污染。

12.2 在样品的保存和运输过程中，要避免沾污，样品应放在便携式冷藏箱中冷藏贮存。

12.3 分析过程中必要的器具、材料、药品等事先分析测定有无干扰目标物测定的物质。器具、材料可采用甲醇清洗，尽可能除去干扰物质。

12.4 高含量样品分析后，应分析空白样品，直至空白样品中目标物的浓度小于检出限时，才可以进行后续分析。

附 录 A
（规范性附录）
目标物的检出限和测定下限

当取样量为 5.0 g 时，测定土壤和沉积物中 35 种目标物的方法检出限和测定下限见表 A.1。

表 A.1　目标物检出限和测定下限

序号	中文名称	英文名称	检出限 /（μg/kg）	测定下限 /（μg/kg）
1	二氯二氟甲烷	Dichlorodifluoromethane	0.3	1.2
2	氯甲烷	Chloromethane	0.3	1.2
3	氯乙烯	Chloroethene	0.3	1.2
4	溴甲烷	Bromomethane	0.3	1.2
5	氯乙烷	Chlorethane	0.3	1.2
6	三氯氟甲烷	Trichlorofluoromethane	0.3	1.2
7	1,1- 二氯乙烯	1,1-Dichloroethene	0.3	1.2
8	二氯甲烷	Dichloromethane	0.3	1.2
9	反 -1,2- 二氯乙烯	*trans*-1,2-dichloroethene	0.3	1.2
10	1,1- 二氯乙烷	1,1-Dichloroethane	0.3	1.2
11	2,2- 二氯丙烷	2,2-Dichloropropane	0.3	1.2
12	顺 -1,2- 二氯乙烯	*cis*-1,2-dichloroethene	0.3	1.2
13	溴氯甲烷	Bromochloromethane	0.3	1.2
14	氯仿	Chloroform	0.3	1.2
15	1,1,1- 三氯乙烷	1,1,1-Trichloroethane	0.3	1.2
16	1,1- 二氯丙烯	1,1-Dichloropropene	0.3	1.2
17	四氯化碳	Carbontetrachloride	0.3	1.2
18	1,2- 二氯乙烷	1,2-Dichloroethane	0.3	1.2
19	三氯乙烯	Trichloroethylene	0.3	1.2
20	1,2- 二氯丙烷	1,2-Dichloropropane	0.3	1.2
21	二溴甲烷	Dibromomethane	0.3	1.2

序号	中文名称	英文名称	检出限 /（μg/kg）	测定下限 /（μg/kg）
22	一溴二氯甲烷	Bromodichloromethane	0.3	1.2
23	顺 -1,3- 二氯丙烯	*cis*-1,3-Dichloropropene	0.3	1.2
24	反 -1,3- 二氯丙烯	*trans*-1,3-Dichloropropene	0.3	1.2
25	1,1,2- 三氯乙烷	1,1,2-Trichloroethane	0.3	1.2
26	四氯乙烯	Tetrachloroethylene	0.3	1.2
27	1,3- 二氯丙烷	1,3-Dichloropropane	0.3	1.2
28	二溴一氯甲烷	Dibromochloromethane	0.3	1.2
29	1,2- 二溴乙烷	1,2-Dibromoethane	0.4	1.1
30	1,1,1,2- 四氯乙烷	1,1,1,2-Tetrachloroethane	0.3	1.2
31	溴仿	Bromoform	0.3	1.2
32	1,1,2,2- 四氯乙烷	1,1,2,2,-Tetrachloroethane	0.3	1.2
33	1,2,3- 三氯丙烷	1,2,3-Trichloropopropane	0.3	1.2
34	1,2- 二溴 -3- 氯丙烷	1,2-Dibromo-3-chloropre	0.3	1.2
35	六氯丁二烯	Hexachlorobutadiene	0.3	1.2

附 录 B
（资料性附录）
目标物的测定参考参数

表 B.1 给出了目标物的 CAS 号、定量内标、定量离子和辅助离子等测定参数。

表 B.1　目标物的定量参数

序号	目标物中文名称	目标物英文名称	CAS 号	类型	定量内标	定量离子	辅助离子
1	二氯二氟甲烷	Dichlorodifluoromethane	75-71-8	目标物	1	85	87
2	氯甲烷	Chloromethane	74-87-3	目标物	1	50	52
3	氯乙烯	Chloroethene	75-01-4	目标物	1	62	64
4	溴甲烷	Bromomethane	74-83-9	目标物	1	94	96
5	氯乙烷	Chloroethane	75-00-3	目标物	1	64	66
6	三氯氟甲烷	Trichlorofluoromethane	75-69-4	目标物	1	101	103
7	1,1- 二氯乙烯	1,1-Dichloroethene	75-35-4	目标物	1	96	61,63
8	二氯甲烷 -d_2	Dichloromethane-d_2	1665-00-5	替代物	1	51	88
9	二氯甲烷	Dichloromethane	75-09-2	目标物	1	84	49
10	反 -1,2- 二氯乙烯	*trans*-1,2-dichloroethene	156-60-5	目标物	1	96	61,98
11	1,1- 二氯乙烷	1,1-Dichloroethane	75-34-3	目标物	1	63	65,83
12	2,2- 二氯丙烷	2,2-Dichloropropane	594-20-7	目标物	1	77	97
13	顺 -1,2- 二氯乙烯	*cis*-1,2-dichloroethene	156-59-2	目标物	1	96	61,63

序号	目标物中文名称	目标物英文名称	CAS 号	类型	定量内标	定量离子	辅助离子
14	溴氯甲烷	Bromochloromethane	74-97-5	目标物	1	128	49,130
15	氯仿	Chloroform	67-66-3	目标物	1	83	85
16	1,1,1- 三氯乙烷	1,1,1-Trichloroethane	71-55-6	目标物	1	97	99,61
17	四氯化碳	Carbontetrachloride	56-23-5	目标物	1	119	117
18	1,1- 二氯丙烯	1,1-Dichloropropene	563-58-6	目标物	1	110	75,77
19	1,2- 二氯乙烷	1,2-Dichloroethane	107-06-2	目标物	1	62	98
20	氟苯	Fluorobenzene	462-06-6	内标物	—	96	—
21	三氯乙烯	Trichloroethylene	79-01-6	目标物	1	95	97,130
22	1,2- 二氯丙烷	1,2-Dichloropropane	78-87-5	目标物	1	63	112
23	二溴甲烷	Dibromomethane	74-95-3	目标物	1	93	95,174
24	一溴二氯甲烷	Bromodichloromethane	75-27-4	目标物	1	83	85,127
25	顺 -1,3- 二氯丙烯	*cis*-1,3-dichloropropene	10061-01-5	目标物	2	75	110
26	反 -1,3- 二氯丙烯	*trans*-1,3-dichloropropene	542-75-6	目标物	2	75	110
27	1- 氯 -2- 溴丙烷	2-Bromo-1-chloropropane	3017-95-6	内标物	—	77	79
28	1,1,2- 三氯乙烷	1,1,2-Trichloroethane	79-00-5	目标物	2	83	97,85
29	四氯乙烯	Tetrachloroethylene	127-18-4	目标物	2	164	129,131
30	1,3- 二氯丙烷	1,3-Dichloropropane	142-28-9	目标物	2	76	78
31	二溴一氯甲烷	Dibromochloromethane	124-48-1	目标物	2	129	127
32	1,2- 二溴乙烷	1,2-Dibromoethane	106-93-4	目标物	2	107	109,188

序号	目标物中文名称	目标物英文名称	CAS 号	类型	定量内标	定量离子	辅助离子
33	1,1,1,2- 四氯乙烷	1,1,1,2-Tetrachloroethane	630-20-6	目标物	2	131	133,119
34	溴仿	Bromoform	75-25-2	目标物	3	173	175,254
35	4- 溴氟苯	4-Bromofluorobenzene	460-00-4	内标物	—	95	174,176
36	1,1,2,2- 四氯乙烷	1,1,2,2,-Tetrachloroethane	79-34-5	目标物	3	83	131,85
37	1,2,3- 三氯丙烷	1,2,3-Trichloropropane	96-18-4	目标物	3	75	77
38	1,2- 二氯苯 -d_4	1,2-Dichlorobenzene-d_4	2199-69-1	替代物	3	150	115,78
39	1,2- 二溴 -3- 氯丙烷	1,2-Dibromo-3-chloropropane	96-12-8	目标物	3	75	155,157
40	六氯丁二烯	Hexachlorobutadiene	87-68-3	目标物	3	225	223,227

挥发性卤代烃的测定
《土壤和沉积物 挥发性卤代烃的测定 吹扫捕集/气相色谱－质谱法》（HJ 735—2015）
技术和质量控制要点

（一）概述

挥发性卤代烃的一般性质见本章“挥发性卤代烃的测定《土壤和沉积物 挥发性卤代烃的测定 吹扫捕集/气相色谱－质谱法》（HJ 735—2015）技术和质量控制要点”。

吹扫捕集技术对于沸点200℃以下疏水性的挥发性有机物有较高的富集效率；而水溶性较大的挥发性有机物，可适当延长吹扫时间或加热样品以提高吹扫效率。用吹扫捕集技术可富集绝大多数样品中的挥发性有机物，常用于富集水、泥沙及沉积物等环境样品中的痕量挥发性有机物。本方法采用吹扫捕集进样，组分进入气相色谱分离后，用质谱仪进行检测。根据保留时间、碎片离子质荷比及不同离子丰度比定性，用内标法定量。

（二）标准方法解读

警告：试验中所使用的内标、替代物和标准溶液均为易挥发的有毒化学品，配制过程中应在通风柜中进行操作；应按规定要求佩戴防护器具，避免接触皮肤和衣物。

1 适用范围

本标准规定了测定土壤和沉积物中挥发性卤代烃的吹扫捕集 / 气相色谱 - 质谱法。适用于土壤和沉积物中氯甲烷等 35 种挥发性卤代烃的测定。其他挥发性卤代烃如果通过验证也适用于本标准。

当取样量为 5 g 时，35 种挥发性卤代烃的方法检出限为 0.3~0.4 μg/kg，测定下限为 1.2~1.6 μg/kg。详见附录 A。

2 规范性引用文件

本标准内容引用了下列文件或其中的条款。凡是不注明日期的引用文件，其有效版本适用于本标准。

GB 17378.3　海洋监测规范　第 3 部分：样品采集储存与运输

GB 17378.5　海洋监测规范　第 5 部分：沉积物分析

HJ 613　土壤　干物质和水分的测定　重量法

HJ/T 166　土壤环境监测技术规范

3 方法原理

样品中的挥发性卤代烃用高纯氦气（或氮气）吹扫出来，吸附于捕集管中，将捕集管加热并用氦气（或氮气）反吹，捕集管中的挥发性卤代烃被热脱附出来，组分进入气相色谱分离后，用质谱仪进行检测。根据保留时间、碎片离子质荷比及不同离子丰度比定性，内标法定量。

4 试剂和材料

4.1 实验用水[1]：二次蒸馏水或纯水设备制备的水。

使用前需经过空白检验，确认无目标物或目标物浓度低于方法检出限。

4.2 甲醇（CH_3OH）：农残级．

使用前需通过检验，确认无目标物或目标物浓度低于方法检出限。

4.3 标准贮备液[2]：ρ=2 000 mg/L。

直接购买市售有证标准溶液。在 -10℃以下避光保存或参照制造商的产品说明。使用时应恢复至室温，并摇匀。开封后在密实瓶中可保存一个月。

4.4 标准使用液：ρ=2.5 mg/L。

取适量标准贮备液（4.3）用甲醇（4.2）进行适当稀释。在密实瓶中 -10℃以下避光保存，可保存一周。

4.5 内标贮备液：ρ=2 000 mg/L。

选用氟苯、1- 氯 -2- 溴丙烷、4- 溴氟苯作为内标。可直接购买有证标准溶液，也可用标准物质制备。在 -10℃以下避光保存或参照制造商的

要点分析

[1] 每个实验室应有实验室用水检查记录。一般实验室二氯甲烷背景值较高，注意空白试剂水应与二氯甲烷等干扰溶剂区别存放，如果有必要，在实验前可将实验用水加热至微沸保持半小时，冷却后使用。

[2] 挥发性卤代烃标准贮备液、内标贮备液、替代物贮备液、25 mg/L 的 BFB 溶液等均应 -10℃以下避光保存，开封后有效期为 1 个月。保存条件和有效期应符合要求。

产品说明。使用时应恢复至室温，并摇匀。开封后在密实瓶中可保存1个月。

4.6 内标使用液[3]：ρ=2.5 mg/L。

取适量内标贮备液（4.5）用甲醇（4.2）进行适当稀释。在密实瓶中 -10℃以下避光保存，可保存一周。

4.7 替代物贮备液：ρ=2 000 mg/L。

选用二氯甲烷 -d_2、1,2- 二氯苯 -d_4 作为替代物。可直接购买有证标准溶液，也可用标准物质制备。在 -10℃以下避光保存或参照制造商的产品说明。使用时应恢复至室温，并摇匀。开封后在密实瓶中可保存 1 个月。

4.8 替代物使用液：ρ=2.5 mg/L。

取适量替代物贮备液用甲醇（4.2）进行适当稀释。在密实瓶中 -10℃以下避光保存，可保存一周。

4.9 4- 溴氟苯（BFB）溶液：ρ=25 mg/L。

可直接购买有证标准溶液，也可用标准物质制备。在 -10℃以下避光保存或参照制造商的产品说明。使用时应恢复至室温，摇匀。开封后在密实瓶中可保存 1 个月。

要点分析

[3] 内标物一般在上机分析测定前加入，且尽量保证每个样品加入量相同，有的吹扫捕集仪自带添加内标功能，只有经过验证仪器自动添加内标性能良好，才可使用该功能，否则，手动添加。内标的选择应满足大部分化合物的保留时间在与其对应的内标的保留时间的 0.80%~1.20%。

4.10 石英砂[4]：20~50 目。

使用前需要通过检验，确认无目标物或目标物低于方法检出限。

4.11 氦气：纯度≥ 99.999%，经脱氧剂脱氧，分子筛脱水。

5 仪器和设备

5.1 采样器材：铁铲和不锈钢药勺。

5.2 采样瓶：聚四氟乙烯硅胶衬垫螺旋盖的 60 ml 的广口玻璃瓶。

5.3 样品瓶：具聚四氟乙烯衬垫螺旋盖的 40 ml 棕色玻璃瓶和无色玻璃瓶。

5.4 气相色谱－质谱联用仪：EI 电离源[5]。

5.5 色谱柱：石英毛细管柱，长 30 m，内径 0.25 mm，膜厚 1.4 μm，固定相为 6% 腈丙苯基 /94% 二甲基聚硅氧烷，也可使用其他等效毛细柱。

5.6 吹扫捕集装置：适用于土壤样品测定。捕集管使用 1/3 Tenax、1/3

要点分析

[4] 使用前应在马弗炉中 450℃下烘烤 4 h，置于干燥器中自然冷却至室温，转移至磨口玻璃瓶中密封保存，同时远离挥发性卤代烃干扰。

[5] EI 源主要由阴极（灯丝）、离子室、电子接收极、一组静电透镜组成。在高真空条件下，给灯丝加电流，使灯丝发射电子，电子从灯丝加速飞向电子接收极，在此过程中与离子室中的样品分子发生碰撞，使样品分子离子化或碎裂成碎片离子。为了使产生的离子流稳定，电子束的能量一般设为 70 eV，这样可以得到稳定的标准质谱图。利用电子电离源可以得到样品的分子量信息和结构信息，但不适于分析易分解、难挥发的化合物。

硅胶、1/3 活性炭混合吸附剂或其他等效吸附剂[6]。

5.7 微量注射器：10 μl、25 μl、100 μl、250 μl、500 μl 和 1 000 μl。

5.8 天平：精度为 0.01 g。

5.9 往复式振荡器：振荡频率 150 次 /min，可固定吹扫瓶。

5.10 棕色密实瓶：2 ml，具聚四氟乙烯衬垫。

5.11 pH 计：精度为 ±0.05。

5.12 便携式冷藏箱：容积 20 L，温度 4℃以下。

5.13 一次性巴斯德玻璃吸液管。

5.14 一般实验室常用仪器和设备。

6 样品

6.1 样品的采集

按照 HJ/T 166 和 GB 17378.3 的相关要求采集土壤样品和沉积物样品。可在采样现场使用便携式 VOC 测定仪对样品进行浓度高低的初筛。低浓度样品均应至少采集 3 份平行样品。采样前在样品瓶（5.3）中放置磁力搅拌子，密封，称重（精确至 0.01 g），采集约 5 g 样品至样品瓶中，快速清除掉样品瓶螺纹及外表面黏附的样品，立即密封样品瓶。另外，采集一份样品

要点分析

[6] 活性炭主要用于吸附挥发性碳氟化合物。Tenax 是一类有机合成吸附剂，热稳定性好，特别适合于非极性和中等极性的微量挥发性物质的吸附，是吹扫捕集最常用的吸附剂之一。硅胶主要用于吸附沸点低于 35℃的化合物以及低级脂肪醇、脂肪族羧酸等极性化合物并且能够在吹扫阶段保留住水分。若能满足质量保证要求，也可使用其他类型吸附剂。

于采样瓶（5.2）中用于高含量样品和含水率的测定。样品采集后置于便携式冷藏箱（5.12）内带回实验室。

注 1：现场初步筛选挥发性卤代烃含量测定结果大于 200 μg/kg 时，视该样品为高含量样品。

6.2 样品的保存 [7]

样品到达实验室后，应尽快分析。若不能及时分析，应将样品低于 4℃下保存，保存期为 14 d。样品存放区域应无有机物干扰。

6.3 试样的制备

6.3.1 低含量试样的制备

取出样品瓶（5.3），待恢复至室温后称重（精确至 0.01 g）。加入 5.0 ml 实验用水（4.1）、10 μl 替代物（4.8）和 10 μl 内标物（4.6）待测。

6.3.2 高含量试样的制备 [8]

实验室内取出采样瓶（5.2），待恢复至室温后，称取 5 g 样品置于样品瓶（5.3）中，迅速加入 10.0 ml 甲醇（4.2），密封，在往复式振荡器

要点分析

[7] 对于测定 VOC 的土壤样品不加保存试剂，因为含有碳酸盐的样品（可能是天然的，也可能是改质的）会与样品瓶中的酸性保存溶液反应产生气泡，导致挥发性物质的损失。

[8] 新鲜土壤样品及提取液保存期只有 14 d，应当在有效期内完成分析。若甲醇提取液中目标化合物浓度较高，可通过加入甲醇进行适当稀释；若用高含量方法分析浓度值过低或未检出，应采用低含量方法重新分析样品。

（5.9）上以150次/min的频率振荡10 min。静置沉降后，用一次性巴斯德玻璃吸液管（5.13）移取约1.0 ml提取液到2 ml棕色密实瓶（5.10）中，必要时，提取液可进行离心分离。该提取液可置于冷藏箱内4℃下保存，保存期为14 d。

在分析前将提取液恢复至室温后，向样品瓶（5.3）中加入5 g石英砂（4.10）、5.0 ml实验用水（4.1）、10~100 μl甲醇提取液、10 μl替代物（4.8）和10 μl内标物（4.6），立即密封，待测。

6.4 空白试样的制备

6.4.1 固体废物低含量空白试样

以5 g石英砂（4.10）代替样品，按照6.3.1步骤制备低含量空白试样。

6.4.2 固体废物高含量空白试样

以5 g石英砂（4.10）代替样品，按照6.3.2步骤制备高含量空白试样。

6.5 水分的测定

土壤样品含水率的测定按照HJ 613执行，沉积物样品含水率的测定按照GB 17378.5执行。

7 分析步骤

7.1 仪器参考条件

7.1.1 吹扫捕集装置参考条件

吹扫流量[9]：40 ml/min；吹扫温度[10]：40℃；吹扫时间[11]：11 min；干吹时间：2 min；脱附温度[12]：180℃；脱附时间：3 min；

要点分析

[9] 吹扫气流速取决于样品中待测物的浓度、挥发性、与样品基质的相互作用（如溶解度）以及其在捕集管中的吸附作用大小。吹扫流速太大会影响样品的捕集，造成样品组分的损失。吹扫流速太小会延长样品的分析时间。

[10] 吹扫温度越高对分子量较小的 VHCs 回收率影响越大。吹扫温度在 40℃以下时，每种 VHCs 回收率均较大；高于 40℃时，分子量较小的 VHCs 回收率随温度的升高有明显下降，而分子量较大的 VHCs 受温度影响较小。吹扫温度为 40℃时，回收率普遍最高。

[11] 吹扫时间越长对分子量大的 VHCs 回收率影响越大。吹扫时间在 11~13min，每种 VHCs 回收率波动较小，VHCs 回收率普遍较高。

[12] 较高的热脱附温度能够更好地将挥发性有机物送入气相色谱柱，得到窄的色谱峰，因此一般都选择较高的热脱附温度。但热脱附温度过高会造成吸附剂分解，减低吸附剂寿命。对于不同吸附剂的捕集管，其热脱附温度可参照制造商推荐的值进行设定。在热脱附温度确定后，热脱附时间越短越好，从而得到好的对称的色谱峰。在一定范围内，热脱附时间越长脱附越完全，并趋于稳定。但热脱附时间过长会缩短吸附剂寿命。

烘烤温度：200℃；烘烤时间：10 min；传输线温度：110℃。

7.1.2 气相色谱仪参考条件

程序升温：35℃(5min)、5℃/min 180℃、20℃/min、200℃(5min)；

进样口温度：180℃；进样方式：分流进样；分流比：20∶1；载气：氦气；

接口温度：230℃；柱流量：1.2 ml/min。

7.1.3 质谱仪参考条件

离子化方式：EI；离子源温度：200℃；传输线温度：230℃；电子加速电压：70 eV；全扫描质量范围：35~300 u。定量方式：选择离子（SIM）法，定量离子详见附录B。

7.2 校准

7.2.1 仪器性能检查[13]

每天分析样品前应对气相色谱-质谱仪进行性能检查。取4-溴氟苯（4.9）溶液1 μl直接进气相色谱分析。得到的4-溴氟苯关键离子丰度应满足表1中的规定，否则需对质谱仪和一些 参数进行调整或清洗离子源。

要点分析

[13] 检查调谐报告，判断仪器性能是否达标。

表1 BFB关键离子丰度标准

质荷比（*m/z*）	离子丰度标准	质荷比（*m/z*）	离子丰度标准
50	基峰的 15%~40%	174	大于基峰的 50%
75	基峰的 30%~60%	175	174 峰的 5%~9%
95	基峰，100% 相对丰度	176	174 峰的 95%~101%
96	基峰的 5%~9%	177	176 峰的 5%~9%
173	小于 174 峰的 2%	—	—

7.2.2 校准曲线的绘制[14]

用微量注射器分别移取一定量的标准使用液（4.4）和替代物使用液（4.8）至盛有 5 g 石英砂（4.10）、5.0ml 实验用水（4.1）的样品瓶（5.3）中，配制目标物和替代物含量分别为 5 ng、10 ng、25 ng、50 ng、100 ng 的标准系列，并分别加 10 μl 内标使用液（4.6），立即密封。按照仪器参条件（7.1）依次进样分析，以目标物定量离的响应值与内标物定量离子的响应值的比值为纵坐标，以目标物含量与内标物含量的比值为横坐标，绘制校准曲线。图 1 为在本标准规定的仪器条件下目标物的色谱图。

要点分析

[14] 配制标准曲线前应计算好加入的母液体积及溶剂体积，至少配制 5 个浓度点；采用微量进样针吸取母液，每次需使用溶剂洗针 5 次以上，再用少量母液多次来回润洗 5 次以上，随后再吸取母液，除去气泡，滤纸擦拭针外壁，最后快速打入进样瓶中。曲线最低点应为目标化合物检出限浓度的 2~10 倍。可以根据分析仪器的性能不同而改变校准曲线范围，但最高点浓度值不能使检测器饱和或者系统有残留，即随后分析空白样不得检出目标化合物。

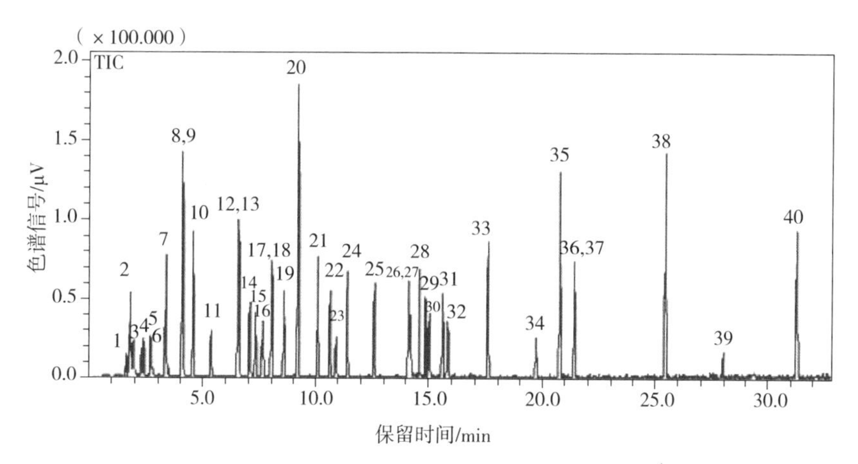

1—二氯二氟甲烷；2—氯甲烷；3—氯乙烯；4—溴甲烷；5—氯乙烷；6—三氯氟甲烷；7—1,1- 二氯乙烯；8—二氯甲烷 -d_2；9—二氯甲烷；10—反 -1,2- 二氯乙烯；11—1,1- 二氯乙烷；12—2,2- 二氯丙烷；13—顺—1,2- 二氯乙烯；14—溴氯甲烷；15—氯仿；16—1,1,1- 三氯乙烷；17—四氯化碳；18—1,1- 二氯丙烯；19—1,2- 二氯乙烷；20—氟苯；21—三氯乙烯；22—1,2- 二氯丙烷；23—二溴甲烷；24—一溴二氯甲烷；25—顺 -1,3- 二氯丙烯；26—反 -1,3- 二氯丙烯；27—1- 氯 -2- 溴丙烷；28—1,1,2- 三氯乙烷；29—四氯乙烯；30—1,3- 二氯丙烷；31—二溴一氯甲烷；32—1,2- 二溴乙烷；33—1,1,1,2- 四氯乙烷；34—溴仿；35—4- 溴氟苯；36—1,1,2,2- 四氯乙烷；37—1,2,3- 三氯丙烷；38—1,2- 二氯苯 -d_4；39—1,2- 二溴 -3- 氯丙烷；40—六氯丁二烯

图 1　目标化合物的色谱图

7.2.2.1 用平均响应因子建立校准曲线

标准第 i 点目标物（或替代物）的相对响应因子（RRF_i），按式（1）进行计算。

$$RRF_i=\frac{A_i}{A_{ISi}}\times\frac{\rho_{ISi}}{\rho_i} \tag{1}$$

式中：RRF_i——标准系列中第 i 点目标物（或替代物）的相对响应因子；

A_i——标准系列中第 i 点目标物（或替代物）定量离子的响应值；

A_{ISi}——标准系列中第 i 点目标物（或替代物）相对应内标定量离子的响应值；

ρ_{ISi}——标准系列中内标的含量，ng；

ρ_i——标准系列中第 i 点目标物（或替代物）的含量，ng。

目标物（或替代物）的平均响应因子，按式（2）进行计算。

$$\overline{\mathrm{RRF}} = \frac{\sum_{i=1}^{n} \mathrm{RRF}_i}{n} \tag{2}$$

式中：$\overline{\mathrm{RRF}}$——目标物（或替代物）的平均相对响应因子；

RRF_i——标准系列中第 i 点目标物（或替代物）的相对响应因子；

n——标准系列点数。

RRF 的标准偏差，按照式（3）进行计算。

$$\mathrm{SD} = \sqrt{\frac{\sum_{i=1}^{n} (\mathrm{RRF}_i - \overline{\mathrm{RRF}})^2}{n-1}} \tag{3}$$

RRF 的相对标准偏差，按照式（4）进行计算。

$$\mathrm{RSD} = \frac{\mathrm{SD}}{\overline{\mathrm{RRF}}} \times 100\% \tag{4}$$

标准系列目标物（或替代物）相对响应因子（RRF）的相对标准偏差（RSD）应小于等于 20%。

7.2.2.2 用最小二乘法绘制校准曲线

以目标化合物和相对应内标的响应值比为纵坐标，浓度比为横坐标，用最小二乘法建立校准曲线，标准曲线的相关系数≥ 0.990。若校准曲线的相关系数小于 0.990 时，也可以采用非线性拟合曲线 [15] 进行校准，但应至少采 6 个浓度点进行校准。

7.3 样品测定

将制备好的试样（6.3）按照仪器参考条件（7.1）进行测定。

7.4 空白试验

将制备好的空白试样（6.4）按照仪器参考条件（7.1）进行测定。

8 结果计算与表示

8.1 定性分析

以全扫描方式采集数据，以样品中目标化合物相对保留时间（RRT、辅助定性离子和目标离子丰度（Q）与标准溶液中的变化范围来定性。样品中目标化合物的相对保留时间与校准曲线该化合物的相对保留时间的差值应在 ±0.06 内。样品中目标化合物的辅助定性离子和定量离子峰面积比（$Q_{样品}$）与标准曲线目标化合物的辅助定性离子和定量离子峰面积比（$Q_{标准}$）相对偏差控制在 ±30% 以内。

$$\mathrm{RRT}=\frac{\mathrm{RT}_x}{\mathrm{RT}_{\mathrm{IS}}} \tag{5}$$

按式（5）计算相对保留时间 RRT。

要点分析

[15] 特别注意，采用非线性拟合曲线时，标准系列应至少包含 6 个浓度点。

式中：RRT——相对保留时间；

RTx——目标物的保留时间，min；

RT_{IS}——内标物的保留时间，min。

平均相对保留时间（$\overline{RRF}$）：标准系列中同一目标化合物的相对保留时间平均值。

按式（6）计算辅助定性离子和定量离子峰面积比（Q）。

$$Q = \frac{A_q}{A_t} \tag{6}$$

式中：A_t——定量离子峰面积；

A_q——辅助定性离子峰面积。

8.2 定量分析

根据目标物和内标定量离子的响应值进行计算。当样品中目标物的定量离子有干扰时，可以使用辅助离子定量，具体见附录 B。

8.2.1 目标物（或替代物）含量 m_1 的计算

8.2.1.1 用平均相对响应因子计算

当目标（或替代物）采用平均相对响应因子进行校准时，目标物的含量 m_1 按式（7）进行计算。

$$m_1 = \frac{A_x \times m_{IS}}{A_{IS} \times \overline{RRF}} \tag{7}$$

式中：m_1——目标物（或替代物）的含量，ng；

A_x——目标物（或替代物）定量离子的响应值；

m_{IS}——内标物的含量，ng；

A_{IS}——与目标物（或替代物）相对应定量离子的响应值；

$\overline{RRF}$——目标物（或替代物）的平均相对响应因子。

8.2.1.2 用线性或非线性校准曲线计算

当目标物采用线性或非线性校准曲线进行校准时，目标物的含量 m_1

通过相应的校准曲线计算。

8.2.2 土壤样品结果计算

低含量样品中目标物的浓度（μg/kg），按照式（8）进行计算。

$$\omega=\frac{m_1}{m\times W_{\mathrm{dm}}} \tag{8}$$

式中：ω——样品中目标物的浓度，μg/kg；

m_1——校准曲线上查得的目标物（或替代物）的含量，ng；

m——采样量（湿重），g；

W_{dm}——样品干物质含量，%。

高含量样品目标物的浓度（μg/kg），按照式（9）进行计算。

$$\omega=\frac{m_1\times V_c\times f}{V_s\times m\times W_{\mathrm{dm}}} \tag{9}$$

式中：ω——样品中目标物的浓度，μg/kg；

m_1——校准曲线上查得的目标物（或替代物）的含量，ng；

V_c——提取液体积，ml；

m——采样量（湿重），g；

V_s——用于吹扫的提取液体积 , ml；

W_{dm}——样品干物质含量，%；

f——提取液的稀释倍数。

8.2.3 沉积物样品结果计算

低含量样品中目标物的浓度（μg/kg），按照式（8）进行计算。

$$\omega=\frac{m_1}{m\times(1-w)} \tag{10}$$

式中：ω——样品中目标物的浓度，μg/kg；

m_1——校准曲线上查得的目标物（或替代物）的含量，ng；

m——采样量（湿重），g；

w——样品含水率，%。

高含量样品目标物的浓度（μg/kg），按照式（9）进行计算。

$$\omega=\frac{m_1\times V_c\times f}{V_s\times m\times(1-w)} \tag{11}$$

式中：ω——样品中目标物的浓度，μg/kg；

m_1——校准曲线上查得的目标物（或替代物）的含量，ng；

V_c——提取液体积，ml；

m——采样量（湿重），g；

V_s——用于吹扫的提取液体积，ml；

w——样品含水率，%；

f——提取液的稀释倍数。

8.3 结果表示

当测定结果小于 100 μg/kg 时，保留小数点后 1 位；当测定结果大于等于 100 μg/kg 时，保留 3 位有效数字。

9 精密度和准确度

9.1 精密度

6 家实验室分别对 0.4 μg/kg、2.0 μg/kg、10.0 μg/kg 的样品采用吹扫捕集 / 气相色谱 - 质谱法进行了测定，实验室内相对标准偏差分别为 5.2%~16%、1.1%~14%、0.9%~14%，实验室间相对标准偏差为 4.5%~14%、1.8%~12%、4.3%~11%，重复性限分别为 0.1~0.2 μg/kg、0.4~0.6 μg/kg、0.9~2.0 μg/kg，再现性限分别为 0.1~0.2 μg/kg、0.5~0.8 μg/kg、1.6~3.2 μg/kg。

9.2 准确度

6 家实验室分别对土壤和沉积物实际样品采用吹扫捕集 / 气相色谱 - 质谱法进行加标分析测定，加标浓度为 1.0 μg/kg 时，加标回收率范围分别为 82.0%~117%、79.0%~110%。

精密度和准确度结果见附录 C。

10 质量保证和质量控制

10.1 仪器性能检查

每 24h 需进行仪器性能检查，得到的 BFB 的关键离子和丰度必须全部满足表 1 的要求。

10.2 校准[16]

校准曲线至少需 5 个浓度系列，目标化合物相对响应因子的 RSD 应小于等于 20%。或者校准曲线的相关系数大于等于 0.990，否则应查找原因或重新建立校准曲线。每 12h 分析 1 次校准曲线中间浓度点，中间浓度点测定值与校准曲线相应点浓度的相对偏差不超过 30%。

10.3 空白

每批样品应至少测定一个全程序空白样品，目标物浓度应小于方法检出限。如果目标物有检出，需查找原因。

10.4 平行样的测定

每批样品（最多 20 个）应选择一个样品进行平行分析。当测定结果为 10 倍检出限以内（包括 10 倍检出限），平行双样测定结果的相对偏差应≤ 50%，当测定结果大于 10 倍检出限，平行双样测定结果的相对偏差应≤ 20%。

要点分析

[16] 应严格按要求做校准曲线中间浓度点校正，中间浓度点测定值与校准曲线相应点浓度的相对偏差不超过 30%，以确保结果准确性与稳定性。

10.5 回收率的测定

每批样品至少做一次加标回收率测定，样品中目标物和替代物加标回收率应在 70%~130%，否则重复分析样品。若重复测定替代物回收率仍不合格，说明样品存在基体效应。应分析一个空白加标样品。

11 废物处理

实验产生的含挥发性有机物的废物应集中保管，送具有资质单位集中处理。

12 注意事项

12.1 为了防止采样工具污染，采样工具在使用前要用甲醇、纯净水充分洗净。在采集其他样品时，要注意更换采样工具和清洗采样工具，以防止交叉污染。

12.2 在样品的保存和运输过程中，要避免沾污，样品应放在便携式冷藏箱中冷藏贮存。

12.3 分析过程中必要的器具、材料、药品等事先分析测定有无干扰目标物测定的物质。器具、材料可采用甲醇清洗，尽可能除去干扰物质。

12.4 高含量样品分析后，应分析空白样品，直至空白样品中目标物的浓度小于检出限时，才可以进行后续分析。

附 录 A
（规范性附录）
目标物的检出限和测定下限

当取样量为 5.0 g 时，测定土壤和沉积物中 35 种目标物的方法检出限和测定下限见表 A.1。

表 A.1　目标物检出限和测定下限

序号	目标物中文名称	目标物英文名称	检出限 /（μg/kg）	测定下限 /（μg/kg）
1	二氯二氟甲烷	Dichlorodifluoromethane	0.3	1.2
2	氯甲烷	Chloromethane	0.3	1.2
3	氯乙烯	Chloroethene	0.3	1.2
4	溴甲烷	Bromomethane	0.3	1.2
5	氯乙烷	Chlorethane	0.3	1.2
6	三氯氟甲烷	Trichlorofluoromethane	0.3	1.2
7	1,1- 二氯乙烯	1,1-Dichloroethene	0.3	1.2
8	二氯甲烷	Dichloromethane	0.3	1.2
9	反 -1,2- 二氯乙烯	*trans*-1,2-dichloroethene	0.3	1.2
10	1,1- 二氯乙烷	1,1-Dichloroethane	0.3	1.2
11	2,2- 二氯丙烷	2,2-Dichloropropane	0.3	1.2
12	顺 -1,2- 二氯乙烯	*cis*-1,2-dichloroethene	0.3	1.2
13	溴氯甲烷	Bromochloromethane	0.3	1.2
14	氯仿	Chloroform	0.3	1.2
15	1,1,1- 三氯乙烷	1,1,1-Trichloroethane	0.3	1.2
16	1,1- 二氯丙烯	1,1-Dichloropropene	0.3	1.2
17	四氯化碳	Carbontetrachloride	0.3	1.2
18	1,2- 二氯乙烷	1,2-Dichloroethane	0.3	1.2

序号	目标物中文名称	目标物英文名称	检出限 /（μg/kg）	测定下限 /（μg/kg）
19	三氯乙烯	Trichloroethylene	0.3	1.2
20	1,2- 二氯丙烷	1,2-Dichloropropane	0.3	1.2
21	二溴甲烷	Dibromomethane	0.3	1.2
22	一溴二氯甲烷	Bromodichloromethane	0.3	1.2
23	顺 -1,3- 二氯丙烯	*cis*-1,3-Dichloropropene	0.3	1.2
24	反 -1,3- 二氯丙烯	*trans*-1,3-Dichloropropene	0.3	1.2
25	1,1,2- 三氯乙烷	1,1,2-Trichloroethane	0.3	1.2
26	四氯乙烯	Tetrachloroethylene	0.3	1.2
27	1,3- 二氯丙烷	1,3-Dichloropropane	0.3	1.2
28	二溴一氯甲烷	Dibromochloromethane	0.3	1.2
29	1,2- 二溴乙烷	1,2-Dibromoethane	0.4	1.1
30	1,1,1,2- 四氯乙烷	1,1,1,2-Tetrachloroethane	0.3	1.2
31	溴仿	Bromoform	0.3	1.2
32	1,1,2,2- 四氯乙烷	1,1,2,2,-Tetrachloroethane	0.3	1.2
33	1,2,3- 三氯丙烷	1,2,3-Trichloropopropane	0.3	1.2
34	1,2- 二溴 -3- 氯丙烷	1,2-Dibromo-3-chloropre	0.3	1.2
35	六氯丁二烯	Hexachlorobutadiene	0.3	1.2

附 录 B
（资料性附录）
目标物的测定参考参数

表 B.1 给出了目标物的 CAS 号、定量内标、定量离子和辅助离子等测定参数。

表 B.1　目标物的定量参数

序号	目标物中文名称	目标物英文名称	CAS 号	类型	定量内标	定量离子	辅助离子
1	二氯二氟甲烷	Dichlorodifluoromethane	75-71-8	目标物	1	85	87
2	氯甲烷	Chloromethane	74-87-3	目标物	1	50	52
3	氯乙烯	Chloroethene	75-01-4	目标物	1	62	64
4	溴甲烷	Bromomethane	74-83-9	目标物	1	94	96
5	氯乙烷	Chloroethane	75-00-3	目标物	1	64	66
6	三氯氟甲烷	Trichlorofluoromethane	75-69-4	目标物	1	101	103
7	1,1- 二氯乙烯	1,1-Dichloroethene	75-35-4	目标物	1	96	61,63
8	二氯甲烷 -d_2	Dichloromethane-d_2	1665-00-5	替代物	1	51	88
9	二氯甲烷	Dichloromethane	75-09-2	目标物	1	84	49
10	反 -1,2- 二氯乙烯	*trans*-1,2-dichloroethene	156-60-5	目标物	1	96	61,98
11	1,1- 二氯乙烷	1,1-Dichloroethane	75-34-3	目标物	1	63	65,83
12	2,2- 二氯丙烷	2,2-Dichloropropane	594-20-7	目标物	1	77	97
13	顺 -1,2- 二氯乙烯	*cis*-1,2-dichloroethene	156-59-2	目标物	1	96	61,63
14	溴氯甲烷	Bromochloromethane	74-97-5	目标物	1	128	49,130

序号	目标物中文名称	目标物英文名称	CAS 号	类型	定量内标	定量离子	辅助离子
15	氯仿	Chloroform	67-66-3	目标物	1	83	85
16	1,1,1- 三氯乙烷	1,1,1-Trichloroethane	71-55-6	目标物	1	97	99,61
17	四氯化碳	Carbontetrachloride	56-23-5	目标物	1	119	117
18	1,1- 二氯丙烯	1,1-Dichloropropene	563-58-6	目标物	1	110	75,77
19	1,2- 二氯乙烷	1,2-Dichloroethane	107-06-2	目标物	1	62	98
20	氟苯	Fluorobenzene	462-06-6	内标物	—	96	—
21	三氯乙烯	Trichloroethylene	79-01-6	目标物	1	95	97,130
22	1,2- 二氯丙烷	1,2-Dichloropropane	78-87-5	目标物	1	63	112
23	二溴甲烷	Dibromomethane	74-95-3	目标物	1	93	95,174
24	一溴二氯甲烷	Bromodichloromethane	75-27-4	目标物	1	83	85,127
25	顺 -1,3- 二氯丙烯	*cis*-1,3-dichloropropene	10061-01-5	目标物	2	75	110
26	反 -1,3- 二氯丙烯	*trans*-1,3-dichloropropene	542-75-6	目标物	2	75	110
27	1- 氯 -2- 溴丙烷	2-Bromo-1-chloropropane	3017-95-6	内标物	—	77	79
28	1,1,2- 三氯乙烷	1,1,2-Trichloroethane	79-00-5	目标物	2	83	97,85
29	四氯乙烯	Tetrachloroethylene	127-18-4	目标物	2	64	129,131
30	1,3- 二氯丙烷	1,3-Dichloropropane	142-28-9	目标物	2	76	78
31	二溴一氯甲烷	Dibromochloromethane	124-48-1	目标物	2	129	127
32	1,2- 二溴乙烷	1,2-Dibromoethane	106-93-4	目标物	2	107	109,188

序号	目标物中文名称	目标物英文名称	CAS 号	类型	定量内标	定量离子	辅助离子
33	1,1,1,2- 四氯乙烷	1,1,1,2-Tetrachloroethane	630-20-6	目标物	2	131	133,119
34	溴仿	Bromoform	75-25-2	目标物	3	173	175,254
35	4- 溴氟苯	4-Bromofluorobenzene	460-00-4	内标物	—	95	174,176
36	1,1,2,2- 四氯乙烷	1,1,2,2,-Tetrachloroethane	79-34-5	目标物	3	83	131,85
37	1,2,3- 三氯丙烷	1,2,3-Trichloropropane	96-18-4	目标物	3	75	77
38	1,2- 二氯苯 -d_4	1,2-Dichlorobenzene-d_4	2199-69-1	替代物	3	150	115,78
39	1,2- 二溴 -3- 氯丙烷	1,2-Dibromo-3-chloropropane	96-12-8	目标物	3	75	155,157
40	六氯丁二烯	Hexachlorobutadiene	87-68-3	目标物	3	225	223,227

挥发性有机物的测定《土壤和沉积物 挥发性有机物的测定 顶空/气相色谱-质谱法》（HJ 642—2013）技术和质量控制技术要点

一、概述

见本篇第一章“挥发性有机物的测定《土壤和沉积物 挥发性有机物的测定 顶空/气相色谱法》（HJ 741—2015）技术和质量控制要点”。

二、标准方法解读

警告：试验中所使用的内标、替代物和标准溶液为易挥发的有害化合物，其溶液配置过程应在通风柜中进行操作；应按规定要求佩戴防护器具，避免接触皮肤和衣服。

1 适用范围

本标准规定了测定土壤和沉积物中挥发性有机物的顶空/气相色谱-质谱法。

本标准适用于土壤和沉积物中36种挥发性有机物的测定。若通过验证，本标准也可适用于其他挥发性有机物的测定。

当样品量为2 g时，36种目标物的方法检出限为0.8~4 μg/kg，测定下限为3.2~14 μg/kg。详见附录A。

2 规范性引用文件

本标准内容引用了下列文件或其中的条款。凡是不注明日期的引用文件，其有效版本适用于本标准。

GB 17378.3　海洋监测规范　第3部分：样品采集储存与运输

GB 17378.5　海洋监测规范　第5部分：沉积物分析

HJ 613　土壤　干物质和水分的测定　重量法

HJ/T 166　土壤环境监测技术规范

3 术语和定义

下列术语和定义适用于本标准。

3.1 内标 internal standards

指样品中不含有，但其物理化学性质与待测目标物相似的物质。一般在样品分析之前加入，用于目标物的定量。

3.2 替代物 surrogate standards

指样品中不含有，但其物理化学性质与待测目标物相似的物质。一般在样品提取或其他前处理之前加入，通过回收率可以评价样品基体、样品处理过程对分析结果的影响。

3.3 基体加标 matrix spike

指在样品中添加了已知量的待测目标物，用于评价目标物的回收率和样品的基体效应。

3.4 校准确认标准样品 calibration verification standards

指浓度在校准曲线中间点附近的标准溶液，用于确认校准曲线的有效性。

3.5 运输空白 trip blank

采样前在实验室将10 ml基体改性剂和2.0 g石英砂放入顶空瓶中密封，将其带到采样现场。采样时不开封，之后随样品运回实验室，按与样品相同的分析步骤进行实验，用于检查样品运输过程中是否受到污染。

3.6 全程序空白 whole program blank

采样前在实验室将 10 ml 基体改性剂和 2.0 g 石英砂放入顶空瓶中密封，将其带到采样现场。与采样的样品瓶同时开盖和密封，之后随样品运回实验室，按与样品相同的分析步骤进行实验，用于检查从样品采集到分析全过程是否受到污染。

4 方法原理

在一定的温度条件下，顶空瓶内样品中挥发性组分向液上空间挥发，产生蒸气压，在气、液、固三相达到热力学动态平衡。气相中的挥发性有机物进入气相色谱分离后，用质谱仪进行检测。通过与标准物质保留时间和质谱图相比较进行定性，内标法定量。

5 试剂和材料

5.1 实验用水[1]：二次蒸馏水或通过纯水设备制备的水。使用前需经过空白检验，确认在目标物的保留时间区间内没有干扰色谱峰出现或其中的目标物浓度低于方法的检出限。

5.2 甲醇（CH_3OH）：色谱纯级，使用前需通过检验，确认无目标化合物或目标化合物浓度低于方法检出限。

要点分析

[1] 实验用水对分析测试结果影响较大，同批样品（包括室内空白、样品、标准曲线等）所用的水必须是同一批实验用水，且保证该批实验用水无目标化合物或目标化合物浓度低于方法检出限。

5.3 氯化钠[2]（NaCl）：优级纯。

在马弗炉400℃灼烧4 h，置于干燥器中冷却至室温，转移至磨口玻璃瓶中保存。

5.4 磷酸（H_3PO_4）：优级纯。

5.5 基体改性剂[3]：量取500 ml实验用水（5.1），滴加几滴磷酸（5.4）调节pH≤2，加入180 g氯化钠（5.3），溶解并混匀。于4℃下保存，可保存6个月。

5.6 标准贮备液：ρ=1 000~5 000 mg/L。

可直接购买有证标准溶液，也可用标准物质配制。

要点分析

[2] 氯化钠经马弗炉烘烤处理后，自然冷却至室温，并转移至磨口玻璃瓶中置于干燥器中密封保存，同时远离挥发性有机物干扰。

[3] 基体改性剂的配制：先用磷酸调节实验用水的酸碱度，使pH≤2，再缓慢往500 ml水中加入180 g氯化钠，并不断地用玻璃棒搅拌使氯化钠溶解并混匀，避免氯化钠结块。

5.7 标准使用液[4]：ρ=10~100 mg/L。

易挥发的目标物如二氯甲烷、反-1,2-氯乙烯、1,2-氯乙烷、顺-1,2-氯乙烯和氯乙烯等标准中间使用液需单独配制，保存期通常为一周，其他目标物的标准使用液保存于密实瓶中保存期为一个月，或参照制造商说明配制。

5.8 内标标准溶液：ρ=250 mg/L。

选用氟苯、氯苯-d_5和1,4-二氯苯-d_4作为内标。可直接购买有证标准溶液。

5.9 替代物标准溶液：ρ= 250 mg/L。

选用甲苯-d_8和4-溴氟苯作为替代物。可直接购买有证标准溶液。

5.10 4-溴氟苯（BFB）溶液：ρ=25 mg/L。

可直接购买有证标准溶液，也可用高浓度标准溶液配制。

要点分析

[4] 36种挥发性有机物、内标物（氟苯、氯苯-d_5和1,4-二氯苯-d_4）和替代物（甲苯-d_8和4-溴氟苯）均属于易挥发性物质，在配制和稀释过程应注意以下几点：①标准溶液配制所使用的标准物质应在有效期范围内，配制过程做好记录。②使用前先恢复标准物质至室温，轻轻晃动摇匀（不要过于激烈）。③配制、稀释过程速度要快。④标准溶液打开使用后应立即密封保存，以免造成目标化合物及溶剂挥发。（5.8~5.10同）。二氯甲烷物质易受实验室内环境影响，因此，分析过程要与经常或正在使用二氯甲烷试剂的实验间分开和隔开。⑤该方法所用的气相色谱质谱联用仪应单独使用，不应在此仪器上再进行半挥发性有机物的分析。⑥在配制和稀释过程中，应注意移液枪取液时的体积是否准确，最好使用微量注射器。

5.11　石英砂：20~50 目。使用前需通过检验，确认无目标化合物或目标化合物浓度低于方法检出限。

5.12　载气：高纯氦气，≥ 99.999%，经脱氧剂脱氧，分子筛脱水[5]。

注 1：以上所有标准溶液均以甲醇为溶剂，配制或开封后的标准溶液应置于密实瓶中，4℃以下避光保存，保存期一般为 30 d。使用前应恢复至室温、混匀。

6 仪器和设备

6.1　气相色谱仪：具有毛细管分流 / 不分流进样口，可程序升温。

6.2　质谱仪：具 70 eV 的电子轰击（EI）电离源，具 NIST 质谱图库、手动 / 自动调谐、数据采集、定量分析及谱库检索等功能。

6.3　毛细管柱：60 m×0.25 mm；膜厚 1.4 μm（6% 腈丙苯基、94% 二甲基聚硅氧烷固定液），也可使用其他等效毛细柱。

6.4　顶空进样器：带顶空瓶、密封垫（聚四氟乙烯 / 硅氧烷或聚四氟乙烯 / 丁基橡胶）、瓶盖（螺旋盖或一次使用的压盖[6]）。

6.5　往复式振荡器：振荡频率 150 次 /min，可固定顶空瓶。

6.6　超纯水制备仪或亚沸蒸馏器。

要点分析

[5] 脱氧剂、分子筛均属于易消耗品，一般使用 4~5 瓶气后需更换脱氧剂、分子筛（在气瓶不漏气前提下），避免噪声波动大影响仪器灵敏度。气质的载气氦气要求纯度应≥ 99.999%；顶空使用的氮气也要求≥ 99.999%。

[6] 压盖过程注意事项：调节压盖器松紧位置，放平瓶盖，使用压盖器压紧瓶盖后，再用手旋转瓶盖，看是否可以扭动，如果可扭动应重新压实。

6.7 天平：精度为 0.01 g 的天平。

6.8 微量注射器[7]：5 μl、10 μl、25 μl、100 μl、500 μl、1 000 μl。

6.9 采样器材：铁铲和不锈钢药勺。

6.10 便携式冷藏箱：容积 20 L，温度 4℃以下。

6.11 棕色密实瓶：2 ml，具聚四氟乙烯衬垫和实芯螺旋盖。

6.12 采样瓶[8]：具聚四氟乙烯－硅胶衬垫螺旋盖的 60 ml 的螺纹棕色广口玻璃瓶。

6.13 一次性巴斯德玻璃吸液管。

6.14 一般实验室常用仪器和设备。

7 样品

7.1 样品的采集与保存

7.1.1 样品采集

按照 HJ/T 166 的相关规定进行土壤样品的采集和保存。按照 GB 17378.3 的相关规定进行沉积物样品的采集和保存。采集样品的工具应用金属制品，用前应经过净化处理。可在采样现场使用用于挥发性有机物测定的便携式仪器对样品进行浓度高低的初筛。所有样品均应至少采集 3 份平行样品。

要点分析

[7] 使用微量针配制标准容液过程特别要注意针内的气泡，如有气泡应排空气泡后使用，否则会影响定量浓度。

[8] 采样前可抽测采样瓶，确保瓶内无杂质干扰。

用铁铲或药勺将样品尽快采集到样品瓶（6.12）中，并尽量填满。快速清除掉样品瓶螺纹及外表面上黏附的样品，密封样品瓶。置于便携式冷藏箱内，带回实验室。

注 2：当样品中挥发性有机物浓度大于 1 000 μg/kg 时，视该样品为高含量样品。

注 3：样品采集时切勿搅动土壤及沉积物，以免造成土壤及沉积物中有机物的挥发。

7.1.2 样品保存

样品送入实验室后应尽快分析。若不能立即分析，在 4℃以下密封保存，保存期限不超过 7 d。样品存放区域应无有机物干扰。

7.2 试样的制备

7.2.1 低含量试样[9]

实验室内取出样品瓶，待恢复至室温后，称取 2 g 样品置于顶空瓶中，迅速向顶空瓶中加入 10 ml 基体改性剂（5.5）、1.0 μl 替代物（5.9）和 2.0 μl 内标（5.8），立即密封，在振荡器上以 150 次 /min 的频率振荡 10 min，待测。

要点分析

[9] 先将待测样品恢复至室温后，快速准确称取 2 g（精确至 0.01 g）样品置于 22 ml 顶空瓶中，待测样品中不得含有树枝、石块等杂质，并向顶空瓶中迅速加入 10.0 ml 饱和氯化钠溶液，立即密封，在往复振荡器振荡 10 min 后，尽快在当天内完成样品分析。

7.2.2 高含量试样

如果现场初步筛选挥发性有机物为高含量或低含量测定结果大于 1 000 μg/kg 时应视为高含量试样。高含量试样制备如下，取出用于高含量样品测试的样品瓶，使其恢复至室温。称取 2 g 样品置于顶空瓶中，迅速加入 10 ml 甲醇（5.2），密封，在振荡器上以 150 次 /min 的频率振荡 10 min。静置沉降后，用一次性巴斯德玻璃吸液管[10]移取约 1 ml 提取液至 2 ml 棕色玻璃瓶中，必要时，提取液可进行离心分离。该提取液可置于冷藏箱内 4℃下保存，保存期为 14 d。

在分析之前将提取液恢复到室温后，向空的顶空瓶中加入 2 g 石英砂（5.11）、10 ml 基体改性剂（5.5）和 10~100 μl 甲醇[11]提取液。加入 2.0 μl 内标（5.8）和替代物（5.9），立即密封，在振荡器上以 150 次 /min 的频率振荡 10 min，待测。

注 4：若甲醇提取液中目标化合物浓度较高，可通过加入甲醇进行适当稀释。

注 5：若用高含量方法分析浓度值过低或未检出，应采用低含量方法重新分析样品。

要点分析

[10] 使用洁净的一次性巴斯德玻璃吸液管移取静置沉降后的提取液，应避免玻璃吸液管交替使用时造成的交叉污染。

[11] 甲醇加入量的多少会影响挥发性有机物在气、液、固三相中的分配系数，如甲醇加入量过大会影响定量结果。因此，实验操作过程严格按照标准要求执行，如加入达到 0.1 ml，浓度值仍然过低或未检出，应采用低含量方法重新分析样品。

7.3 空白试样的制备[12]

7.3.1 低含量空白试样

以 2 g 石英砂代替样品，按照 7.2.1 步骤制备低含量空白试样。

7.3.2 高含量空白试样

以 2 g 石英砂（5.11）代替高含量样品，按照 7.2.2 步骤制备高含量空白试样。

7.4 水分的测定

土壤样品含水率的测定按照 HJ 613 执行，沉积物样品含水率的测定按照 GB 17378.5 执行。

8 分析步骤

8.1 仪器参考条件

不同型号顶空进样器、气相色谱仪和质谱仪的最佳工作条件不同，应按照仪器使用说明书进行操作。本标准推荐仪器参考条件如下。

要点分析

[12] 运输空白、全程序空白、低含量空白、高含量空白测试结果均要求低于方法检出限。

①运输空白超出检出限，此批样品可能在运输过程受到污染，应重新采集分析；

②全程序空白超出检出限，可能是采样瓶或基体改性剂受到污染，应查明原因及时消除；

③室内实验空白（低、高含量）超出检出限，应查明原因及时消除，直至实验空白测定结果合格后，才能继续进行样品分析。

8.1.1 顶空进样器参考条件[13]

加热平衡温度 60~85℃；加热平衡时间 50 min；取样针温度 100℃；传输线温度 110℃；传输线为经过去活处理，内径为 0.32 mm 的石英毛细管柱；压力化平衡时间 1 min；进样时间 0.2 min；拔针时间 0.4 min；顶空瓶压力 23 psi。

8.1.2 气相色谱仪参考条件

程序升温：40 ℃（保持 2 min）$\xrightarrow{8℃/min}$90 ℃（保持 4 min）$\xrightarrow{6℃/min}$200℃（保持 15 min）。

进样口温度：250℃；接口温度：230℃；载气：氦气；进样口压力：18 psi。进样方式：分流进样，分流比：5∶1。

8.1.3 质谱仪参考条件

扫描范围：35~300 u；扫描速度：1 sc/scan；离子化能量[14]：70 eV；离子源温度：230 ℃；四极杆温度：150 ℃；扫描方式[15]：全扫描（SCAN）或选择离子（SIM）扫描。

要点分析

[13] 顶空进样器注意：

① 更换传输线、密封圈配件时，要做系统检漏；

②顶空系统压力设置一般要求大于气相色谱进样口压力 7~8 psi，否则无法将样品输送至气相色谱进样口内；

③条件设置要求传输线温度高于取样针温度，取样针温度高于平衡的炉温。

[14] 电子轰击源和离子化能量条件固定，其他质谱条件可根据实验仪器情况具体设定。

[15] 如果仪器条件允许，建议同时采用两种扫描模式，利用选择离子定量，利用全扫描模式定性。

8.2 校准

8.2.1 仪器性能检查

在每天分析之前，GC/MS 系统必须进行仪器性能检查。吸取 2 μl 的 BFB 溶液（5.10）通过 GC 进样口直接进样，用 GC/MS 进行分析。GC/MS 系统得到的 BFB 关键离子丰度应满足表 1 中规定的标准，否则需对质谱仪的一些参数进行调整或清洗离子源。

表 1　4-溴氟苯离子丰度标准

质荷比（*m/z*）	离子丰度标准	质荷比（*m/z*）	离子丰度标准
95	基峰，100% 相对丰度	175	质量 174 的 5%~9%
96	质量 95 的 5%~9%	176	质量 174 的 95%~105%
173	小于质量 174 的 2%	177	质量 176 的 5%~10%
174	大于质量 95 的 50%		

8.2.2 校准曲线的绘制[16]

向 5 支顶空瓶中依次加入 2 g 石英砂（5.11）、10 ml 基体改性剂（5.5），再向各瓶中分别加入一定量的标准使用液（5.7），配制目标化合物浓度分别为 5 μg/L、10 μg/L、20 μg/L、50 μg/L、100 μg/L；再向每个顶空瓶分别加入一定量的替代物（5.9），并各加入 2.0 μl 内标使用液（5.8），立即密封。校准系列浓度见表 2。将配制好的标准系列样品在振荡器上以 150 次 /min 的频率振荡 10 min，由低浓度到高浓度依次进样分析，绘制校准曲线或计算平均响应因子。在本标准规定的条件下，分析测定 36 种挥发性有机物的标准总离子流图，见图 1。

要点分析

[16] 配制标准曲线前应计算好加入母液体积和溶剂体积；采用微量针吸取母液，每次需要使用甲醇清洗 5 次以上，再用母液润洗 2 次，再吸取母液，注意排气泡，配制过程要做好记录。

根据仪器线性范围和样品实际情况可对标准系列做调整，尽量使样品测定值位于曲线中间点附近。

表 2　校准系列浓度

校准系列浓度 /（μg/L）	替代物浓度 /（μg/L）	内标浓度 /（μg/L）
5	5	50
10	10	50
20	20	50
50	50	50
100	100	50

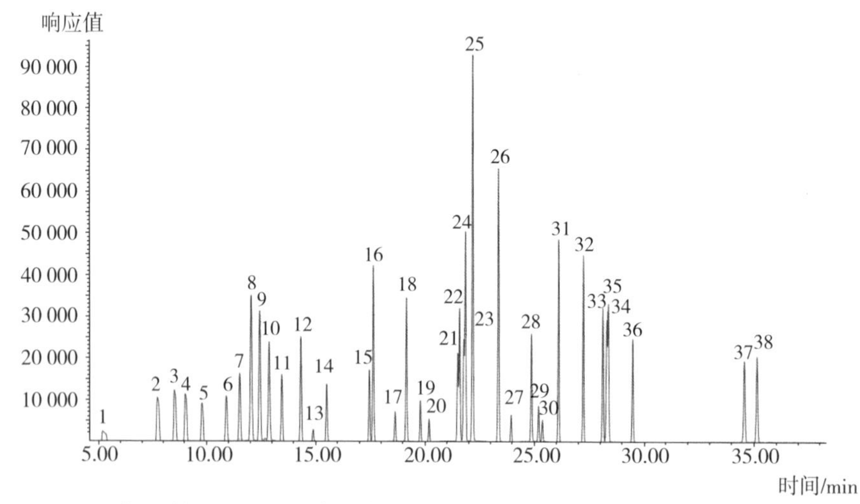

1—氯乙烯；2—1,1- 二氯乙烯；3—二氯甲烷；4—反 -1,2- 二氯乙烯；5—1,2- 二氯乙烷；6—顺 -1,2- 二氯乙烯；7—氯仿；8—1,1,1- 三氯乙烷；9—四氯化碳；10—1,2- 二氯乙烷 + 苯；11—氟苯（内标 1）；12—三氯乙烯；13—1,2- 二氯丙烷；14—溴二氯甲烷；15—甲苯 -d_8（替代物 1）；16—甲苯；17—1,1,2- 三氯乙烷；18—四氯乙烯；19—二溴一氯甲烷；20—1,2- 二溴乙烷；21—氯苯 -d_5（内标 2）；22—氯苯；23—1,1,1,2- 四氯乙烷；24—乙苯；25—间 - 二甲苯 + 对 - 二甲苯；26—邻 - 二甲苯 + 苯乙烯；27—溴仿；28—4- 溴氟苯（替代物 2）；29—1,1,2,2—四氯乙烷；30—1,2,3- 三氯丙烷；31—1,3,5- 三甲基苯；32—1,2,4- 三甲基苯；33—1,3- 二氯苯；34—1,4- 二氯苯 -d_4（内标 3）；35—1,4- 二氯苯；36—1,2- 二氯苯；37—1,2,4- 三氯苯；38—六氯丁二烯

图 1　36 种挥发性有机物标准总离子流图

8.2.2.1 用平均相对响应因子建立校准曲线

标准系列第 i 点中目标物（或替代物）的相对响应因子（RRF_i），按照式（1）进行计算。

$$RRF_i = \frac{A_i}{A_{ISi}} \times \frac{\rho_{ISi}}{\rho_i} \tag{1}$$

式中：RRF_i——标准系列中第 i 点目标物（或替代物）的相对响应因子；

A_i——标准系列中第 i 点目标物（或替代物）定量离子的响应值；

A_{ISi}——标准系列中第 i 点与目标物（或替代物）相对应内标定量离子的响应值；

ρ_{ISi}——标准系列中内标的浓度，50 μg/L；

ρ_i——标准系列中第 i 点目标物（或替代物）的质量浓度，μg/L。

目标物（或替代物）的平均相对响应因子$\overline{RRF}$，按照式（2）进行计算。

$$\overline{RRF} = \frac{\sum_{i=1}^{N} RRF_i}{n} \tag{2}$$

式中：$\overline{RRF}$——目标物（或替代物）的平均相对响应因子；

RRF_i——标准系列中第 i 点目标物（或替代物）的相对响应因子；

n——标准系列点数，5。

RRF 的标准偏差，按照式（3）进行计算：

$$SD = \sqrt{\frac{\sum_{n=1}^{n}\left(RRF_I - \overline{RRF}\right)^2}{n-1}} \tag{3}$$

RRF的相对标准偏差，按照式（4）进行计算。

$$RSD = \frac{SD}{\overline{\overline{RRF}}} \times 100\% \tag{4}$$

标准系列目标物（或替代物）相对响应因子（RRF）的相对标准偏差

（RSD）应小于等于 20%。

8.2.2.2 用最小二乘法绘制校准曲线

以目标化合物和相对应内标的响应值比为纵坐标，浓度比为横坐标，用最小二乘法建立校准曲线。若建立的线性校准曲线的相关系数小于 0.990 时，也可以采用非线性拟合曲线进行校准，曲线相关系数需大于等于 0.990。采用非线性校准曲线时，应至少采用 6 个浓度点进行校准。

8.3 测定[17]

将制备好的试样（7.2）置于顶空进样器上，按照仪器参考条件（8.1）进行测定。

8.4 空白试验

将制备好的空白试样（7.3）置于顶空进样器上，按照仪器参考条件（8.1）进行测定。

9 结果计算与表示

9.1 目标化合物的定性分析

目标物以相对保留时间（或保留时间）和与标准物质质谱图比较进行定性。

要点分析

[17] 测定一批样品的进样顺序：

①空白试验（判断仪器是否有干扰）；

②标准曲线、空白试验（判断进标曲后系统是否残留）；

③实际样品（当高浓度和低浓度的样品连续分析时，低浓度样品应重新校核，或插入一个空白样品以检验仪器是否受影响）。

9.2 目标物的定量分析

根据目标物和内标第一特征离子的响应值进行计算。当样品中目标物的第一特征离子有干扰时，可以使用第二特征离子定量，具体见附录 B。

9.2.1 试料中目标物（或替代物）质量浓度 ρ_{ex} 的计算。

9.2.1.1 用平均相对响应因子计算

当目标物（或替代物）采用平均相对响应因子进行校准时，试料中目标物的质量浓度 ρ_{ex} 按式（5）进行计算。

$$\rho_{ex} = \frac{A_x \times \rho_{IS}}{A_{IS} \times \overline{RRF}} \tag{5}$$

式中：ρ_{ex}——试料中目标物（或替代物）的质量浓度，μg/L；

A_x——目标物（或替代物）定量离子的响应值；

A_{IS}——与目标物（或替代物）相对应内标定量离子的响应值；

ρ_{IS}——内标物的浓度，μg/L；

$\overline{RRF}$——目标物（或替代物）的平均相对响应因子。

9.2.1.2 用线性或非线性校准曲线计算

当目标物采用线性或非线性校准曲线进行校准时，试料中目标物质量浓度 ρ_{ex} 通过相应的校准曲线计算。

9.2.2 低含量样品中挥发性有机物的含量（μg/kg），按照式（6）进行计算。

$$\omega = \frac{\rho_{es} \times 10 \times 100}{m \times (100 - w)} \tag{6}$$

式中：ω——样品中目标化合物的含量，μg/kg；

ρ_{ex}——根据响应因子或校准曲线计算出目标化合物（或替代物）的浓度，μg/L；

10——基体改性剂体积，ml；

w——样品的含水率，%；

m——样品量（湿重），g。

9.2.3 高含量样品中挥发性有机物的含量（μg/kg），按照式（7）进行计算。

$$\omega = \frac{10 \times \rho_{ex} \times V_c \times K \times 100}{m \times (100 - w) \times V_s} \tag{7}$$

式中：ω——样品中目标化合物的含量，μg/kg；

ρ_{ex}——根据响应因子或校准曲线计算出目标化合物的浓度，μg/L；

10——基体改性剂体积，ml；

V_c——提取液体积，ml；

m——样品量（湿重），g；

V_s——用于顶空测定的甲醇提取液体积，ml；

w——样品的含水率，%；

K——萃取液的稀释比。

注 6：若样品含水率大于 10% 时，提取液体积 V_c 应为甲醇与样品中水的体积之和；若样品含水率小于等于 10%，V_c 为 10 ml。

9.3 结果表示

9.3.1 当测定结果小于 100 μg/kg 时，保留小数点后一位；当测定结果大于等于 100 μg/kg 时，保留 3 位有效数字。

9.3.2 当使用本标准中规定的毛细管柱时，间 - 二甲苯和对 - 二甲苯两峰分不开，它们的含量为两者之和。

10 精密度和准确度

10.1 精密度

6 家实验室分别对土壤和沉积物的各两种不同含量水平的统一样品进行了测定。

土壤中挥发性有机物浓度约为 100 μg/kg 和 200 μg/kg 时，实验室内相对标准偏差范围分别为 1.1%~13% 和 1.4%~15%；实验室间相对标准偏差范围分别为 1.8%~14% 和 6.7%~17%；重复性限范围分别为 8.8~19.4 μg/kg 和 32.5~116 μg/kg；再现性限范围分别为 9.4~51.8 μg/kg 和 68.8~188 μg/kg。

沉积物中挥发性有机物浓度约为 100 μg/kg 和 200 μg/kg 时，实验室内相对标准偏差范围分别为 0.7%~15% 和 3.9%~20%；实验室间相对标准偏差范围分别为 4.2%~41% 和 5.1%~21%；重复性限范围分别为 10.8~34.4 μg/kg 和 31.0~88.8 μg/kg；再现性限范围分别为 14.3~196 μg/kg 和 46.0~151 μg/kg。

10.2 准确度

6 家实验室分别对土壤和沉积物的基体加标样品进行了测定。

土壤样品加标含量为 100 μg/kg 和 250 μg/kg 时，对应 36 种目标物的加标回收率范围为 65.2%~134% 和 73.3%~107%。

沉积物样品加标含量为 100 μg/kg 和 250 μg/kg 时，对应 36 种目标物的加标回收率范围为 70.5%~105% 和 70.6%~106%。

精密度和准确度汇总数据详见附录 C。

11 质量保证和质量控制

11.1 目标物定性

11.1.1 当使用相对保留时间定性时，样品中目标物 RRT 与校准曲线中该目标物 RRT 的差值应在 0.06 以内。

11.1.2 对于全扫描方式，目标化合物在标准质谱图中的丰度高于 30% 的所有离子应在样品质谱图中存在，而且样品质谱图中的相对丰度与标准质谱图中的相对丰度的绝对值偏差应小于 20%。例如，当一个离子在标准质谱图中的相对丰度为 30%，则该离子在样品质谱图中的丰度应在 10%~50%。对于某些化合物，一些特殊的离子如分子离子峰，如果其相对丰度低于 30%，也应该作为判别化合物的依据。如果实际样品存在明显的背景干扰，则在比较时应扣除背景影响。

11.1.3 对于 SIM 方式，目标化合物的确认离子应在样品中存在。对于落在保留时间窗口中的每一个化合物，样品中确认离子相对于定量离子的相对丰度与通过最近校准标准获得的相对丰度的绝对值偏差应小于 20%。

11.2 校准

11.2.1 校准曲线中部分目标物的最小相对响应因子应大于等于附表 A 中规定的限值。所要定量的目标物 RRF 的 RSD 应小于等于 20%，或者线性、非线性校准曲线相关系数大于 0.99，否则更换需色谱柱或采取其他措施，然后重新绘制校准曲线。当采用最小二乘法绘制线性校准曲线时，将校准曲线最低点的响应值代入曲线计算，目标物的计算结果应在实际值的 70%~130%。

11.2.2 校准确认标准样品应在仪器性能检查之后进行分析。校准确认标准样品中内标与校准曲线中间点内标比较，保留时间的变化不超过 10 s，定量离子峰面积变化在 50%~200%。

校准确认标准样品中监测方案要求测定的目标物，其测定值与加入浓度值的比值在 80%~120%，否则在分析样品前应采取校正措施。若校正措施无效，则应重新绘制校准曲线。

11.3 样品

11.3.1 空白试验分析结果应满足如下任一条件的最大者：

（1）目标物浓度小于方法检出限；

（2）目标物浓度小于相关环保标准限值的 5%；

（3）目标物浓度小于样品分析结果的 5%。

若空白试验未满足以上要求，则应采取措施排除污染并重新分析同批样品。

11.3.2 每批样品至少应采集一个运输空白和全程序空白样品。其分析结果应满足空白试验的控制指标（11.3.1），否则需查找原因，排除干扰后重新采集样品分析。

11.3.3 每批样品分析之前或 24 h 之内，需进行仪器性能检查，测定校准确认标准样品和空白试验样品。

11.3.4 每一批样品（最多 20 个）应选择一个样品进行平行分析或基体加标分析。所有样品中替代物加标回收率均应在 80%~130%，否则应重复分析该样品。若重复测定替代物回收率仍不合格，说明样品存在基体效应。此时应分析一个空白加标样品，其中的目标物回收率应在 80%~120%。

若初步判定样品中含有目标物，则须分析一个平行样，平行样品中替代物相对偏差应在 25% 以内；若初步判定样品中不含有目标物，则须分析该样品的加标样品，该样品及加标样品中替代物相对偏差应在 25% 以内。

12 废物处理

实验产生的含挥发性有机物的废物应集中保管，委托有资质的相关单位进行处理。

13 注意事项

13.1 为了防止通过采样工具污染，采样工具在使用前要用甲醇、纯净水充分洗净。在采集其他样品时，要注意更换采样工具和清洗采样工具，以防止交叉污染。

13.2 在样品的保存和运输过程中，要避免沾污，样品应放在密闭、避光的冷藏箱（6.10）中冷藏贮存。

13.3 在分析过程中必要的器具、材料、药品等事先分析确认其是否含有对分析测定有干扰目标物测定的物质。器具、材料可采用甲醇清洗，尽可能除去干扰物质。

附 录 A
（规范性附录）
方法的检出限和测定下限

附表 A.1 目标物的方法检出限、测定下限和最小相对响应因子等测定参考参数。

附表 A.1　方法的检出限和测定下限

序号	化合物名称	英文名	检出限 /（μg/kg）	测定下限 /（μg/kg）	相对最小响应因子
1	氯乙烯	Vinyl chloride	1.5	6.0	0.1
2	1,1- 二氯乙烯	1,1-dichloroethene	0.8	3.2	0.1
3	二氯甲烷	Methylene chloride	2.6	10.4	0.1
4	反 -1,2- 二氯乙烯	*trans*-1,2-dichloroethene	0.9	3.6	0.2
5	1,1- 二氯乙烷	1,1-dichloroethane	1.6	6.4	0.2
6	顺 -1,2- 二氯乙烯	*cis*-1,2-dichloroethene	0.9	3.6	0.1
7	氯仿	Chloroform	1.5	6.0	0.2
8	1,1,1- 三氯乙烷	1,1,1-trichloroethane	1.1	4.4	—
9	四氯化碳	Carbon tetrachloride	2.1	8.4	0.1
10	1,2- 二氯乙烷	1,2-dichloroethane	1.3	5.2	0.1
11	苯	Benzene	1.6	6.4	0.5
12	三氯乙烯	Trichloroethene	0.9	3.6	0.2
13	1,2- 二氯丙烷	1,2-dichloropropane	1.9	7.6	0.1
14	一溴二氯甲烷	Bromodichloromethane	1.1	4.4	—
15	甲苯	Toluene	2.0	7.9	0.4
16	1,1,2- 三氯乙烷	1,1,2-trichloroethane	1.4	5.6	—

序号	化合物名称	英文名	检出限 /（μg/kg）	测定下限 /（μg/kg）	相对最小响应因子
17	四氯乙烯	Tetrachloroethylene	0.8	3.2	0.2
18	二溴氯甲烷	Dibromochloromethane	0.9	3.6	0.1
19	1,2- 二溴乙烷	1,2-dibromoethane	1.5	6.0	—
20	氯苯	Chlorobenzene	1.1	4.4	0.5
21	1,1,1,2- 四氯乙烷	1,1,1,2-tetrachloroethane	1.0	4.0	—
22	乙苯	Ethylbenzene	1.2	4.8	0.1
23	间,对 - 二甲苯	*m,p*-xylene	3.6	14.4	0.1
24	邻 - 二甲苯	*o*-xylene	1.3	5.2	0.3
25	苯乙烯	Styrene	1.6	6.4	0.3
26	溴仿	Bromoform	1.7	6.8	0.1
27	1,1,2,2- 四氯乙烷	1,1,2, 2-tetrachloroethane	1.0	4.0	0.3
28	1,2,3- 三氯丙烷	1,2,3-trichloropropane	1.0	4.0	—
29	1,3,5- 三甲基苯	1,3,5-trimethylbenzene	1.5	6.0	—
30	1,2,4- 三甲基苯	1,2,4-trimethylbenzene	1.5	6.0	—
31	1,3- 二氯苯	1,3-dichlorobenzene	1.1	4.4	0.3
32	1,4- 二氯苯	1,4-dichlorobenzene	1.2	4.8	0.5
33	1,2- 二氯苯	1,2-dichlorobenzene	1.0	4.0	0.4
34	1,2,4- 三氯苯	1,2,4-trichlorobenzene	0.8	3.2	0.2
35	六氯丁二烯	Hexachlorobutadiene	1.0	4.0	—

注：没有规定最小相对响应因子的化合物，其最小相对响应因子不做限值规定。

附 录 B
（资料性附录）
目标化合物的测定参考参数

附表 B.1 给出了目标化合物的定量内标、定量离子、辅助离子、保留时间等测定参考参数。

附表 B.1　目标化合物的测定参考参数

序号	化合物名称	英文名	CAS 号	定量内标	定量离子	辅助离子	保留时间 / min
1	氯乙烯	Vinylchloride	75-01-4	1	62	64	5.20
2	1,1- 二氯乙烯	1,1-dichloroethene	75-35-4	1	96	61,63	7.75
3	二氯甲烷	Methylene chloride	75-09-2	1	84	86,49	8.56
4	反 -1,2- 二氯乙烯	*trans*-1,2-dichloroethene	156-60-5	1	96	61,98	9.08
5	1,1- 二氯乙烷	1,1-dichloroethane	75-34-3	1	63	65,83	9.84
6	顺 -1,2- 二氯乙烯	*cis*-1,2-dichloroethene	156-59-2	1	96	61,98	10.94
7	氯仿	Chloroform	67-66-3	1	83	85	11.54
8	1,1,1- 三氯乙烷	1,1,1-trichloroethane	71-55-6	1	97	99,61	12.06
9	四氯化碳	Carbon tetrachloride	56-23-5	1	117	119	12.46
10	1,2- 二氯乙烷	1,2-dichloroethane	107-06-2	1	62	98	12.88
11	苯	Benzene	71-43-2	1	78	—	12.91
12	氟苯	Fluorobenzene	—	内标 1	96	—	13.49
13	三氯乙烯	Trichloroethene	79-01-6	2	95	97,130,132	14.36

序号	化合物名称	英文名	CAS 号	定量内标	定量离子	辅助离子	保留时间 / min
14	1,2- 二氯丙烷	1,2-dichloropropane	78-87-5	2	63	112	14.93
15	一溴二氯甲烷	Bromodichloromethane	75-27-4	2	83	85,127	15.54
16	甲苯 -d_8	Toluene-d_8	—	替代物 1	98	—	17.46
17	甲苯	Toluene	108-88-3	2	92	91	17.65
18	1,1,2- 三氯乙烷	1,1,2-trichloroethane	79-00-5	2	83	97,85	18.66
19	四氯乙烯	Tetrachloroethylene	127-18-4	2	164	129,131,166	19.17
20	二溴氯甲烷	Dibromochloromethane	124-48-1	2	129	127	19.81
21	1,2- 二溴乙烷	1,2-dibromoethane	106-93-4	2	107	109,188	20.21
22	氯苯 -d_5	Chlorobenzene-d_5	—	内标 2	117	—	21.50
23	氯苯	Chlorobenzene	108-90-7	2	112	77,114	21.59
24	1,1, 1,2- 四氯乙烷	1,1,1,2-tetrachloroethane	630-20-6	3	131	133,119	21.78
25	乙苯	Ethylbenzene	100-41-4	3	91	106	21.86
26	间,对 - 二甲苯	*m,p*-xylene	108-38-3/106-42-3	3	106	91	22.18
27	邻 - 二甲苯	*o*-xylene	95-47-6	3	106	91	23.37
28	苯乙烯	Styrene	100-42-5	3	104	78	23.38
29	溴仿	Bromoform	75-25-2	3	173	175,254	23.96
30	4- 溴氟苯	4-bromofluorobenzene	—	替代物 2	95	174,176	24.90
31	1,1,2,2- 四氯乙烷	1,1,2,2-tetrachloroethane	79-34-5	3	83	131,85	25.22
32	1,2,3- 三氯丙烷	1,2,3-trichloropropane	96-18-4	3	75	77	25.40

序号	化合物名称	英文名	CAS 号	定量内标	定量离子	辅助离子	保留时间 /min
33	1,3,5- 三甲基苯	1,3,5-trimethylbenzene	108-67-8	3	105	120	26.13
34	1,2,4- 三甲基苯	1,2,4-trimethylbenzene	95-63-6	3	105	120	27.25
35	1,3- 二氯苯	1,3-dichlorobenzene	541-73-1	3	146	111,148	28.14
36	1,4- 二氯苯 -d_4	1,4-dichlorobenzene-d_4	—	内标 3	152	115,150	28.32
37	1,4- 二氯苯	1,4-dichlorobenzene	106-46-7	3	146	111,148	28.39
38	1,2- 二氯苯	1,2-dichlorobenzene	95-50-1	3	146	111,148	29.51
39	1,2,4- 三氯苯	1,2,4-trichlorobenzene	120-82-1	3	180	182,145	34.57
40	六氯丁二烯	Hexachlorobutadiene	87-68-3	3	225	223,227	35.14

挥发性有机物的测定《土壤和沉积物 挥发性有机物的测定 吹扫捕集气相色谱-质谱法》（HJ 605—2011）技术和质量控制要点

一、概述

见本篇第一章“挥发性有机物的测定《土壤和沉积物 挥发性有机物的测定 顶空/气相色谱法》（HJ 741—2015）技术和质量控制要点”。

二、标准方法解读

1 适用范围

1.1 本标准规定了测定土壤和沉积物中挥发性有机物的吹扫捕集/气相色谱-质谱法。

1.2 当样品量为 5 g，用标准四极杆质谱进行全扫描分析时，目标物的方法检出限[1]为 0.2~3.2 μg/kg，测定下限为 0.8~12.8 μg/kg，详见附录 A。

2 规范性引用文件

本标准内容引用了下列文件中的条款。凡是不注明日期的引用文件，

要点分析

[1] 实验过程中如果取样量发生变化，则方法检出限和测定下限也会发生变化。

其有效版本适用于本标准。

GB 17378.3　海洋监测规范　第 3 部分：样品采集、贮存与运输

HJ/T 166　土壤环境监测技术规范

3 术语和定义

下列术语和定义适用于本标准。

3.1 内标[2] internal standards

指样品中不含有，但其物理化学性质与待测目标物相似的物质。一般在样品分析之前加入，用于目标物的定量分析。

3.2 替代物 surrogate standards

指样品中不含有，但其物理化学性质与待测目标物相似的物质。一般在样品提取或其他前处理之前加入，通过回收率可以评价样品基体、样品处理过程对分析结果的影响。

3.3 基体加标 matrix spike

指在样品中添加了已知量的待测目标物，用于评价目标物的回收率和样品的基体效应。

3.4 校准确认标准溶液 calibration verification standards

指浓度在校准曲线中间点附近的标准溶液，用于确认校准曲线的有效性。

3.5 运输空白 trip blank

采样前在实验室将一份空白试剂水放入样品瓶中密封，将其带到采样现场。采样时不开封，之后随样品运回实验室，按与样品相同的操作步骤进行试验，用于检查样品运输过程中是否受到污染。

要点分析

[2] 内标物一般在上机分析测定前加入，且尽量保证每个样品加入量相同，有的吹扫捕集仪自带添加内标功能，只有经过验证仪器自动添加内标性能良好，才可使用该功能，否则应手动添加。

3.6 全程序空白 whole program blank

采样前在实验室将一份空白试剂水放入样品瓶中密封，将其带到采样现场。与采样的样品瓶同时开盖和密封，之后随样品运回实验室，按与样品相同的操作步骤进行试验，用于检查从样品采集到分析全过程是否受到污染。

4 方法原理

样品中的挥发性有机物经高纯氦气（或氮气）吹扫富集于捕集管中，将捕集管加热并以高纯氦气反吹，被热脱附出来的组分进入气相色谱并分离后，用质谱仪进行检测。通过与待测目标物标准质谱图相比较和保留时间进行定性，内标法定量。

5 试剂和材料

5.1 空白试剂水：二次蒸馏水或通过纯水设备制备的水。

使用前需经过空白检验[3]，确认在目标物的保留时间区间内无干扰色谱峰出现或其中的目标物质量浓度低于方法检出限[4]。

5.2 甲醇（CH_3OH）：农药残留分析纯级。

5.3 标准贮备液：ρ=1 000~5 000 mg/L。

可直接购买市售有证标准溶液，或用标准物质配制。

5.4 标准使用液：ρ=10.0~100.0 mg/L。

要点分析

[3] 每个实验室应该有实验室用水空白检查记录。

[4] 一般实验室二氯甲烷背景值较高，注意空白试剂水应与二氯甲烷等干扰溶剂区别存放，如果有必要，在实验前可将水加热至微沸半小时，冷却后使用。处理试剂水的场地应选择没有有机试剂干扰，且通风良好的地点。

易挥发的目标物如二氯二氟甲烷、氯甲烷、三氯氟甲烷、氯乙烷、溴甲烷和氯乙烯等标准使用液需单独配制，保存期通常为一周，其他目标物的标准使用液保存期为一个月，或参照制造商说明配制。

5.5 内标标准溶液：ρ=25 μg/ml。

宜选用氟苯、氯苯 $-d_5$ 和 1,4- 二氯苯 $-d_4$ 作为内标。可直接购买市售有证标准溶液，或用高浓度标准溶液配制。

5.6 替代物标准溶液：ρ=25 μg/ml。

宜选用二溴氟甲烷、甲苯 $-d_8$ 和 4- 溴氟苯作为替代物。可直接购买市售有证标准溶液，或用高浓度标准溶液配制。

5.7 4- 溴氟苯（BFB）溶液：ρ=25 μg/ml。

可直接购买市售有证标准溶液，或用高浓度标准溶液配制。

5.8 氦气：纯度（体积分数）为 99.999% 以上。

5.9 氮气：纯度（体积分数）为 99.999% 以上。

注：以上所有标准溶液均以甲醇为溶剂，在 4℃以下避光保存或参照制造商的产品说明保存方法。使用前应恢复至室温、混匀。

6 仪器与设备

6.1 样品瓶：具聚四氟乙烯 - 硅胶衬垫 [5] 螺旋盖的 60 ml 棕色广口玻璃瓶（或大于 60 ml 其他规格的玻璃瓶）、40 ml 棕色玻璃瓶和无色玻璃瓶。

6.2 采样器：一次性塑料注射器或不锈钢专用采样器。

6.3 气相色谱仪：具分流 / 不分流进样口，能对载气进行电子压力控制，可程序升温。

要点分析

[5] 衬垫的使用：聚四氟乙烯的一面朝内，硅胶面朝外，防止衬垫吸附挥发性有机物。

6.4 质谱仪：电子轰击（EI）电离源，1 s 内能从 35 u 扫描至 270 u；具 NIST 质谱图库、手动 / 自动调谐、数据采集、定量分析及谱库检索等功能。

6.5 吹扫捕集装置：吹扫装置能够加热样品至 40℃，捕集管使用 1/3 Tenax、1/3 硅胶、1/3 活性炭混合吸附剂或其他等效吸附剂[6]。若使用无自动进样器的吹扫捕集装置，其配备的吹扫管应至少能够盛放 5 g 样品和 10 ml 的水。

6.6 毛细管柱：30 m×0.25 mm，1.4 μm 膜厚[7]（6% 腈丙苯基 94% 二甲基聚硅氧烷固定液）；或使用其他等效性能的毛细管柱。

6.7 天平：精度为 0.01 g。

6.8 气密性注射器：5 ml。

6.9 微量注射器：10 μl、25 μl、100 μl、250 μ 和 500 μl。

6.10 棕色玻璃瓶：2 ml，具聚四氟乙烯 - 硅胶衬垫和实心螺旋盖。

6.11 一次性巴斯德玻璃吸液管。

6.12 铁铲。

要点分析

[6] 选用 1/3 Tenax、1/3 硅胶、1/3 活性炭混合吸附剂来吸附多组分易挥发性有机物。活性炭主要用于吸附挥发性碳氟化合物。Tenax 是一类有机合成吸附剂，热稳定性好，特别适合于非极性和中等极性的微量挥发性物质的吸附，是吹扫捕集最常用的吸附剂之一。硅胶主要用于吸附沸点低于 35℃的化合物以及低级脂肪醇、脂肪族羧酸等极性化合物并且能够在吹扫阶段保留住水分。若不分析二氯二氟甲烷或类似的挥发性碳氟化合物，可不用活性炭，若只分析沸点高于 35℃的化合物，则可只用 Tenax 吸附剂。若能满足质量保证要求，也可使用其他类型吸附剂。

[7] 对于流出温度在 200℃以下的物质，用 1～1.5 μm 的液膜效果较好。

6.13 药勺：聚四氟乙烯或不锈钢材质。

6.14 一般实验室常用仪器和设备。

7 样品

7.1 样品的采集

土壤和沉积物样品的采集分别参照 HJ/T 166 和 GB 17378.3 的相关规定。可在采样现场使用用于挥发性有机物测定的便携式仪器对样品进行目标物含量高低的初筛。所有样品均应至少采集 3 份平行样品，并用 60 ml 样品瓶（或大于 60 ml 其他规格的样品瓶）另外采集一份样品，用于测定高含量样品中的挥发性有机物和样品含水率。

7.1.1 手工进样方式的采样方法

本采样方法适用于无自动进样器的吹扫捕集装置。用铁铲或药勺将样品尽快采集至 60 ml 样品瓶（或大于 60 ml 其他规格的样品瓶）中，并尽量填满。快速清除掉样品瓶螺纹及外表面上黏附的样品，密封样品瓶。

7.1.2 自动进样方式的采样方法

本采样方法适用于带有自动进样器的吹扫捕集装置。

采样前，在每个 40 ml 棕色样品瓶中放一个清洁的磁力搅拌棒，密封，贴标签并称重（精确至 0.01 g），记录其重量并在标签上注明。采样时，用采样器采集适量样品到样品瓶中，快速清除掉样品瓶螺纹及外表面上黏附的样品，密封样品瓶。

注 1：若使用一次性塑料注射器采集样品，针筒部分的直径应能够伸入 40 ml 样品瓶的颈部。针筒末端的注射器部分在采样之前应切断。一个注射器只能用于采集一份样品。若使用不锈钢专用采样器，采样器需配有助推器，可将土壤推入样品瓶。

注 2：若初步判定样品中目标物含量小于 200 μg/kg 时，采集约 5 g 样品；若初步判定样品中目标物含量大于等于 200 μg/kg 时，应分别采集约 1 g 和 5 g 样品。

7.2 样品的保存

样品采集后应冷藏运输。运回实验室后应尽快分析。实验室内样品存放区域应无有机物干扰，在 4℃ 以下保存时间为 7 d。

7.3 样品含水率的测定[8]

取 5 g（精确至 0.01 g）样品在 105±5℃下干燥至少 6 h，以烘干前后样品质量的差值除以烘干前样品的质量再乘以 100，计算样品含水率 w（%），精确至 0.1%。

8 分析步骤

8.1 仪器参考条件

8.1.1 吹扫捕集装置参考条件

吹扫流量[9]：40 ml/min；吹扫温度[10]：40℃；预热时间：2 min；吹

要点分析

[8] 土壤水分的测定：① 恒重：前后差值不超过最终测定质量的 0.1%。②结果表示：使用百分之一天平，所有质量均精确至 0.01g；最终水分测定结果精确至 0.1%。③测定新鲜土壤样品，当水分含量≤ 30% 时，两次测定结果之差的绝对值应≤ 1.5%（质量分数）。

[9] 吹扫气流速取决于样品中待测物的浓度、挥发性、与样品基质的相互作用（如溶解度）以及其在捕集管中的吸附作用大小。吹扫流速太大时会影响样品的捕集，造成样品组分的损失。吹扫流速太小时会延长样品的分析时间，可参照 EPA 方法 5035A 及吹扫捕集仪器制造商的推荐，选择 40 ml/min 作为吹扫气流速。

[10] 提高吹扫温度相当于提高蒸气压，因此吹扫效率也会提高。但是温度过高带出的水蒸气量增加，不利于下一步的吸附，给气相色谱柱的分离也带来困难。所以一般采用 40℃以下。通常，水溶性极性化合物与内标物相比在水中溶解度较高。溶解度越高的组分，其吹扫效率越低。对于高沸点高水溶性组分，只有提高吹扫温度才能提高吹扫效率。

扫时间[11]：11 min；干吹时间：2 min；预脱附温度：180℃；脱附温度[12]：190℃；脱附时间：2 min；烘烤温度：200℃；烘烤时间：8 min；传输线温度：200℃。其余参数参照仪器使用说明书进行设定。

8.1.2 气相色谱参考条件[13]

进样口温度：200℃；载气：氦气；分流比：30∶1；柱流量（恒流模式）：1.5 ml/min；升温程序：38℃（1.8 min）$\xrightarrow{10℃/min}$ 120℃ $\xrightarrow{15℃/min}$ 240℃（2 min）。

要点分析

[11] 吹扫时间是吹扫捕集技术的重要参数之一，须根据具体目标化合物来优化确定。吹扫时间越长对分子量大的 VOCs 回收率影响越大。吹扫时间在 11~13min，每种 VOCs 回收率波动较小，VOCs 回收率普遍较高。

[12] 较高的热脱附温度能够更好地将挥发性有机物送入气相色谱柱，得到较窄的色谱峰。因此一般都选择较高的热脱附温度。但热脱附温度过高会造成吸附剂分解，减低吸附剂寿命。对于不同吸附剂的捕集管，其热脱附温度可参照制造商推荐的值进行设定。

在热脱附温度确定后，热脱附时间越短越好，从而得到好的对称的色谱峰。在一定范围内，热脱附时间越长脱附越完全，并趋于稳定。但热脱附时间过长会缩短吸附剂寿命。对不同的捕集管，其热脱附时间可参照制造商推荐的值进行设定。

[13] 窄口径毛细管色谱柱效率更高（即可以分离更多的分析物），但其柱容量更低（即无色谱峰失真时可以容纳较少的样品量），通常需要分流进样。通常在样品中易挥发组分的沸点附近来确定起始温度，若温度选得太低会延长分析时间，选得太高会降低沸点组分的分离度。终止温度是由样品中高沸点组分的保留温度和固定液高使用温度决定的，当固定液高使用温度大于样品中组分的高保留温度，可选用稍高于高保留温度的温度作为终止温度。

8.1.3 质谱参考条件

扫描方式：全扫描；扫描范围：35~270 u；离子化能量：70 eV；电子倍增器电压：与调谐电压一致；接口温度：280℃；其余参数参照仪器使用说明书进行设定。

注 1：为提高灵敏度，也可选用选择离子扫描方式进行分析，其特征离子选择参照附录 B。

8.2 校准

8.2.1 仪器性能检查[14]

用微量注射器移取 1~2 μl BFB 溶液（5.7），直接注入气相色谱仪进行分析或加入 5 ml 空白试剂水（5.1）中通过吹扫捕集装置注入气相色谱仪进行分析。用四极杆质谱得到的 BFB 关键离子丰度应符合表 1 中规定的标准，否则需对质谱仪的参数进行调整或者考虑清洗离子源。若仪器软件不能自动判定 BFB 关键离子丰度是否符合表 1 标准时，可通过取峰顶扫描点及其前后两个扫描点离子丰度的平均值扣除背景值后获得关键离子丰度，并应符合表 1 标准。背景值的选取可以是 BFB 出峰前 20 次扫描点中的任意一点，该背景值应是柱流失或仪器背景离子产生的。

注 2：使用离子阱或其他类型质谱仪时，BFB 关键离子丰度标准可参照仪器制造商的说明执行。

要点分析

[14] 检查调谐报告，判断仪器性能是否达标。

表 1　BFB 关键离子丰度标准

质量	离子丰度标准	质量	离子丰度标准
50	质量 95 的 8%~40%	174	大于质量 95 的 50%
75	质量 95 的 30%~80%	175	质量 174 的 5%~9%
95	基峰，100% 相对丰度	176	质量 174 的 93%~101%
96	质量 95 的 5%~9%	177	质量 176 的 5%~9%
173	小于质量 174 的 2%	—	—

8.2.2 校准曲线的绘制 [15]

用微量注射器分别移取一定量的标准使用液（5.4）和替代物标准溶液（5.6）至空白试剂水（5.1）中，配制目标物和替代物质量浓度分别为 5.00 μg/L、20.0 μg/L、50.0 μg/L、100 μg/L 和 200 μg/L 的标准系列。

用气密性注射器分别量取 5.00 ml 上述标准系列至 40 ml 样品瓶中（若无自动进样器，则直接加入至吹扫管中），分别加入 10.0 μl 内标标准溶液（5.5），使每点的内标质量浓度均为 50.0 μg/L。按照仪器参考条件（8.1），从低浓度到高浓度依次测定，记录标准系列目标物及相对应内标的保留时间、定量离子（第一或第二特征离子）的响应值。

图 1 为在本标准规定的仪器条件下，目标物的总离子流色谱图。

要点分析

[15] 配制标准曲线前应计算好加入的母液体积及溶剂体积，至少配制 5 个浓度点；采用微量进样针吸取母液，每次需使用溶剂洗针 5 次以上，再用少量母液多次来回润洗 5 次以上，随后再吸取母液，除去气泡，滤纸擦拭针外壁，最后快速打入进样瓶中。

曲线最低点应为目标化合物检出限浓度的 2~10 倍。可以根据分析仪器的性能不同而改变校准曲线范围，但最高点浓度值不能使检测器饱和或者系统有残留，即随后分析空白样不得检出目标化合物。

1—二氯二氟甲烷；2—氯甲烷；3—氯乙烯；4—溴甲烷；5—氯乙烷；6—三氯氟甲烷；7—1,1- 二氯乙烯；8—丙酮；9—碘甲烷；10—二硫化碳；11—二氯甲烷；12—反式 -1,2- 二氯乙烯；13—1,1- 二氯乙烷；14—2,2- 二氯丙烷；15—顺式 -1,2- 二氯乙烯；16—2- 丁酮；17—溴氯甲烷；18—氯仿；19—二溴氟甲烷；20—1,1,1- 三氯乙烷；21—四氯化碳；22—1,1- 二氯丙烯；23—苯；24—1,2- 二氯乙烷；25—氟苯；26—三氯乙烯；27—1，2- 二氯丙烷；28—二溴甲烷；29—一溴二氯甲烷；30—4- 甲基 -2- 戊酮；31—甲苯 -d_8；32—甲苯；33—1,1,2- 三氯乙烷；34—四氯乙烯；35—1,3- 二氯丙烷；36—2- 已酮；37—二溴氯甲烷；38—1,2- 二溴乙烷；39—氯苯 -d_5；40—氯苯；41—1,1,1,2 四氯乙烷；42—乙苯；43—1,1，2- 三氯丙烷；44—间，对 - 二甲苯；45—邻 - 二甲苯；46—苯乙烯；47—溴仿；48—异丙苯；49—4- 溴氟苯；50—溴苯；51—1,1,2,2- 四氯乙烷；52—1,2,3- 三氯丙烷；53—正丙苯；54—2- 氯甲苯；55—1,3,5- 三甲基苯；56—4- 氯甲苯；57—叔丁基苯；58—1,2,4- 三甲基苯；59—仲丁基苯；60—1,3- 二氯苯；61—4- 异丙基甲苯；62—1,4- 二氯苯 -d_4；63—1,4- 二氯苯；64—正丁基苯；65—1,2- 二氯苯；66—1，2- 二溴 -3- 氯丙烷；67—1,2,4- 三氯苯；68—六氯丁二烯；69—萘；70—1,2,3- 三氯苯

图 1　目标物的总离子流色谱图

8.2.2.1 用平均相对响应因子绘制校准曲线

标准系列第 i 点中目标物（或替代物）的相对响应因子（RRF_i），按照式（1）进行计算：

$$RRF_i = \frac{A_i}{A_{ISi}} \times \frac{\rho_{ISi}}{\rho_i} \tag{1}$$

式中：RRF_i——标准系列中第 i 点目标物（或替代物）的相对响应因子；

A_i——标准系列中第 i 点目标物（或替代物）定量离子的响应值；

A_{ISi}——标准系列中第 i 点与目标物（或替代物）相对应内标定量离子的响应值；

ρ_{IS}——标准系列中内标的质量浓度，50 μg/L；

ρ_i——标准系列中第 i 点目标物（或替代物）的质量浓度，μg/L。

目标物（或替代物）的平均相对响应因子$\overline{RRF}$，按照式（2）进行计算：

$$\overline{RRF} = \frac{\sum_{i=1}^{n} RRF_i}{n} \tag{2}$$

式中：$\overline{RRF}$——目标物（或替代物）的平均相对响应因子；

RRF_i——标准系列中第 i 点目标物（或替代物）的相对响应因子；

n——标准系列点数，5。

RRF 的标准偏差（SD），按照式（3）进行计算：

$$SD = \sqrt{\frac{\sum_{i=1}^{n} (RRF_i - \overline{RRF})^2}{n-1}} \tag{3}$$

RRF 的相对标准偏差（RSD），按照式（4）进行计算：

$$RSD = \frac{SD}{\overline{RRF}} \times 100\% \tag{4}$$

标准系列目标物（或替代物）相对响应因子（RRF）的相对标准偏差（RSD）应小于等于 20%。

8.2.2.2 用最小二乘法绘制校准曲线

若标准系列中某个目标物相对响应因子（RRF）的相对标准偏差（RSD）大于 20%，则此目标物需用最小二乘法校准曲线进行校准。即以目标物和相对应内标的响应值比为纵坐标，浓度比为横坐标，绘制校准曲线。

注 3：若标准系列中某个目标物相对响应因子（RRF）的相对标准偏差（RSD）大于 20%，则此目标物也可以采用非线性拟合曲线[16]进行校准，其相关系数应大于等于 0.99。

8.3 测定

测定前，先将样品瓶从冷藏设备中取出，使其恢复至室温。

8.3.1 低含量样品的测定

若初步判定样品中挥发性有机物含量小于 200 μg/kg 时，用 5 g 样品直接测定；初步判定含量为 200~1 000 μg/kg 时，用 1 g 样品直接测定。

8.3.1.1 若吹扫捕集装置无自动进样器时，先将吹扫管称重，加入适量样品后再次称重（精确至 0.01 g），将吹扫管装入吹扫捕集装置。用微量注射器分别加入 10.0 μl 内标（5.5）和 10.0 μl 替代物标准溶液（5.6）至用气密性注射器量取的 5.0 ml 空白试剂水（5.1）中作为试料，放入吹扫管中，按照仪器参考条件（8.1）进行测定。

8.3.1.2 若吹扫捕集装置带有自动进样器时，将 7.1.2 中的样品瓶轻轻摇动，确认样品瓶中的样品能够自由移动，称量并记录样品瓶重量（精确至 0.01 g）。用气密性注射器量取 5.0 ml 空白试剂水（5.1）、用微量注射器分别量取 10.0 μl 内标标准溶液（5.5）和 10.0 μl 替代物标准溶液（5.6）加入样品瓶中，按照仪器参考条件（8.1）进行测定。

注 4：当用 1 g 样品分析时，若目标物未检出，需重新分析 5 g 样品；若目标物质量浓度超过了标准系列最高点，应按照高含量样品测定方法（8.3.2）重新分析样品。

要点分析

[16] 若采用非线性拟合曲线，校准曲线应至少包含 6 个浓度点（不包括空白点）。

8.3.2 高含量样品的测定

对于初步判定目标物含量大于 1 000 μg/kg 的样品，从 60 ml 样品瓶（或大于 60 ml 其他规格的样品瓶）中取 5 g 左右样品于预先称重的 40 ml 无色样品瓶中，称重（精确至 0.01 g）。迅速加入 10.0 ml 甲醇（5.2），盖好瓶盖并振摇 2 min。静置沉降后，用一次性巴斯德玻璃吸液管移取约 1 ml 提取液至 2 ml 棕色玻璃瓶中，必要时，提取液可进行离心分离。用微量注射器分别量取 10.0~100 μl 提取液、10.0 μl 内标标准溶液（5.5）和 10.0 μl 替代物标准溶液（5.6）至用气密性注射器量取的 5.0 ml 空白试剂水（5.1）中作为试料，放入 40 ml 样品瓶中（若无自动进样器，则直接放入吹扫管中），按照仪器参考条件（8.1）进行测定。

注 5：若提取液不能立即分析，可于 4℃以下暗处保存，保存时间为 14 d，分析前应恢复至室温。

注 6：若提取液中目标物质量浓度超过标准系列最高点，提取液可用甲醇适当稀释后测定；若采用高含量样品测定方法，当取 100 μl 提取液进行分析，目标物质量浓度低于标准系列最低点时，应采用低含量样品测定方法重新分析样品。

8.3.3 空白试验

用微量注射器分别量取 10.0 μl 内标标准溶液（5.5）和 10.0 μl 替代物标准溶液（5.6）至用气密性注射器量取的 5.0 ml 空白试剂水（5.1）中，作为空白试料。再将空白试料加入至 40 ml 样品瓶中（若无自动进样器，则直接放入吹扫管中），按照仪器参考条件（8.1）进行测定。

9 结果计算与表示

9.1 目标物的定性分析

目标物以相对保留时间（或保留时间）和与标准物质质谱图比较进行定性。

9.2 目标物的定量分析

根据目标物和内标第一特征离子的响应值进行计算。当样品中目标物的第一特征离子有干扰时，可以使用第二特征离子定量，具体见附录 B。

9.2.1 试料中目标物（或替代物）质量浓度 ρ_{ex} 的计算

9.2.1.1 用平均相对响应因子计算

当目标物（或替代物）采用平均相对响应因子进行校准时，试料中目标物的质量浓度 ρ_{ex} 按照式（5）进行计算：

$$\rho_{ex}=\frac{A_x}{A_{IS}}\times\frac{\rho_{IS}}{\overline{RRF}} \tag{5}$$

式中：ρ_{ex}——试料中目标物（或替代物）的质量浓度，μg/L；

A_x——目标物（或替代物）定量离子的响应值；

A_{IS}——与目标物（或替代物）相对应内标定量离子的响应值；

ρ_{IS}——内标物的质量浓度，50 μg/L；

$\overline{RRF}$——目标物（或替代物）的平均相对响应因子。

9.2.1.2 用线性或非线性校准曲线计算

当目标物采用线性或非线性校准曲线进行校准时，试料中目标物质量浓度 ρ_{ex} 通过相应的校准曲线计算。

9.2.2 对于低含量样品，样品中目标物的含量（μg/kg）按照式（6）进行计算：

$$\omega=\frac{\rho_{ex}\times5\times100}{m\times(100-w)} \tag{6}$$

式中：ω——样品中目标物的含量，μg/kg；

5——试料体积，ml；

ρ_{ex}——试料中目标物的质量浓度，μg/L；

w——样品的含水率，%；

m——样品量，g。

9.2.3 对于高含量样品，样品中目标物的含量（μg/kg）按照式（7）进行计算：

$$\omega=\frac{\rho_{ex}\times V_c\times 5\times K\times 100}{m\times(100-w)\times V_s} \tag{7}$$

式中：ω——样品中目标物的含量，μg/kg；

5——试料体积，ml；

ρ_{ex}——试料中目标物的质量浓度，μg/L；

V_{c}——提取液体积，ml；

m——样品量，g；

V_{s}——用于吹扫的提取液体积，ml；

w——样品的含水率，%；

K——提取液的稀释倍数。

注：若样品含水率大于 10% 时，提取液体积 V_{c} 应为甲醇与样品中水的体积之和；若样品含水率小于等于 10%，提取液体积 V_{c} 为 10 ml。

9.3 结果表示

9.3.1 当测定结果小于 100 μg/kg 时，保留小数点后 1 位；当测定结果大于等于 100 μg/kg 时，保留 3 位有效数字。

9.3.2 当使用本标准中规定的毛细管柱时，测定结果为间 - 二甲苯和对 - 二甲苯两者之和。

10 精密度和准确度

10.1 精密度

5 家实验室分别对 5.0 μg/kg 和 100 μg/kg 的统一样品进行了测定，实验室内相对标准偏差分别为：1.0%~38.6%、1.0%~15.6%；实验室间相对标准偏差分别为 0.2%~57.4%、0.3%~15.0%；重复性限分别为 0.1~2.9 μg/kg、7.8~31.5 μg/kg；再现性限分别为 1.0~5.6 μg/kg、11.5~44.3 μg/kg。

10.2 准确度

5 家实验室分别对加标量为 250 ng 的土壤和沉积物样品进行了加标分析测定，加标回收率分别为 65.8%~110%、62.6%~106%。

精密度和准确度结果详见附录 C。

11 质量保证和质量控制

11.1 目标物定性

11.1.1 当使用相对保留时间定性时，样品中目标物相对保留时间（RRT）与校准曲线中该目标物相对保留时间（RRT）的差值应在 0.06 以内。目标物的相对保留时间（RRT）按照式（8）进行计算：

$$RRT = \frac{RT_x}{RT_{IS}} \tag{8}$$

式中：RRT——目标物的相对保留时间；

RT_x——目标物的保留时间，min；

RT_{IS}——与目标物相对应内标的保留时间，min。

11.1.2 扣除谱图背景后，将实际样品的质谱图与校准确认标准溶液的质谱图比较，实际样品中目标物质谱图中特征离子的相对丰度变化应在校准确认标准溶液的 ±30%。

注：特征离子指目标物质谱图中 3 个相对丰度最大的离子，若质谱图中没有 3 个相对丰度最大的离子时，则指相对丰度超过 30% 的所有离子。

11.2 每批样品分析之前或 24 h 之内，需进行仪器性能检查，测定校准确认标准溶液和空白试验样品。

11.3 校准

11.3.1 校准曲线中部分目标物的最小相对响应因子应大于等于表 A.1 中规定的限值。所要定量的目标物相对响应因子（RRF）的 RSD 应小于等于 20%；或线性、非线性校准曲线相关系数大于等于 0.99，否则需更换捕集管、色谱柱或采取其他措施，然后重新绘制校准曲线。当采用最小二乘法绘制线性校准曲线时，将校准曲线最低点的响应值代入曲线计算[17]，目标物的计算结果应为实际值的 70%~130%。

11.3.2 校准确认标准溶液应在仪器性能检查之后进行分析。

校准确认标准溶液中内标与校准曲线中间点内标比较[18]，保留时间的变化不超过 10 s，定量离子峰面积变化在 50%~200%。

校准确认标准溶液中监测方案要求测定的目标物[19]，其测定值与加入浓度值的比值在 80%~120%，否则在分析样品前应采取校正措施。若校正措施无效，则应重新绘制校准曲线。

11.4 样品[20]

11.4.1 空白试验分析结果应满足如下任一条件的最大者：

（1）目标物浓度小于方法检出限；

（2）目标物浓度小于相关环保标准限值的 5%；

（3）目标物浓度小于样品分析结果的 5%。

要点分析

[17] 应按要求做校准曲线最低浓度点校正，最低浓度点响应值带入曲线计算。

[18] 内标物的校准应符合标准方法要求。

[19] 目标物的校准应符合标准方法要求。

[20] 空白、平行、加标测试结果应符合上述质控要求。经过实验验证，大部分空白样品测定值小于方法检出限，由于实验室环境不同，污染物不尽相同。实验室出现频率多的为二氯甲烷污染。个别空白样品中的二氯甲烷能够达到 0.003 mg/kg，按照现有的《展览会用地土壤环境质量评价标准（暂行）》（HJ 350—2007），低于标准限值的 2 mg/kg 的 5%，且在荷兰土壤环境质量标准 0.4 mg/kg 的 5% 以下，基本可满足方法中关于方法空白的要求。

若空白试验未满足以上要求，则应采取措施排除污染并重新分析同批样品。当分析空白试验样品时发现苯和苯乙烯出现异常高值，表明 Tenax 可能变质失效，需进行确认，必要时需更换捕集管。

11.4.2 每批样品应至少采集一个运输空白和一个全程序空白样品。若怀疑样品受到污染，则需分析该空白样品，其测定结果应满足空白试验的控制指标（11.4.1），否则需查找原因，采取措施排除污染后重新采集样品分析。

11.4.3 每批样品分析之前或 24 h 之内，需进行仪器性能检查，测定校准确认标准溶液和空白试验样品。

11.4.4 每批样品（最多 20 个）应选择一个样品进行平行分析或基体加标分析。所有样品中替代物加标回收率均应在 70%~130%，否则应重复分析该样品。若重复测定替代物回收率仍不合格，说明样品存在基体效应。此时应分析一个空白加标样品，其中的目标物回收率应在 70%~130%。

若初步判定样品中含有目标物，则须分析一个平行样，平行样品中替代物相对偏差应在 25% 以内；若初步判定样品中不含有目标物，则须分析该样品的加标样品，该样品及加标样品中替代物相对偏差应在 25% 以内。

12 注意事项

12.1 主要污染来自溶剂、试剂、不纯的惰性吹扫气体、玻璃器皿和其他样品处理设备。应使用纯化后的溶剂、试剂和惰性吹扫气体，样品贮存和分析时应尽量避免实验室中其他溶剂的污染，玻璃器皿和其他样品处理设备应清洗干净，不应使用非聚四氟乙烯密封垫圈、塑料管或橡胶组分的流量控制器，气相色谱载气管线及吹扫气管线应是不锈钢管或铜管，实验室分析人员的衣物不应有溶剂污染，特别是二氯甲烷污染。

12.2 在分析完高含量样品后，应分析一个或多个空白试验样品检查交叉污染。

12.3 若样品中含有大量水溶性物质、悬浮物、高沸点有机化合物或高含量有机化合物，在分析完后需用肥皂水和空白试剂水（5.1）清洗吹扫装置和进样针，然后在烘箱中 105℃烘干。

12.4 若样品中有些高沸点有机化合物被吹脱出来，它们将在目标物之后流出色谱柱。在程序升温完成后，气相色谱应有烘烤时间确保高沸点有机化合物流出色谱柱。

12.5 酮类物质的吹扫温度升至 80℃，吹扫捕集效率和回收率可明显提高。

附录 A
（规范性附录）

表 A.1　目标物的检出限、测定下限和最小相对响应因子

序号	目标物中文名称	目标物英文名称	检出限 /（μg/kg）	测定下限 /（μg/kg）	最小相对响应因子
1	二氯二氟甲烷	dichlorodifluoromethane	0.4	1.6	0.1
2	氯甲烷	chloromethane	1.0	4.0	0.1
3	氯乙烯	chloroethene	1.0	4.0	0.1
4	溴甲烷	bromomethane	1.1	4.4	0.1
5	氯乙烷	chloroethane	0.8	3.2	0.1
6	三氯氟甲烷	trichlorofluoromethane	1.1	4.4	0.1
7	1,1- 二氯乙烯	1,1-dichloroethene	1.0	4.0	0.1
8	丙酮	acetone	1.3	5.2	0.1
9	碘甲烷	iodo-methane	1.1	4.4	—
10	二硫化碳	carbon disulfide	1.0	4.0	0.1
11	二氯甲烷	methylene chloride	1.5	6.0	0.1
12	反式 -1,2- 二氯乙烯	*trans*-1,2-dichloroethene	1.4	5.6	0.1
13	1,1- 二氯乙烷	1,1-dichloroethane	1.2	4.8	0.2
14	2,2- 二氯丙烷	2,2-dichloropropane	1.3	4.2	—
15	顺式 -1,2- 二氯乙烯	*cis*-1,2-dichloroethene	1.3	4.2	0.1
16	2- 丁酮	2-butanone	3.2	13	0.1
17	溴氯甲烷	bromochloromethane	1.4	5.2	—
18	氯仿	chloroform	1.1	4.4	0.2
19	二溴氟甲烷	dibromofluoromethane	—	—	—
20	1,1,1- 三氯乙烷	1,1,1-trichloroethane	1.3	5.2	—

序号	目标物中文名称	目标物英文名称	检出限/（μg/kg）	测定下限/（μg/kg）	最小相对响应因子
21	四氯化碳	carbon tetrachloride	1.3	5.2	0.1
22	1,1-二氯丙烯	1,1-dichloropropene	1.2	4.8	—
23	苯	benzene	1.9	7.6	0.5
24	1,2-二氯乙烷	1,2-dichloroethane	1.3	5.2	0.1
25	氟苯	fluorobenzene	—	—	—
26	三氯乙烯	trichloroethylene	1.2	4.8	0.2
27	1,2-二氯丙烷	1,2-dichloropropane	1.1	4.4	0.1
28	二溴甲烷	dibromomethane	1.2	4.8	—
29	一溴二氯甲烷	bromodichloromethane	1.1	4.4	—
30	4-甲基-2-戊酮	4-methyl-2-pentanone	1.8	7.2	—
31	甲苯-d_8	toluene-d_8	—	—	—
32	甲苯	toluene	1.3	5.2	0.4
33	1,1,2-三氯乙烷	1,1,2-trichloroethane	1.2	4.8	—
34	四氯乙烯	tetrachloroethylene	1.4	5.6	0.2
35	1,3-二氯丙烷	1,3-dichloropropane	1.1	4.4	—
36	2-己酮	2-hexanone	3.0	12	—
37	二溴氯甲烷	dibromochloromethane	1.1	4.4	0.1
38	1,2-二溴乙烷	1,2-dibromoethane	1.1	4.4	—
39	氯苯-d_5	chlorobenzene-d_5	—	—	—
40	氯苯	chlorobenzene	1.2	4.8	0.5
41	1,1,1,2-四氯乙烷	1,1,1,2-tetrachloroethane	1.2	4.8	—
42	乙苯	ethylbenzene	1.2	4.8	0.1
43	1,1,2-三氯丙烷	1,1,2-trichloropropane	1.2	4.8	—
44/45	间,对-二甲苯	*m,p*-xylene	1.2	4.8	0.1
46	邻-二甲苯	*o*-xylene	1.2	4.8	0.3
47	苯乙烯	styrene	1.1	4.4	0.3

序号	目标物中文名称	目标物英文名称	检出限 /（μg/kg）	测定下限 /（μg/kg）	最小相对响应因子
48	溴仿	bromoform	1.5	6.0	0.1
49	异丙苯	isopropylbenzene	1.2	4.8	0.1
50	4- 溴氟苯	4-bromofluorobenzene	—	—	—
51	溴苯	bromobenzene	1.3	5.2	—
52	1,1,2,2- 四氯乙烷	1,1,2,2-tetrachloroethane	1.2	4.8	0.3
53	1,2,3- 三氯丙烷	1,2,3-trichloropropane	1.2	4.8	—
54	正丙苯	*n*-propylbenzene	1.2	4.8	—
55	2- 氯甲苯	2-chlorotoluene	1.3	5.2	—
56	1,3,5- 三甲基苯	1,3,5-trimethylbenzene	1.4	5.6	—
57	4- 氯甲苯	4-chlorotoluene	1.3	5.2	—
58	叔丁基苯	tert-butylbenzene	1.2	4.8	—
59	1,2,4- 三甲基苯	1,2,4-trimethylbenzene	1.3	5.2	—
60	仲丁基苯	*sec*-butylbenzene	1.1	4.4	—
61	1,3- 二氯苯	1,3-dichlorobenzene	1.5	6.0	0.6
62	4- 异丙基甲苯	*p*-isopropyltoluene	1.3	5.2	—
63	1,4- 二氯苯 -d_4	1,4-dichlorobenzene-d_4	—	—	—
64	1,4- 二氯苯	1,4-dichlorobenzene	1.5	6.0	0.5
65	正丁基苯	*n*-butylbenzene	1.7	6.8	—
66	1,2- 二氯苯	1,2-dichlorobenzene	1.5	6.0	0.4
67	1,2- 二溴 -3- 氯丙烷	1,2-dibromo-3-chloropropane	1.9	7.6	0.05
68	1,2,4- 三氯苯	1,2,4-trichlorobenzene	0.3	1.2	0.2
69	六氯丁二烯	hexachlorobutadiene	1.6	6.4	—
70	萘	naphthalene	0.4	1.6	—
71	1,2,3- 三氯苯	1,2,3-trichlorobenzene	0.2	0.8	—

注：没有规定最小相对响应因子的化合物，其最小相对响应因子不做限值规定。

附 录 B
（资料性附录）
目标物的定量参数

表 B.1 给出了目标物的出峰顺序、定量内标、第一特征离子和第二特征离子等测定参数。

表 B.1 目标物的定量参数

序号	目标物中文名称	目标物英文名称	CAS 号	出峰顺序	类型	定量内标	第一特征离子（m/z）	第二特征离子（m/z）
1	二氯二氟甲烷	dichlorodifluoromethane	75-71-8	1	目标物	1	85	87
2	氯甲烷	chloromethane	74-87-3	2	目标物	1	50	52
3	氯乙烯	chloroethene	75-01-4	3	目标物	1	62	64
4	溴甲烷	bromomethane	74-83-9	4	目标物	1	94	96
5	氯乙烷	chloroethane	75-00-3	5	目标物	1	64	66
6	三氯氟甲烷	trichlorofluoromethane	75-69-4	6	目标物	1	101	103
7	1,1- 二氯乙烯	1,1-dichloroethene	75-35-4	7	目标物	1	96	61,63
8	丙酮	acetone	67-64-1	8	目标物	1	58	43
9	碘甲烷	iodo-methane	74-88-4	9	目标物	1	142	127,141
10	二硫化碳	carbon disulfide	75-15-0	10	目标物	1	76	78
11	二氯甲烷	methylene chloride	75-09-2	11	目标物	1	84	86,49
12	反式 -1,2-二氯乙烯	*trans*-1,2-dichloroethene	156-60-5	12	目标物	1	96	61,98
13	1,1- 二氯乙烷	1,1-dichloroethane	75-34-3	13	目标物	1	63	65,83
14	2,2- 二氯丙烷	2,2-dichloropropane	594-20-7	14	目标物	1	77	97
15	顺式 -1,2-二氯乙烯	*cis*-1,2-dichloroethene	156-59-2	15	目标物	1	96	61,98

序号	目标物中文名称	目标物英文名称	CAS 号	出峰顺序	类型	定量内标	第一特征离子（m/z）	第二特征离子（m/z）
16	2- 丁酮	2-butanone	78-93-3	16	目标物	1	72	43
17	溴氯甲烷	bromochloromethane	74-97-5	17	目标物	1	128	49,130
18	氯仿	chloroform	67-66-3	18	目标物	1	83	85
19	二溴氟甲烷	dibromofluoromethane	1868-53-7	19	替代物	1	113	—
20	1,1,1- 三氯乙烷	1,1,1-trichloroethane	71-55-6	20	目标物	1	97	99,61
21	四氯化碳	carbon tetrachloride	56-23-5	21	目标物	1	117	119
22	1,1- 二氯丙烯	1,1-dichloropropene	563-58-6	22	目标物	1	75	110,77
23	苯	benzene	71-43-2	23	目标物	1	78	—
24	1,2- 二氯乙烷	1,2-dichloroethane	107-06-2	24	目标物	1	62	98
25	氟苯	fluorobenzene	462-06-6	25	内标 1	—	96	—
26	三氯乙烯	trichloroethylene	79-01-6	26	目标物	1	95	97,130
27	1,2- 二氯丙烷	1,2-dichloropropane	78-87-5	27	目标物	1	63	112
28	二溴甲烷	dibromomethane	74-95-3	28	目标物	1	93	95,174
29	一溴二氯甲烷	bromodichloromethane	75-27-4	29	目标物	1	83	85,127
30	4- 甲基 -2- 戊酮	4-methyl-2-pentanone	108-10-1	30	目标物	1	100	43
31	甲苯 -d_8	toluene-d_8	2037-26-5	31	替代物	2	98	—
32	甲苯	toluene	108-88-3	32	目标物	2	92	91
33	1,1,2- 三氯乙烷	1,1,2-trichloroethane	79-00-5	33	目标物	2	83	97,85
34	四氯乙烯	tetrachloroethylene	127-18-4	34	目标物	2	164	129,131
35	1,3- 二氯丙烷	1,3-dichloropropane	142-28-9	35	目标物	2	76	78

序号	目标物中文名称	目标物英文名称	CAS 号	出峰顺序	类型	定量内标	第一特征离子（m/z）	第二特征离子（m/z）
36	2- 己酮	2-hexanone	591-78-6	36	目标物	2	43	58,57
37	二溴氯甲烷	dibromochloromethane	124-48-1	37	目标物	2	129	127
38	1,2- 二溴乙烷	1,2-dibromoethane	106-93-4	38	目标物	2	107	109,188
39	氯苯 -d_5	chlorobenzene-d_5	3114-55-4	39	内标 2	—	117	—
40	氯苯	chlorobenzene	108-90-7	40	目标物	2	112	77,114
41	1,1,1,2- 四氯乙烷	1,1,1,2-tetrachloroethane	630-20-6	41	目标物	2	131	133,119
42	乙苯	ethylbenzene	100-41-4	42	目标物	2	106	91
43	1,1,2- 三氯丙烷	1,1,2-trichloropropane	598-77-6	43	目标物	2	63	—
44/45	间，对 - 二甲苯	*m,p*-xylene	108-38-3/106-42-3	44	目标物	2	106	91
46	邻 - 二甲苯	*o*-xylene	95-47-6	45	目标物	2	106	91
47	苯乙烯	styrene	100-42-5	46	目标物	2	104	78
48	溴仿	bromoform	75-25-2	47	目标物	2	173	175,254
49	异丙苯	isopropylbenzene	98-82-8	48	目标物	3	105	120
50	4- 溴氟苯	4-bromofluorobenzene	460-00-4	49	替代物	3	95	174,176
51	溴苯	bromobenzene	108-86-1	50	目标物	3	156	77,158
52	1,1,2,2- 四氯乙烷	1,1,2,2-tetrachloroethane	79-34-5	51	目标物	3	83	131,85
53	1,2,3- 三氯丙烷	1,2,3-trichloropropane	96-18-4	52	目标物	3	75	77
54	正丙苯	*n*-propylbenzene	103-65-1	53	目标物	3	91	120
55	2- 氯甲苯	2-chlorotoluene	95-49-8	54	目标物	3	91	126
56	1,3,5- 三甲基苯	1,3,5-trimethylbenzene	108-67-8	55	目标物	3	105	120

序号	目标物中文名称	目标物英文名称	CAS 号	出峰顺序	类型	定量内标	第一特征离子（*m/z*）	第二特征离子（*m/z*）
57	4- 氯甲苯	4-chlorotoluene	106-43-4	56	目标物	3	91	126
58	叔丁基苯	*tert*-butylbenzene	98-06-6	57	目标物	3	119	91,134
59	1,2,4- 三甲基苯	1,2,4-trimethylbenzene	95-63-6	58	目标物	3	105	120
60	仲丁基苯	*sec*-butylbenzene	135-98-8	59	目标物	3	105	134
61	1,3- 二氯苯	1,3-dichlorobenzene	541-73-1	60	目标物	3	146	111,148
62	4- 异丙基甲苯	*p*-isopropyltoluene	99-87-6	61	目标物	3	119	134,91
63	1,4- 二氯苯 -d_4	1,4-dichlorobenzene-d_4	3855-82-1	62	内标 3	—	152	115,150
64	1,4- 二氯苯	1,4-dichlorobenzene	106-46-7	63	目标物	3	146	111,148
65	正丁基苯	*n*-butylbenzene	104-51-8	64	目标物	3	91	92,134
66	1,2- 二氯苯	1,2-dichlorobenzene	95-50-1	65	目标物	3	146	111,148
67	1,2- 二溴 -3- 氯丙烷	1,2-dibromo-3-chloropropane	96-12-8	66	目标物	3	75	155,157
68	1,2,4- 三氯苯	1,2,4-trichlorobenzene	120-82-1	67	目标物	3	180	182,145
69	六氯丁二烯	hexachlorobutadiene	87-68-3	68	目标物	3	225	223,227
70	萘	naphthalene	91-20-3	69	目标物	3	128	—
71	1,2,3- 三氯苯	1,2,3-trichlorobenzene	87-61-6	70	目标物	3	180	182,145

附 录 C
（资料性附录）
方法的精密度和准确度

表 C.1 中给出了方法的重复性、再现性和加标回收率等精密度和准确度指标。

表 C.1　方法的精密度和准确度

序号	名称	总平均值 /（μg/kg）	实验室内相对标准偏差 / %	实验室间相对标准偏差 / %	重复性限 r/（μg/kg）	再现性限 R/（μg/kg）	土壤加标回收率终值（加标量 250 ng）$\overline{p}\%\pm2S_{\overline{p}}$	沉积物加标回收率 终值（加标量 250 ng）$\overline{p}\%\pm2S_{\overline{p}}$
1	二氯二氟甲烷	3.37	3.0~14.7	53.4	1.04	5.12	82.0±46.0	82.0±37.6
		99.4	3.0~12.4	7.0	23.0	28.4		
2	氯甲烷	3.50	10.7~20.3	57.4	1.02	4.89	94.9±10.8	106±28.4
		99.3	6.3~9.0	3.8	18.6	20.7		
3	氯乙烯	3.61	12.5~23.0	53.2	1.20	4.72	97.9±15.4	104±18.0
		95.6	10.0~13.5	8.2	31.5	36.2		
4	溴甲烷	3.50	16.0~18.0	20.9	1.30	2.28	101±28.4	96.2±18.8
		92.5	3.5~13.9	15.0	21.6	34.9		
5	氯乙烷	4.15	7.8~8.1	27.0	0.78	2.54	103±14.6	91.2±35.0
		93.8	8.0~15.6	14.4	29.7	42.9		

序号	名称	总平均值 /（μg/kg）	实验室内相对标准偏差 / %	实验室间相对标准偏差 / %	重复性限 r/（μg/kg）	再现性限 R/（μg/kg）	土壤加标回收率终值（加标量 250 ng）$\overline{p}\% \pm 2S_{\overline{p}}$	沉积物加标回收率终值（加标量 250 ng）$\overline{p}\% \pm 2S_{\overline{p}}$
6	三氯氟甲烷	4.13	7.0~22.2	27.9	1.56	3.13	95.7±29.8	98.4±25.2
		95.2	6.0~10.5	8.7	22.0	29.9		
7	1,1- 二氯乙烯	4.44	3.0~23.2	14.2	1.52	2.25	90.6±43.0	92.0±42.6
		97.5	2.0~7.6	4.1	15.9	18.2		
8	丙酮	4.66	3.0~8.8	13.7	0.76	1.84	110±40.0	99.3±27.0
		102	3.0~9.2	3.8	18.4	28.7		
9	碘甲烷	4.27	5.7~5.8	0.2	0.75	1.97	89.8±40.0	102±7.4
		90.0	6.9~7.1	0.3	14.7	17.6		
10	二硫化碳	4.01	5.0~9.9	31.6	0.77	2.77	95.6±29.2	93.9±19.8
		96.4	5.0~9.9	9.5	18.2	24.7		
11	二氯甲烷	4.67	2.0~9.7	7.3	0.87	1.26	102±31.6	98.7±17.8
		99.3	2.0~5.5	4.4	12.0	16.3		
12	反式 -1,2- 二氯乙烯	4.73	1.0~14.4	10.3	1.14	1.72	98.0±36.2	93.9±27.8
		100	1.0~13.8	8.1	20.4	29.3		
13	1,1- 二氯乙烷	4.83	2.5~7.1	7.1	0.67	1.14	97.9±31.8	93.6±19.6
		101	2.4~5.0	4.3	10.6	15.7		
14	2,2- 二氯丙烷	4.59	6.9~8.9	9.5	0.94	1.34	99.0±21.4	97.1±17.6
		103	3.0~10.2	7.3	17.3	24.6		

序号	名称	总平均值 /（μg/kg）	实验室内相对标准偏差 /%	实验室间相对标准偏差 /%	重复性限 r/（μg/kg）	再现性限 R/（μg/kg）	土壤加标回收率终值（加标量 250 ng）$\overline{p}\% \pm 2S_{\overline{p}}$	沉积物加标回收率终值（加标量 250 ng）$\overline{p}\% \pm 2S_{\overline{p}}$
15	顺式 -1,2- 二氯乙烯	4.62	7.9~21.8	8.7	1.52	1.68	96.6±21.2	90.0±24.0
		101	2.6~5.2	6.9	13.0	22.1		
16	2- 丁酮	4.65	12.0~27.6	8.1	2.08	2.08	109±35.4	93.6±34.0
		100	6.8~7.0	1.2	16.4	16.4		
17	溴氯甲烷	4.75	2.0~8.0	10.0	0.78	1.52	93.4±24.6	92.6±19.2
		100	2.0~3.9	4.1	9.31	14.2		
18	氯仿	4.83	3.0~5.8	5.7	0.66	0.98	101±28.0	96.1±16.2
		99.6	2.8~5.0	3.1	10.5	12.9		
19	1,1,1- 三氯乙烷	4.53	3.0~8.9	11.5	0.76	1.62	98.1±34.8	94.9±21.6
		101	3.0~4.2	4.3	9.78	15.1		
20	四氯化碳	4.52	3.0~14.8	9.4	1.20	1.61	89.8±36.0	84.9±57.0
		98.0	2.4~9.0	2.4	15.6	15.7		
21	1,1- 二氯丙烯	4.20	8.8~19.9	7.8	1.38	1.58	94.0±21.0	91.9±18.0
		101	2.7~4.4	7.9	10.0	21.5		
22	苯	5.55	3.0~14.0	23.0	1.10	3.69	95.0±28.0	94.9±28.2
		97.5	3.0~4.9	3.9	11.2	14.8		
23	1,2- 二氯乙烷	4.73	2.4~8.8	4.6	0.90	0.98	98.7±21.2	97.1±17.6
		98.3	3.3~4.0	2.1	14.9	16.0		
24	三氯乙烯	4.67	3.0~16.1	12.1	1.11	1.87	94.8±22.8	88.4±28.4
		101	3.0~4.2	6.5	9.96	20.5		

序号	名称	总平均值 /（μg/kg）	实验室内相对标准偏差 / %	实验室间相对标准偏差 / %	重复性限 r/（μg/kg）	再现性限 R/（μg/kg）	土壤加标回收率终值（加标量 250 ng）$\overline{p}\%\pm2S_{\overline{p}}$	沉积物加标回收率 终值（加标量 250 ng）$\overline{p}\%\pm2S_{\overline{p}}$
25	1,2- 二氯丙烷	4.76	4.0～10.7	7.9	0.09	1.34	97.9±14.8	95.6±14.4
		101	3.0～5.7	5.5	11.6	19.0		
26	二溴甲烷	4.78	2.0～8.7	7.0	0.87	1.23	94.1±19.2	90.9±18.4
		99.3	2.0～5.7	3.9	9.94	14.1		
27	一溴二氯甲烷	4.58	3.0～12.1	7.2	1.02	1.31	96.5±18.6	94.2±13.2
		99.9	2.0～3.7	3.7	8.67	12.9		
28	4- 甲基 -2- 戊酮	4.66	5.0～25.5	1.4	1.76	1.76	94.8±22.2	89.8±15.6
		98.4	4.0～5.0	3.4	11.6	12.8		
29	甲苯	4.49	5.0～11.7	9.4	1.04	1.52	97.8±20.0	93.5±12.0
		100	3.4～6.0	3.1	12.5	14.3		
30	1,1,2- 三氯乙烷	4.69	4.3～8.0	4.7	0.81	0.96	92.2±35.8	86.0±30.8
		101	3.4～5.0	3.8	11.6	15.2		
31	四氯乙烯	4.59	3.0～14.7	8.7	1.12	1.50	92.1±11.2	92.5±20.0
		101	2.6～4.0	4.4	9.34	15.1		
32	1,3- 二氯丙烷	4.66	2.0～12.3	10.6	0.93	1.60	95.3±25.4	91.0±19.2
		102	2.0～4.8	6.2	10.2	20.2		
33	2- 己酮	4.64	4.0～18.0	6.0	1.51	1.51	94.8±27.0	90.9±25.0
		99.9	3.3～6.7	3.3	14.2	18.8		

序号	名称	总平均值 /（μg/kg）	实验室内相对标准偏差 / %	实验室间相对标准偏差 / %	重复性限 r/（μg/kg）	再现性限 R/（μg/kg）	土壤加标回收率终值（加标量 250 ng）$\overline{p}\%\pm2S_{\overline{p}}$	沉积物加标回收率终值（加标量 250 ng）$\overline{p}\%\pm2S_{\overline{p}}$
34	二溴氯甲烷	4.36	3.8~9.5	12.7	0.82	1.74	94.0±12.4	88.7±29.0
		102	2.2~4.0	4.2	7.83	13.8		
35	1,2- 二溴乙烷	4.57	4.0~10.0	9.2	0.88	1.39	92.0±41.6	88.8±29.6
		102	2.5~4.8	4.7	10.6	16.4		
36	氯苯	4.60	4.0~9.8	7.9	0.91	1.29	90.6±22.6	93.4±23.4
		96.0	2.9~4.0	3.2	9.09	11.8		
37	1,1,1,2- 四氯乙烷	4.78	5.0~18.8	6.9	1.36	1.54	97.5±19.4	94.2±28.6
		99.5	3.0~5.0	2.5	9.91	11.5		
38	乙苯	4.55	4.5~23.7	8.7	1.47	1.73	90.9±31.8	88.6±35.6
		99.9	2.5~5.0	4.0	—	14.2		
39	1,1,2- 三氯丙烷	4.62	5.5~11.4	4.8	1.06	1.16	87.0±13.4	85.1±13.0
		97.1	2.6~4.2	0.5	8.90	8.90		
40/41	间，对 - 二甲苯	9.93	4.0~8.6	19.1	1.69	5.55	90.0±35.4	94.5±34.0
		203	3.0~4.8	7.0	21.3	44.3		
42	邻 - 二甲苯	4.36	4.3~18.7	14.5	1.02	1.98	92.3±30.0	93.6±37.0
		102	2.6~4.5	7.8	10.5	24.4		
43	苯乙烯	4.34	5.0~23.9	13.3	1.33	2.00	88.3±37.6	93.5±33.2
		101	2.8~5.0	6.8	10.3	21.4		

序号	名称	总平均值 /（μg/kg）	实验室内相对标准偏差 / %	实验室间相对标准偏差 / %	重复性限 r/（μg/kg）	再现性限 R/（μg/kg）	土壤加标回收率终值（加标量 250 ng）$\overline{p\%}\pm 2S_{\bar{p}}$	沉积物加标回收率 终值（加标量 250 ng）$\overline{p\%}\pm 2S_{\bar{p}}$
44	溴仿	4.22	3.0~23.1	11.0	1.54	1.90	87.6±31.0	91.9±31.0
		97.7	3.0~10.9	4.6	16.7	19.8		
45	异丙苯	4.34	4.0~24.0	13.6	1.42	2.12	94.7±28.2	92.9±32.8
		101	2.5~4.4	7.4	9.72	22.8		
46	溴苯	4.64	4.0~17.8	7.2	1.35	1.54	89.6±37.2	88.7±36.6
		101	3.5~8.0	7.2	14.9	24.5		
47	1,1,2,2- 四氯乙烷	4.74	3.0~11.8	4.8	1.29	1.33	91.7±31.2	92.4±27.2
		99.4	3.0~7.9	5.5	15.9	21.2		
48	1,2,3- 三氯丙烷	5.10	4.0~15.3	2.5	0.52	1.53	103±30.0	89.9±32.4
		99.8	2.3~7.7	2.3	13.3	13.6		
49	正丙苯	4.48	3.0~16.1	10.1	1.17	1.65	86.6±57.8	81.7±53.0
		103	2.0~9.0	8.7	15.2	28.6		
50	2- 氯甲苯	4.42	3.0~8.8	9.0	0.79	1.32	93.3±43.8	82.2±41.2
		100	3.0~13.6	9.6	25.9	35.8		
51	1,3,5- 三甲基苯	4.39	4.0~10.1	9.5	1.01	1.46	89.9±47.6	82.9±43.6
		101	2.7~8.0	9.4	14.3	29.5		
52	4- 氯甲苯	4.57	5.7~15.0	7.8	1.18	1.44	91.9±49.2	83.9±43.6
		102	3.8~9.2	8.1	17.6	28.1		

序号	名称	总平均值 /（μg/kg）	实验室内相对标准偏差 /%	实验室间相对标准偏差 /%	重复性限 r/（μg/kg）	再现性限 R/（μg/kg）	土壤加标回收率终值（加标量 250 ng）$\overline{p}\%\pm2S_{\overline{p}}$	沉积物加标回收率 终值（加标量 250 ng）$\overline{p}\%\pm2S_{\overline{p}}$
53	叔丁基苯	4.33	4.0~19.1	13.2	1.36	2.05	89.2±37.6	87.3±31.8
		103	3.0~6.2	8.3	12.8	26.9		
54	1,2,4- 三甲基苯	4.40	4.0~11.9	11.2	1.01	1.67	87.2±57.8	84.5±51.6
		102	2.8~8.3	8.1	14.4	26.6		
55	仲丁基苯	4.41	3.0~18.9	8.1	1.39	1.60	88.5±49.0	83.5±42.8
		100	2.6~4.4	8.3	9.27	24.7		
56	1,3- 二氯苯	4.80	3.0~11.8	8.2	1.12	1.48	79.0±54.8	78.3±51.2
		103	3.0~5.7	7.9	12.8	25.5		
57	4- 异丙基甲苯	4.44	3.7~16.7	9.3	1.22	1.60	84.5±58.0	83.5±51.2
		99.5	2.6~5.7	3.9	12.0	15.4		
58	1,4- 二氯苯	4.73	4.0~13.7	7.4	1.26	1.52	79.4±58.4	78.6±54.2
		99.2	2.7~4.1	3.0	9.92	12.3		
59	正丁基苯	4.50	4.0~15.6	8.1	1.31	1.58	79.4±61.8	77.8±56.0
		99.1	3.0~4.3	3.6	9.95	13.5		
60	1,2- 二氯苯	4.70	3.0~10.8	5.1	1.01	1.15	76.9±54.2	78.7±51.2
		100	3.0~4.9	3.0	12.8	14.3		
61	1,2- 二溴 -3- 氯丙烷	4.30	3.2~30.0	21.6	2.93	3.73	82.9±34.2	78.0±20.4
		99.4	1.9~8.4	5.9	17.4	22.8		

序号	名称	总平均值 /（μg/kg）	实验室内相对标准偏差 / %	实验室间相对标准偏差 / %	重复性限 r/（μg/kg）	再现性限 R/（μg/kg）	土壤加标回收率终值（加标量 250 ng）$\overline{p}\% \pm 2S_{\overline{p}}$	沉积物加标回收率终值（加标量 250 ng）$\overline{p}\% \pm 2S_{\overline{p}}$
62	1,2,4- 三氯苯	4.58	4.9~17.9	7.3	1.41	1.58	71.5±22.3	72.4±46.8
		96.0	3.5~7.3	5.6	13.0	19.3		
63	六氯丁二烯	4.89	3.9~13.9	9.4	1.31	1.76	73.8±36.2	76.7±40.2
		97.0	2.5~8.2	5.0	12.4	17.6		
64	萘	4.90	2.2~38.6	5.3	2.73	2.73	65.8±42.6	62.6±44.6
		101	3.3~11.2	11.5	23.1	38.6		
65	1,2,3- 三氯苯	4.59	3.4~22.7	6.8	1.75	1.81	68.5±44.8	68.7±39.0
		97.1	2.8~5.0	7.1	11.0	21.9		

多氯联苯的测定 《土壤和沉积物 多氯联苯的测定 气相色谱-质谱法》（HJ 743—2015）技术和质量控制要点

一、概述

多氯联苯（以下简称PCBs）指联苯苯环上的氢被氯取代而形成的多氯化合物，又称氯化联苯。PCBs的联苯苯环上有10个可被氯取代的位置，按分子中氯原子数或氯的百分含量不同，共有209种不同的PCBs单体，以PCB1、PCB2、PCB3……PCB209命名。PCBs是一种无色或浅黄色的油状物质，有稳定的物理化学性质，属半挥发或不挥发物质；具有较强的腐蚀性；难溶于水，易溶于脂肪和其他有机化合物中；具有低电导率，良好的阻燃性、抗热解和抗多种氧化剂能力。

209种PCBs中指示性PCBs和共平面PCBs这两类PCBs一直被重点关注。指示性PCBs是指联合国全球环境监测规划食品污染监测和评价部分（GEMS/FOOD）中规定的作为PCBs污染状况进行替代监测的指示性单体，包括PCB28、PCB52、PCB101、CPB118、PCB138、PCB153、PCB180共7种。共平面PCBs指毒性与二噁英接近的PCBs单体，包括PCB81、PCB77、PCB123、PCB118、PCB114、PCB105、PCB126、PCB167、PCB156、PCB157、PCB169、PCB189共12种。

多氯联苯在使用过程中，可以通过废物排放、储油罐泄漏、挥发和干、湿沉降等原因进入土壤及相连的水环境中，造成土壤、水环境的污染。目前人们已经发现植物和水生生物可以吸收多氯联苯，并通过食物链传递和富集。美国、英国等许多国家都已在人乳中检出一定量的多氯联苯。多氯联苯进入人体后，有致毒、致癌性能，可引起肝损伤和白细胞增加症，并通过母体传递给胎儿，致胎儿畸形，因此对人类健康危害极大，目前各国已普遍减少使用或停止生产多氯联苯。

测定土壤中多氯联苯的前处理方法有手工或机械摇振法、索氏提取、微波萃取、超声波萃取、加压流体萃取（快速溶剂萃取）等，分析方法有气相色谱和气相色谱质谱法。

美国 EPA 关于土壤中多氯联苯的分析方法有 EPA 8270（GC/MS 法测定半挥发性有机物）、EPA 8080（气相色谱法测定有机氯农药和多氯联苯）、EPA 8082（气相色谱法测定多氯联苯）等方法；以及 ISO 10382—2002（土壤质量 有机氯农药和多氯联苯的测定 气相色谱法）等。

国内土壤中多氯联苯分析方法主要有《展览会用地土壤环境质量评价标准（暂行）》（HJ 350—2007）附录 D（土壤中半挥发性有机物的测定 气相色谱 / 质谱法）和附录 F（土壤中多氯联苯的测定 气相色谱法）。

二、标准方法解读

警告：试验中所使用的溶剂和试剂均有一定的毒性，部分多氯联苯属于强致癌物，样品前处理过程应在通风橱中进行，操作时应按规定要求佩戴防护器具，避免溶剂和试剂直接接触皮肤和衣物。

1 适用范围

本标准规定了测定土壤和沉积物中多氯联苯的气相色谱 - 质谱法。

本标准适用于土壤和沉积物中 7 种指示性多氯联苯和 12 种共平面多氯联苯的测定。其他多氯联苯如果通过验证也可用本方法测定。

当样品量为 10.0 g，采用选择离子扫描模式时，多氯联苯的方法检出限为 0.4~0.6 μg/kg，测定下限为 1.6~2.4 μg/kg，详见附录 A。

2 规范性引用文件

本标准内容引用了下列文件或其中的条款。凡是不注明日期的引用文件，其有效版本适用于本标准。

GB 17378.3　海洋监测规范　第 3 部分：样品采集、贮存与运输

GB 17378.5　海洋监测规范　第 5 部分：沉积物分析

HJ 613　土壤　干物质和水分的测定　重量法

HJ/T 166　土壤环境监测技术规范

3 术语和定义

3.1 指示性多氯联苯 indicator PCBs

指作为多氯联苯污染状况进行替代监测的多氯联苯。

3.2 共平面多氯联苯 coplanar PCBs

指多氯联苯中非邻位或单邻位取代的多氯联苯，与二噁英有类似的毒性。

4 方法原理

采用合适的萃取方法（微波萃取、超声波萃取等）提取土壤或沉积物中的多氯联苯，根据样品基体干扰情况选择合适的净化方法（浓硫酸磺化、铜粉脱硫、弗罗里硅土柱、硅胶柱等凝胶渗透净化小柱），对提取液净化、浓缩、定容后，用气相色谱－质谱仪分离、检测，内标法定量。

5 试剂和材料

除非另有说明，分析时均使用符合国家标准的分析纯试剂和实验用水。

5.1 甲苯[1]（C_7H_8）：色谱纯。

要点分析

[1] 本标准中 5.1~5.3 有机溶剂易挥发和具有一定的毒性，实验操作应注意个人防护和在通风橱中进行。

5.2 正已烷（C_6H_{14}）：色谱纯。

5.3 丙酮（CH_3COCH_3）：色谱纯。

5.4 无水硫酸钠（Na_2SO_4）：优级纯。

在马弗炉中450℃烘烤4h后冷却，置于干燥器内玻璃瓶中备用。

5.5 碳酸钾（K_2CO_3）：优级纯。

5.6 硝酸：ρ（HNO_3）=1.42 g/ml。

5.7 硝酸溶液：1+9。

5.8 硫酸：ρ（H_2SO_4）=1.84 g/ml。

5.9 正己烷－丙酮混合溶剂[2]：1+1。

用正己烷（5.2）和丙酮（5.3）按1∶1的体积比混合。

5.10 正己烷－丙酮混合溶剂：9+1。

用正己烷（5.2）和丙酮（5.3）按9∶1的体积比混合。

5.11 碳酸钾溶液：ρ=0.1 g/ml。

称取1.0 g碳酸钾（5.5）溶于水中，定容至10.0 ml。

5.12 铜粉（Cu）：99.5%。

使用前用硝酸溶液[3]（5.7）去除铜粉表面的氧化物，用蒸馏水洗去残留酸，再用丙酮清洗，并在氮气流下干燥铜粉[4]，使铜粉具光亮的表面。临用前处理。

要点分析

[2] 本标准中5.9~5.10混合溶剂配制应临用现配、按需配制，配制过程会产生有害气体，要注意做好防护。

[3] 由于稀硝酸能与单质铜发生化学反应，建议可将稀硝酸更换为稀盐酸（1+9）。

[4] 铜粉在氮气流中干燥时，注意控制好气体流量，避免气流过大造成铜粉飞洒；也可用铜粒或铜丝替换铜粉使用。

5.13 多氯联苯标准贮备液：ρ=10~100 mg/L。

用正己烷稀释纯标准物质制备，该标准溶液在4℃下避光密闭冷藏，可保存半年。也可直接购买有证标准溶液（多氯联苯混合标准溶液或单个组分多氯联苯标准溶液），保存时间参见标准溶液证书的相关说明。

5.14 多氯联苯标准使用液[5]：ρ=1.0 mg/L（参考浓度）。

用正己烷（5.2）稀释多氯联苯标准贮备液（5.13）。

5.15 内标贮备液：ρ=1 000~5 000 mg/L。

选择2,2',4,4',5,5'－六溴联苯或邻硝基溴苯作为内标；当十氯联苯为非待测化合物时，也可选用十氯联苯作为内标。也可直接购买有证标准溶液。

5.16 内标使用液：ρ=10 mg/L（参考浓度）。

用正己烷（5.2）稀释内标贮备液（5.15）。

5.17 替代物贮备液：ρ=1 000~5 000 mg/L。

选择2,2',4,4',5,5'－六溴联苯或四氯间二甲苯作为替代物，当十氯联苯为非待测化合物时，也可选用十氯联苯作为替代物。也可直接购买有证标准溶液。

5.18 替代物使用液：ρ=5.0 mg/L（参考浓度）。

用丙酮（5.3）稀释替代物贮备液（5.17）。

5.19 十氟三苯基磷（DFTPP）溶液：ρ=1 000 mg/L，溶剂为甲醇。

5.20 十氟三苯基磷使用液：ρ=50.0 mg/L。

要点分析

[5] 标准溶液须在保质期内使用，配制时应遵从逐级稀释原则，同时做好配制过程和标签记录。

移取 500 μl 十氟三苯基磷（DFTPP）溶液（5.19）至 10 ml 容量瓶中，用正己烷（5.2）定容至标线，混匀。

5.21 弗罗里硅土柱：1 000 mg，6 ml。

5.22 硅胶柱：1 000 mg，6 ml。

5.23 石墨碳柱：1 000 mg，6 ml。

5.24 石英砂：20~50 目

在马弗炉中 450℃烘烤 4 小时后冷却，置于玻璃瓶中干燥器内保存。

5.25 硅藻土[6]（100~400 目）

在马弗炉中 450℃烘烤 4h 后冷却，置于玻璃瓶中干燥器内保存。

5.26 载气[7]：高纯氦气，≥ 99.999%。

6 仪器和设备

6.1 气相色谱－质谱仪：具有毛细管分流 / 不分流进样口，具有恒流或恒压功能；柱温箱可程序升温；具 EI 源。

6.2 色谱柱：石英毛细管柱，长 30m，内径 0.25mm，膜厚 0.25μm，固定相为 5%－苯基－甲基聚硅氧烷，或等效的色谱柱。

要点分析

[6] 无水硫酸钠、硅藻土经马弗炉烘烤处理后自然冷却至室温，并需立即转移至磨口玻璃瓶中密封放置在干燥器内保存。

[7] 气相色谱质谱仪的载气要求纯度≥ 99.999%，且建议安装气体净化装置，除去氧、水分和烃类等物质。

6.3 提取装置：微波萃取装置、索氏提取装置、探头式超声提取装置[8]或具有相当功能的设备。需在临用前及使用中进行空白试验[9]，所有接口处严禁使用油脂润滑剂。

6.4 浓缩装置：氮吹浓缩仪、旋转蒸发仪、K-D 浓缩仪或具有相当功能的设备。

6.5 采样瓶：广口棕色玻璃瓶或聚四氟乙烯衬垫螺口玻璃瓶。

6.6 一般实验室常用仪器和设备。

7 样品

7.1 样品的采集与保存

土壤样品按照 HJ/T 166 的相关要求采集和保存，沉积物样品按照 GB 17378.3 的相关要求采集和保存。样品保存[10]在事先清洗洁净的广口棕色玻璃瓶或聚四氟乙烯衬垫螺口玻璃瓶中，运输过程中应密封避光，尽快运回实验室分析。如暂不能分析，应在 4℃以下冷藏保存，保存时间为 14 d，样品提取溶液 4℃以下避光冷藏保存时间为 40 d。

要点分析

[8] 超声波萃取设备为探头式，非普通超声波清洗器。使用时应保证探头在溶剂液面下、工作时间不宜过长、少量多次，应注意避免超声时溶剂冲出锥形瓶。

[9] 要求空白试验测试结果无目标化合物或目标化合物浓度低于方法检出限，方可开展前处理实验。否则，应查明干扰来源。

[10] 样品保存：装样后在玻璃瓶磨口处用锡箔纸包裹严实，防止污染。

7.2　试样的制备

去除样品中的异物（石子、叶片等），称取约 10 g（精确到 0.01 g）样品双份，土壤样品一份按照 HJ 613 测定干物质含量，另一份加入适量无水硫酸钠（5.4），研磨均化成流砂状[11]，如使用加压流体萃取，则用硅藻土（5.23）脱水[12]。沉积物样品一份按照 GB 17378.5 测定含水率，另一份参照土壤样品脱水。

制备风干土壤及沉积物样品，可分别参照 HJ/T 166 和 GB 17378.3 相关部分进行操作。采集样品风干及筛分时应避免日光直接照射及样品间的交叉污染。

7.3　水分的测定

土壤样品干物质含量的测定按照 HJ 613 执行，沉积物样品含水率的测定按照 GB 17378.5 执行。

7.4　试样的预处理

7.4.1　提取

采用微波萃取或超声萃取，也可采用索氏提取、加压流体萃取。如需用替代物指示试样全程回收效率，则可在称取好待萃取的试样中加入一定量的替代物使用液（5.18），使替代物浓度在标准曲线中间浓度点附近。

要点分析

[11] 样品加无水硫酸钠主要起脱水作用。将已称好的样品与适量的无水硫酸钠放入蒸发皿中研磨均化成流砂状，若研磨过程有样品黏附于蒸发皿表面，应适当再增加无水硫酸钠用量。

[12] 加压流体萃取样品只用硅藻土研磨脱水，不能用无水硫酸钠代替，若用无水硫酸钠易造成加压流体萃取池和管路堵塞。

7.4.1.1 微波萃取

称取试样 10.0 g（可根据试样中待测化合物浓度适当增加或减少取样量）于萃取罐中，加入 30 ml 正己烷－丙酮混合溶剂（5.9）。萃取温度为 110℃，微波萃取时间 10 min。收集提取溶液。

7.4.1.2 超声波萃取

称取 5.0~15.0 g 试样（可根据试样中待测化合物浓度适当增加或减少取样量），置于玻璃烧杯[13]中，加入 30 ml 正己烷－丙酮混合溶剂（5.9），用探头式超声波萃取仪[14]，连续超声萃取 5 min，收集萃取溶液。上述萃取过程重复三次，合并提取溶液。

7.4.1.3 索氏提取[15][16]

用纸质套筒称取制备好的试样约 10.0 g（可根据试样中待测化合物浓度适当增加或减少取样量），加入 100 ml 正己烷－丙酮混合溶剂（5.9），提取 16~18 h，回流速度约 10 次 /h。收集提取溶液。

要点分析

[13] 建议使用高脚烧杯，一般的烧杯在探头超声过程溶剂容易溢出。

[14] 探头式超声波使用过程中探头容易发热，注意控制探头温度，以免受影响。

[15] 使用自动索氏提取设备可减少提取时间，设备参数需要进行优化，并进行回收率的确认。

[16] 采用索氏提取时应注意：① 接好装置，检查系统是否漏气；②检查注入一次虹吸量是否使样品完全浸没在溶剂（正己烷－丙酮混合溶剂）中，否则适当增加溶剂用量；③控制加热装置的温度（防止剧烈沸腾）和冷却水的冷凝效果（冷却水温度过高会造成溶剂挥发）。

7.4.1.4 加压流体萃取

称取 5.0~15.0g 试样（可根据试样中待测化合物浓度适当增加或减少取样量），根据试样量选择体积合适的萃取池[17]，装入试样[18]，以正己烷－丙酮混合溶剂（5.9）为提取溶液，按以下参考条件进行萃取：萃取温度 100℃，萃取压力 1 500 psi，静态萃取时间 5 min，淋洗为 60% 池体积。氮气吹扫时间 60 s，萃取循环次数 2 次。收集提取溶液。

7.4.2 过滤和脱水

如萃取液未能完全和固体样品分离，可采取离心后倾出上清液或过滤等方式分离。

如萃取液存在明显水分，需进行脱水。在玻璃漏斗上垫一层玻璃棉或玻璃纤维滤膜，铺加约 5 g 无水硫酸钠（5.4），将萃取液经上述漏斗直接过滤到浓缩器皿中，用 5~10 ml 正己烷－丙酮混合溶剂（5.9）充分洗涤萃取容器，将洗涤液也经漏斗过滤到浓缩器皿中。最后再用少许上述混合溶剂冲洗无水硫酸钠。

7.4.3 浓缩和更换溶剂[19]

采用氮吹浓缩法，也可采用旋转蒸发浓缩、K-D 浓缩等其他浓缩方法。

要点分析

[17] 将洗净萃取池拧紧底盖，垂直放在水平台面上，将专用的玻璃纤维滤膜放置于其底部（毛面朝上），顶部放置专用漏斗。

[18] 将已制备好的土壤样品和替代物一并加入萃取池中，移去漏斗，拧紧顶盖，竖直平稳拿起萃取池，再次拧紧两端盖子，将其竖直平稳放入加压流体萃取装置样品盘进行萃取。装入试样后的萃取池上端应保证留有 0.5~1.0 cm 高的空间，如上端空间较多，可填入一定量的石英砂。

[19] 注意控制氮气流量，流速不宜过快（溶剂表面有气流波动，避免液面形成气涡），温度不宜过高，否则容易造成低氯组分损失。

氮吹浓缩仪设置温度 30℃，小流量氮气将提取液浓缩到所需体积。如需更换溶剂体系，则将提取液浓缩至 1.5~2.0 ml，用 5.0~10.0 ml 溶剂洗涤浓缩器管壁，再用小流量氮气浓缩至所需体积。

7.4.4 净化

如提取液颜色较深，可首先采用浓硫酸净化，可去除大部分有机化合物包括部分有机氯农药。样品提取液中存在杀虫剂及多氯碳氢化合物干扰时，可采用弗罗里硅土柱或硅胶柱净化；存在明显色素干扰时，可用石墨碳柱净化。沉积物样品含有大量元素硫的干扰时，可采用活化铜粉去除。

7.4.4.1 浓硫酸净化

浓硫酸净化前，须将萃取液的溶剂更换为正己烷。按 7.4.3 步骤，将萃取液的溶剂更换为正己烷，并浓缩至 10~50 ml。将上述溶液置于 150 ml 分液漏斗中，加入约 1/10 萃取液体积的硫酸（5.8），振摇 1 min，静置分层，弃去硫酸层。按上述步骤重复数次，至两相层界面清晰并均呈无色透明为止。在上述正己烷萃取液中加入相当于其一半体积的碳酸钾溶液（5.11），振摇后，静置分层，弃去水相。可重复上述步骤 2~4 次直至水相呈中性，再按 7.4.2 步骤对正己烷萃取液进行脱水。

注 1：在浓硫酸净化过程中，须防止发热爆炸，加浓硫酸后先慢慢振摇，不断放气，再稍剧烈振摇。

7.4.4.2 脱硫

将萃取液体积预浓缩至 10~50 ml。若浓缩时产生硫结晶，可用离心方式使晶体沉降在玻璃容器底部，再用滴管小心转移出全部溶液。在上述萃取浓缩液中加入大约 2 g 活化后的铜粉（5.12），振荡混合至少 1~2 min，将溶液吸出使其与铜粉分离，转移至干净的玻璃容器内，待进一步净化或浓缩。

7.4.4.3 弗罗里柱净化

弗罗里柱用约 8 ml 正己烷洗涤，保持柱吸附剂表面浸润。萃取液按照 7.4.3 步骤预浓缩至约 1.5~2 ml，用吸管将其转移到弗罗里柱上停留 1 min 后，让溶液流出小柱并弃去，保持柱吸附剂表面浸润。加入约 2 ml 正己烷－丙酮混合溶剂（5.10）并停留 1 min，用 10 ml 小型浓缩管接收洗脱液，继续用正己烷－丙酮溶液（5.10）洗涤小柱，至接收的洗脱液体积到 10 ml 为止。

7.4.4.4 硅胶柱净化

用约 10 ml 正己烷洗涤硅胶柱。萃取液浓缩并替换至正己烷，用硅胶柱对其进行净化，具体步骤参见 7.4.4.3。

7.4.4.5 石墨碳柱净化

用约 10 ml 正己烷洗涤石墨碳柱。萃取液浓缩并替换至正己烷，分析多氯联苯时，用甲苯[20]溶剂为洗脱溶液，具体洗脱步骤参见 7.4.4.3，收集甲苯洗脱液体积为 12 ml；分析除 PCB81、PCB77、PCB126 和 PCB169 以外的多氯联苯时，也可采用正己烷－丙酮混合溶液（5.10）为洗脱溶液，具体步骤参见 7.4.4.3，收集的洗脱液体积为 12 ml。

注 2：每批次新购买的弗罗里硅土柱、硅胶柱、石墨碳柱等净化柱，均需做空白检验确定其不含影响测定的杂质干扰时，方可使用。

7.4.5 浓缩定容和加内标

净化后的洗脱液按 7.4.3 的步骤浓缩并定容至 1.0 ml。取 20 μl 内标使用液[21]，加入浓缩定容后的试样中，混匀后转移至 2 ml 样品瓶中，待分析。

要点分析

[20] 甲苯毒性较大，操作过程要做好个人防护并在通风橱中进行。

[21] 使用微量针加内标过程要注意针内是否有气泡，如有气泡应排空后方可使用，否则会影响定量结果。

7.5 空白试样制备[22]

用石英砂（5.24）代替实际样品，按与试样的预处理（7.4）相同步骤制备空白试样。

8 分析步骤

8.1 仪器参考条件

8.1.1 气相色谱条件

进样口温度：270℃，不分流进样[23]；柱流量：1.0 ml/min；柱箱温度：40℃，以 20℃ /min 升温至 280℃，保持 5 min；进样量：1.0 μl。

8.1.2 质谱分析条件[24]

四极杆温度：150℃；离子源温度：230℃；传输线温度：280℃；扫描模式：选择离子扫描（SIM），多氯联苯的主要选择离子参见附录 B；溶剂延迟时间：5 min。

8.2 校准

8.2.1 仪器性能检查

样品分析前，用 1 μl 十氟三苯基膦（DFTPP）溶液（5.20）对气相色谱 - 质谱系统进行仪器性能检查，所得质量离子的丰度应满足表 1 的要求。

要点分析

[22] 空白试样测试结果要求无目标化合物或目标化合物浓度低于方法检出限，否则，应查明原因，消除干扰，直至空白测定结果合格后，才能继续进行样品分析。

[23] 可设置进样时间为 0.75 min。

[24] 电子轰击源和离子化能量条件（一般选择 70 eV）固定，其他质谱条件可根据实验仪器情况具体设定（包括溶剂延迟时间）。

表 1　DFTPP 关键离子及离子丰度评价表

质量离子（*m*/*z*）	丰度评价	质量离子（*m*/*z*）	丰度评价
51	强度为 198 碎片的 30%~60%	199	强度为 198 碎片的 5%~9%
68	强度小于 69 碎片的 2%	275	强度为 198 碎片的 10%~30%
70	强度小于 69 碎片的 2%	365	强度大于 198 碎片的 1%
127	强度为 198 碎片的 40%~60%	441	存在但不超过 443 碎片的强度
197	强度小于 198 碎片的 1%	442	强度大于 198 碎片的 40%
198	基峰，相对强度 100%	443	强度为 447 碎片的 17%~23%

8.2.2 标准曲线的绘制 [25]

用多氯联苯标准使用液（5.14）配制标准系列，如样品分析时采用了替代物指示全程回收效率则同步加入替代物标准使用液（5.18），多氯联苯目标化合物及替代物标准系列浓度为：10.0 μg/L、20.0 μg/L、50.0 μg/L、100 μg/L、200 μg/L、500 μg/L；分别加入内标使用液（5.16），使其浓度均为 200 μg/L。

8.2.3 标准曲线的绘制

按照仪器参考条件（8.1）进行分析，得到不同浓度各目标化合物的质谱图，记录各目标化合物的保留时间和定量离子质谱峰的峰面积（或峰高）。

要点分析

[25] 根据仪器线性范围和样品实际情况可对标准曲线做调整，尽量使样品测定值位于曲线中间点附近，并包含在曲线浓度范围内。

8.3 测定[26]

取待测试样（7.3），按照与绘制标准曲线相同的分析步骤进行测定。

8.4 空白试验

取空白试样（7.4），按照与绘制标准曲线相同的分析步骤进行测定。

9 结果计算与表示

9.1 定性分析

以样品中目标物的保留时间（RRT）、辅助定性离子和目标离子峰面积比（*Q*）与标准样品比较来定性。多氯联苯化合物的特征离子，见附录 B。

样品中目标化合物的保留时间与期望保留时间（即标准样品中的平均相对保留时间）的相对标准偏差应控制在 ±3% 以内；样品中目标化合物的辅助定性离子和目标离子峰面积比与期望 *Q* 值（即标准曲线中间点辅助定性离子和目标离子的峰面积比）的相对偏差应控制在 ±30%。

多氯联苯化合物标准物质的选择离子扫描总离子流图，见图 1。

要点分析

[26] 批样测定顺序：

①空白试验（判断仪器是否有干扰）；

②标准曲线、空白试验（判断进标曲后系统是否残留）；

③实际样品（当高浓度和低浓度的样品相续分析时，低浓度样品应重新校核，或插入一个空白样品检验仪器是否受影响）；

④每批样品插入标准曲线中间浓度点标准（约 20 个样插入 1 个校准点），质控要求参照 11.2 执行。

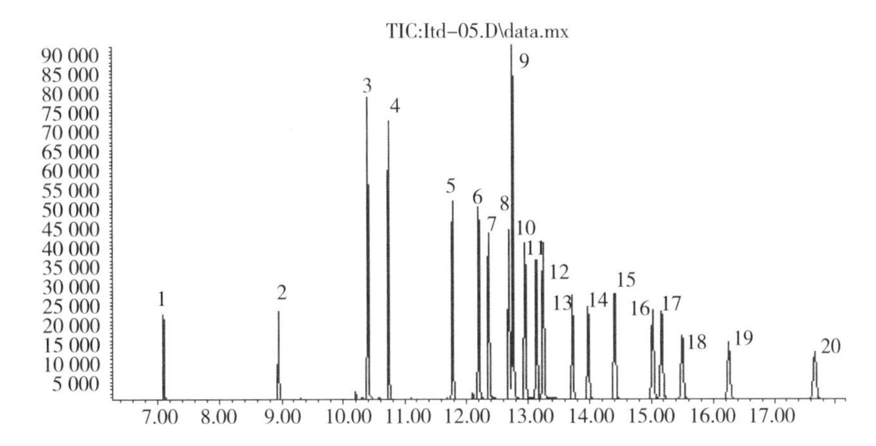

1—邻硝基溴苯（内标）；2—四溴间二甲苯（替代物）；3—2,4,4'-三氯联苯；4—2,2',5,5'-四氯联苯；5—2,2',4,5,5'-五氯联苯；6—3,4,4',5-四氯联苯；7—3,3',4,4'-四氯联苯；8—2',3,4,4',5-五氯联苯；9—2,3',4,4',5-五氯联苯；10—2,3,4,4',5-五氯联苯；11—2,2',4,4',5,5'-六氯联苯；12—2,3,3',4,4'-五氯联苯；13—2,2',3,4,4',5'-六氯联苯；14—3,3',4,4',5-五氯联苯；15—2,3',4,4',5,5'-六氯联苯；16—2,3,3',4,4',5-六氯联苯；17—2,3,3',4,4',5'-六氯联苯；18—2,2',3,4,4',5,5'-七氯联苯；19—3,3',4,4',5,5'-六氯联苯；20—2,3,3',4,4',5,5'-七氯联苯

图 1　多氯联苯选择离子扫描总离子流图

9.2 定量分析

以选择离子扫描方式采集数据，内标法定量。

9.3 计算结果

9.3.1 平均相对响应因子结果计算

平均相对响应因子 RF，按照式（1）进行计算。

$$\mathrm{RF}=\frac{A_x}{A_{\mathrm{IS}}}\times\frac{\rho_{\mathrm{IS}}}{\rho_x} \tag{1}$$

式中：A_x——目标化合物定量离子峰面积；

A_{IS}——内标化合物特征离子峰面积；

ρ_{IS}——内标化合物的质量浓度，mg/L；

ρ_x——目标化合物的质量浓度，mg/L。

9.3.2 土壤样品的结果计算

土壤中的目标化合物含量 w_1（μg/kg），按照式（2）进行计算。

$$w_1 = \frac{A_x \times \rho_{IS} \times V_x}{A_{IS} \times \overline{RF} \times m \times W_{dm}} \times 1\,000 \tag{2}$$

式中：w_1——样品中的目标物含量，μg/kg；

A_x——测试试样中目标化合物定量离子的峰面积；

A_{IS}——测试试样中内标化合物定量离子的峰面积；

ρ_{IS}——测试液中内标化合物的质量浓度，mg/L；

RF——校准曲线的平均相对响应因子；

V_x——样品提取液的定容体积，ml；

w_{dm}——样品的干物质含量，%；

m——称取样品的质量，g。

9.3.3 沉积物样品的结果计算

沉积物中目标化合物含量 w_2（μg/kg），按照式（3）进行计算。

$$w_2 = \frac{A_x \times \rho_{IS} \times V_x}{A_{IS} \times \overline{RF} \times m \times (1 - w)} \times 1\,000 \tag{3}$$

式中：w_2——样品中的目标物含量，μg/kg；

A_x——测试试样中目标化合物定量离子的峰面积；

A_{IS}——测试试样中内标化合物定量离子的峰面积；

ρ_{IS}——测试液中内标化合物的质量浓度，mg/L；

RF——校准曲线的平均相对响应因子；

V_x——样品提取液的定容体积，ml；

w——样品的含水率，%；

m——称取样品的质量，g。

9.4 结果表示

测定结果小于 100 μg/kg 时，结果保留小数点后一位；测定结果大于等于 100 μg/kg 时，结果保留三位有效数字。

10 精密度和准确度

10.1 精密度

6 家实验室对加标浓度分别为 2.0 μg/kg、20.0 μg/kg、80.0 μg/kg 的空白石英砂进行测定，实验室内相对偏差范围分别为 3.3%~9.4%、2.0%~10.1%、2.0%~7.9%，实验室间相对偏差范围分别为 1.8%~7.8%、1.1%~12.4%、1.5%~6.0%，实验室间重复性限分别为 0.3~0.5 μg/kg、1.8~3.2 μg/kg、5.8~16.7 μg/kg，再现性限分别为 0.3~0.5 μg/kg、2.2~5.8 μg/kg、8.3~21.1 μg/kg。

6 家实验室对加标浓度为 20.0 μg/kg 的砂质壤土进行测定，相对偏差范围为 2.2%~6.7%；对加标浓度为 20.0 μg/kg 太湖沉积物测定，相对偏差范围为 2.1%~6.0%。

10.2 准确度

6 家实验室对加标浓度分别为 2.0 μg/kg、20.0 μg/kg、80.0 μg/kg 的空白石英砂进行测定，加标回收率最终值范围分别为 79.9%±12.4%~105%±4.2%、79.9%±19.8%~99.3%±6.5%、78.3%±9.4%~ 99.7%±5.0%。

6 家实验室分别对加标浓度为 20.0 μg/kg 的砂质壤土进行测试，加标回收率最终值范围 67.9%±6.5% ~ 90.9%±4.8%；6 家实验室分别对加标浓度为 5 mg/kg 的土壤标准样品加标测试，加标回收率最终值范围 85.8%±3.3% ~ 113%±8.0%。6 家实验室对加标浓度为 20.0 μg/kg 的太湖沉积物样品进行测试，加标回收率最终值范围 63.2%±5.4%~116%±13.8%。

具体的方法精密度和准确度数据参见附录 C。

11 质量保证和质量控制

11.1 空白实验

每批次样品（不超过 20 个样品）至少应做一个实验室空白，空白中目标化合物浓度均应低于方法检出限，否则应查找原因，至实验室空白检验合格后，才能继续进行样品分析。

11.2 校准曲线

每批样品应绘制校准曲线。内标法定量时，内标峰面积应不低于标准曲线内标峰面积的 ±50%，各目标化合物平均响应因子的相对标准偏差≤ 15%，否则应重新绘制校准曲线。

每 20 个样品或每批次（少于 20 个样品 / 批）应分析一个曲线中间浓度点标准溶液，其测定结果与初始曲线在该点测定浓度的相对偏差[27]应≤ 20%，否则应查找原因，重新绘制校准曲线。

11.3 平行样品的测定

每 20 个样品或每批次（少于 20 个样品 / 批）分析一个平行样，单次平行样品测定结果相对偏差一般不超过 30%。

11.4 空白加标样品的测定

每 20 个样品或每批次（少于 20 个样品 / 批）分析一个空白加标样品，回收率应在 60%~130%，否则应查明原因，直至回收率满足质控要求后，才能继续进行样品分析。

要点分析

[27] 注意：是与初始曲线在该点测定浓度的相对偏差，而不是与校准曲线相应点浓度的相对误差。

11.5 样品加标的测定

每20个样品或每批次（少于20个样品/批）分析一个加标样品，土壤样品加标回收率应在60%~130%，沉积物加标样品的回收率应在55%~135%。

11.6 替代物的回收率

如需采取加入替代物指示全程样品回收效率，可抽取同批次25~30个样品的替代物加标回收率，计算其平均加标回收率 P 及相对标准偏差 S，则替代物的回收率须控制在 $P\pm3S$ 内。

12 废物处理

实验室产生含有机试剂的废物应集中保管，送具有资质的单位统一处理。

附 录 A
（规范性附录）
方法的检出限和测定下限

序号	目标物中文名称	目标物简称	检出限 /（μg/kg）	测定下限 /（μg/kg）
1	2,4,4'－三氯联苯*	PCB 28	0.4	1.6
2	2,2',5,5'－四氯联苯*	PCB 52	0.4	1.6
3	2,2',4,5,5'－五氯联苯*	PCB 101	0.6	2.4
4	3,4,4',5－四氯联苯	PCB 81	0.5	2.0
5	3,3',4,4'－四氯联苯	PCB 77	0.5	2.0
6	2',3,4,4',5－五氯联苯	PCB 123	0.5	2.0
7	2,3',4,4',5－五氯联苯**	PCB 118	0.6	2.4
8	2,3,4,4',5－五氯联苯	PCB 114	0.5	2.0
9	2,2',4,4',5,5'－六氯联苯*	PCB 153	0.6	2.4
10	2,3,3',4,4'－五氯联苯	PCB 105	0.4	1.6
11	2,2',3,4,4',5'－六氯联苯*	PCB 138	0.4	1.6
12	3,3',4,4',5－五氯联苯	PCB 126	0.5	2.0
13	2,3',4,4',5,5'－六氯联苯	PCB 167	0.4	1.6
14	2,3,3',4,4',5'－六氯联苯	PCB 156	0.4	1.6
15	2,3,3',4,4',5'－六氯联苯	PCB 157	0.4	1.6
16	2,2',3,4,4',5,5'－七氯联苯*	PCB 180	0.6	2.4
17	3,3',4,4',5,5'－六氯联苯	PCB 169	0.5	2.0
18	2,3,3',4,4',5,5'－七氯联苯	PCB 189	0.4	1.6

注："*"为指示性多氯联苯；未标识为共平面多氯联苯；"**"既为指示性多氯联苯，又为共平面多氯联苯。

附 录 B
（资料性附录）
目标物的测定参考参数

表 B.1 给出了目标物的化学文摘登记号、特征离子测定参考参数。

表 B.1　目标物的测定参考参数

序号	目标物中文名称	CAS 号	特征离子（*m/z*）
1	2,4,4’– 三氯联苯 *	7012-37-5	256/258/186/188
2	2,2’,5,5’– 四氯联苯 *	35693-99-3	292/290/222/220
3	2,2’,4,5,5’– 五氯联苯 *	37680-73-2	326/328/254/256
4	3,4,4’,5– 四氯联苯	70362-50-4	292/290/220/222
5	3,3’,4,4’– 四氯联苯	32598-13-3	292/290/220/222
6	2’,3,4,4’,5– 五氯联苯	65510-44-3	326/328/254/256
7	2,3’,4,4’,5– 五氯联苯 **	31508-00-6	326/328/254/256
8	2,3,4,4’,5– 五氯联苯	74472-37-0	326/328/254/256
9	2,2’,4,4’,5,5’– 六氯联苯 *	35065-27-1	360/362/290/288
10	2,3,3’,4,4’– 五氯联苯	32598-14-4	326/328/254/256
11	2,2’,3,4,4’,5’– 六氯联苯 *	35065-28-2	360/362/290/288
12	3,3’,4,4’,5– 五氯联苯	57465-28-8	326/328/254/256
13	2,3’,4,4’,5,5’– 六氯联苯	52663-72-6	360/362/290/288
14	2,3,3’,4,4’,5– 六氯联苯	38380-08-4	360/362/290/288
15	2,3,3’,4,4’,5’– 六氯联苯	69782-90-7	360/362/290/288
16	2,2’,3,4,4’,5,5’– 七氯联苯 *	35065-29-3	394/396/324/326
17	3,3’,4,4’,5,5’– 六氯联苯	32774-16-6	360/362/290/288
18	2,3,3’,4,4’,5,5’– 七氯联苯	39635-31-9	394/396/326/324

注：“*”为指示性多氯联苯；未标识为共平面多氯联苯；“**”既为指示性多氯联苯，又为共平面多氯联苯。

附录 C
（资料性附录）
方法的精密度和准确度

表 C.1　方法的精密度汇总表

化合物名称	测定次数	含量 /（mg/kg）	实验室内相对偏差 /%	实验室间相对偏差 /%	重复性限 r/（mg/kg）	再现性限 R/（mg/kg）
PCB 28	6	2.0	6.5~7.8	7.8	0.3	0.5
	6	20.0	5.0~10.1	4.6	3.2	3.6
	6	80.0	5.1~7.9	6.0	10.7	14.3
PCB 52	6	2.0	5.1~9.5	3.9	0.4	0.4
	6	20.0	4.1~5.5	2.2	2.3	2.4
	6	80.0	4.5~6.5	2.3	9.7	9.8
PCB 101	6	2.0	5.5~10.1	4.0	0.4	0.4
	6	20.0	4.2~7.8	4.0	2.8	3.2
	6	80.0	4.4~8.5	4.8	12.2	14.1
PCB 81	6	2.0	6.4~10.1	3.2	0.5	0.5
	6	20.0	4.2~7.1	1.9	2.6	2.7
	6	80.0	5.0~8.4	1.7	13.5	14.3
PCB 77	6	2.0	5.7~9.6	4.6	0.4	0.4
	6	20.0	3.8~6.1	3.2	2.3	2.6
	6	80.0	2.2~10.4	3.9	16.7	16.9
PCB 123	6	2.0	6.5~9.4	5.6	0.4	0.5
	6	20.0	3.4~5.3	1.4	2.3	2.3
	6	80.0	2.0~3.9	5.5	5.8	11.7
PCB 118	6	2.0	3.8~7.5	1.8	0.4	0.4
	6	20.0	3.4~5.3	2.4	2.2	2.3
	6	80.0	2.6~6.2	1.5	8.3	8.5
PCB 114	6	2.0	6.5~8.1	3.1	0.4	0.4
	6	20.0	3.2~5.5	2.7	2.2	2.2
	6	80.0	2.6~6.3	2.2	8.5	8.9

化合物名称	测定次数	含量 /（mg/kg）	实验室内相对偏差 /%	实验室间相对偏差 /%	重复性限 r/（mg/kg）	再现性限 R/（mg/kg）
PCB 153	6	2.0	4.8~10	6.1	0.4	0.5
	6	20.0	3.1~4.6	1.9	2.1	2.2
	6	80.0	2.7~4.9	2.0	7.8	8.3
PCB 105	6	2.0	3.3~7.9	6.0	0.4	0.5
	6	20.0	3.5~5.5	4.4	2.2	3.0
	6	80.0	2.6~5.1	2.7	8.1	9.3
PCB 138	6	2.0	4.5~7.6	2.5	0.3	0.3
	6	20.0	2.9~4.8	1.1	2.2	2.3
	6	80.0	2.7~6.0	2.5	8.8	9.5
PCB 126	6	2.0	4.6~9.6	2.0	0.4	0.4
	6	20.0	3.4~6.1	4.0	2.4	2.9
	6	80.0	4.1~5.8	2.4	10.0	9.5
PCB 167	6	2.0	4.9~8.3	5.7	0.3	0.4
	6	20.0	3.4~4.8	1.5	2.1	2.2
	6	80.0	4.1~6.9	2.9	11.2	11.9
PCB 156	6	2.0	3.5~8.6	4.8	0.4	0.4
	6	20.0	3.2~5.3	1.7	2.2	2.2
	6	80.0	3.7~6.0	2.9	10.3	11.1
PCB 157	6	2.0	5.8~9.1	2.5	0.4	0.4
	6	20.0	2.5~5.0	3.2	2.2	2.7
	6	80.0	2.8~5.7	2.5	8.9	8.9
PCB 180	6	2.0	5.8~11.1	1.8	0.4	0.4
	6	20.0	2.6~5.0	12.4	1.8	5.8
	6	80.0	3.5~7.3	2.7	10.6	11.2
PCB 169	6	2.0	6.2~8.2	5.5	0.4	0.5
	6	20.0	2.0~7.5	7.3	2.2	4.0
	6	80.0	4.1~5.5	2.6	10.3	10.9
PCB 189	6	2.0	3.7~5.9	4.7	0.3	0.4
	6	20.0	3.1~4.2	3.2	1.9	2.4
	6	80.0	4.2~5.8	3.5	10.6	21.1

表 C.2 方法的准确度汇总表

化合物名称	样品类型	加标水平 /（μg/kg）	$\overline{\overline{P}}\%$	$S_{\overline{p}}$	$\overline{\overline{P}}\%\pm2S_{\overline{p}}$
PCB 28	空白石英砂	2.0	79.9	6.2	79.9±12.4
		20.0	80.4	3.7	80.4±7.4
		80.0	78.3	4.7	78.3±9.4
	砂质壤土	20.0	67.9	3.2	67.9±6.5
	太湖沉积物	20.0	63.2	2.7	63.2±5.4
	土壤标准样品	5 000	85.8	1.7	85.8±3.3
PCB 52	空白石英砂	2.0	90.5	3.6	90.5±7.1
		20.0	84.9	1.9	84.9±3.7
		80.0	79.4	1.8	79.4±3.7
	砂质壤土	20.0	77.7	3.9	77.7±7.8
	太湖沉积物	20.0	72.0	3.4	72.0±6.9
	土壤标准样品	5 000	86.8	1.4	86.8±2.8
PCB 101	空白石英砂	2.0	89.1	3.6	89.1±7.3
		20.0	84.1	3.3	84.1±6.6
		80.0	80.7	3.8	80.7±7.7
	砂质壤土	20.0	81.2	2.1	81.2±4.2
	太湖沉积物	20.0	115.9	6.9	116±13.8
	土壤标准样品	5 000	94.2	2.5	99.5±4.9
PCB 81	空白石英砂	2.0	93.1	3.0	93.1±6.0
		20.0	86.2	1.6	86.2±3.2
		80.0	83.4	1.4	83.4±2.8
	砂质壤土	20.0	86.8	3.5	86.8±7.0
	太湖沉积物	20.0	78.8	4.7	78.8±9.4
	土壤标准样品	5 000	95.9	2.7	95.9±5.9
PCB 77	空白石英砂	2.0	93.3	4.5	93.3±9.0
		20.0	86.0	2.8	86.0±5.5
		80.0	84.5	3.3	84.5±6.5
	砂质壤土	20.0	88.7	3.5	88.7±7.0
	太湖沉积物	20.0	104.7	5.4	105±10.7
	土壤标准样品	5 000	96.1	3.9	96.1±7.9

化合物名称	样品类型	加标水平 /（μg/kg）	$\overline{\overline{P}}\%$	$S_{\overline{p}}$	$\overline{\overline{P}}\%\pm 2S_{\overline{p}}$
PCB 123	空白石英砂	2.0	98.7	5.7	98.7±11.4
		20.0	89.7	1.2	89.7±2.4
		80.0	85.0	4.7	85.0±9.4
	砂质壤土	20.0	89.2	2.7	89.2±5.5
	太湖沉积物	20.0	77.2	2.9	77.2±5.0
	土壤标准样品	5 000	99.9	4.1	99.9±8.2
PCB 118	空白石英砂	2.0	105	2.1	105±4.2
		20.0	91.3	2.2	91.3±4.4
		80.0	92.1	1.4	92.1±2.7
	砂质壤土	20.0	90.9	2.4	90.9±4.8
	太湖沉积物	20.0	92	4.6	92.9±9.3
	土壤标准样品	5 000	97.0	5.9	97.0±11.8
PCB 114	空白石英砂	2.0	99.1	3.0	99.1±6.0
		20.0	97.3	1.6	97.3±3.1
		80.0	90.4	2.0	90.4±3.9
	砂质壤土	20.0	89.5	3.7	89.5±7.3
	太湖沉积物	20.0	90.5	5.4	90.5±10.8
	土壤标准样品	5 000	99.5	4.6	99.5±9.2
PCB 153	空白石英砂	2.0	95.3	6.0	95.3±12.0
		20.0	92.7	1.8	92.7±3.6
		80.0	91.1	1.9	91.1±3.7
	砂质壤土	20.0	90.3	2.8	90.3±5.6
	太湖沉积物	20.0	84.0	3.8	84.0±7.6
	土壤标准样品	5 000	102	6.2	102±12.5
PCB 105	空白石英砂	2.0	104	6.2	104±12.4
		20.0	91.9	4.0	91.9±8.0
		80.0	93.7	2.5	93.7±5.0
	砂质壤土	20.0	90.1	2.6	90.1±5.2
	太湖沉积物	20.0	81.3	1.7	81.3±3.5
	土壤标准样品	5 000	99.3	3.5	99.3±6.9

化合物名称	样品类型	加标水平 /（μg/kg）	$\overline{\overline{P}}\%$	$S_{\overline{p}}$	$\overline{\overline{P}}\%\pm2S_{\overline{p}}$
PCB 138	空白石英砂	2.0	90.4	2.4	90.4±4.7
		20.0	93.7	1.0	93.7±2.1
		80.0	91.3	2.3	91.3±4.5
	砂质壤土	20.0	86.5	2.9	86.5±5.7
	太湖沉积物	20.0	91.7	4.1	91.7±8.2
	土壤标准样品	5 000	101	1.0	101±2.1
PCB 126	空白石英砂	2.0	92.0	1.9	92.0±3.7
		20.0	88.1	3.5	88.1±7.1
		80.0	89.0	2.2	89.0±4.3
	砂质壤土	20.0	83.5	2.6	83.5±5.2
	太湖沉积物	20.0	91.8	2.2	91.8±4.3
	土壤标准样品	5 000	99.6	2.1	99.6±4.2
PCB 167	空白石英砂	2.0	92.7	5.4	92.7±10.8
		20.0	89.9	1.4	89.9±2.8
		80.0	91.5	2.6	91.5±5.3
	砂质壤土	20.0	86.4	2.8	86.4±5.5
	太湖沉积物	20.0	88.0	4.4	88.0±8.8
	土壤标准样品	5 000	101	0.6	101±1.1
PCB 156	空白石英砂	2.0	101	4.9	101±9.7
		20.0	89.9	1.5	89.9±3.1
		80.0	93.7	2.7	93.7±5.4
	砂质壤土	20.0	87.1	3.0	87.1±6.0
	太湖沉积物	20.0	107	5.1	107±10.1
	土壤标准样品	5 000	97.5	2.3	97.5±4.6
PCB 157	空白石英砂	2.0	90.4	2.2	90.4±4.5
		20.0	99.3	3.3	99.3±6.5
		80.0	99.7	2.5	99.7±5.0
	砂质壤土	20.0	86.5	3.3	86.5±6.6
	太湖沉积物	20.0	95.0	3.7	95.0±7.4
	土壤标准样品	5 000	99.8	1.2	99.8±2.4

化合物名称	样品类型	加标水平 /（μg/kg）	$\overline{\overline{P}\%}$	$S_{\overline{p}}$	$\overline{\overline{P}\%}\pm2S_{\overline{p}}$
PCB 180	空白石英砂	2.0	92.3	1.7	92.3±3.4
		20.0	79.9	9.9	79.9±19.8
		80.0	93.9	2.5	93.9±5.0
	砂质壤土	20.0	81.2	4.5	81.2±8.9
	太湖沉积物	20.0	90.0	1.9	90.0±3.7
	土壤标准样品	5 000	102	4.0	102±8.1
PCB 169	空白石英砂	2.0	99.8	5.6	99.8±11.3
		20.0	86.0	6.2	86.0±12.5
		80.0	93.5	2.4	93.5±4.8
	砂质壤土	20.0	78.4	3.3	78.4±6.6
	太湖沉积物	20.0	91.6	2.0	91.6±4.0
	土壤标准样品	5 000	111	2.9	111±5.7
PCB 189	空白石英砂	2.0	103	4.7	103±9.5
		20.0	90.8	2.9	90.8±5.9
		80.0	91.9	3.2	91.9±6.5
	砂质壤土	20.0	89.0	2.7	89.0±5.3
	太湖沉积物	20.0	87.8	3.7	87.8±7.5
	土壤标准样品	5 000	113	4.0	113±8.0

二噁英类的测定
《土壤和沉积物 二噁英类的测定 同位素稀释高分辨气相色谱－高分辨质谱法》（HJ 77.4—2008）技术和质量控制要点

一、二噁英类简介

多氯代二苯并－对－二噁英（Polychlorinated dibenzo-p-dioxins，PCDDs）和多氯代二苯并呋喃（Polychlorinated dibenzofurans，PCDFs）是结构和物理化学性质相似的一类氯代多环芳香族化合物，统称为二噁英类（PCDD/Fs，Dioxins）。因其具有高毒性、持久性、生物蓄积能力和远距离迁移能力而被《关于持久性有机污染物的斯德哥尔摩公约》列为优先控制的 12 种持久性有机污染物（POPs）之一。随着人类社会的工业化，尤其是近几十年化学工业的发展，大量的含氯有机物被合成，并以产物或副产物的形式被排放到环境中。

二噁英类的持久性和强生物毒性，都来源于二噁英类独特的化学结构。PCDD 是两个苯环由两个氧桥构架而成的三环化合物，PCDF 则是两个苯环由一个氧桥和一个单键连接而成的三环化合物。其结构如下图所示：

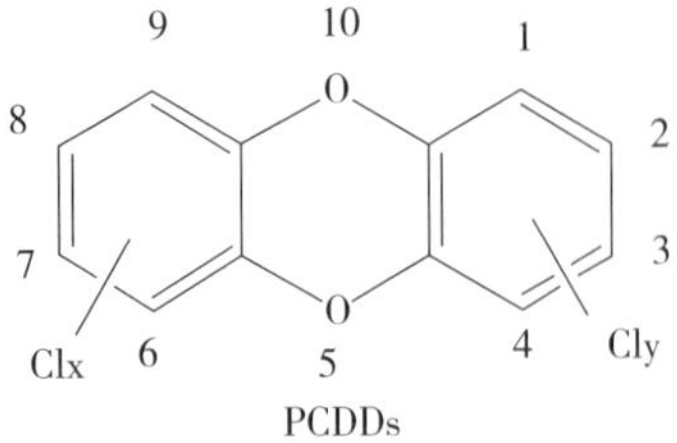

PCDDs 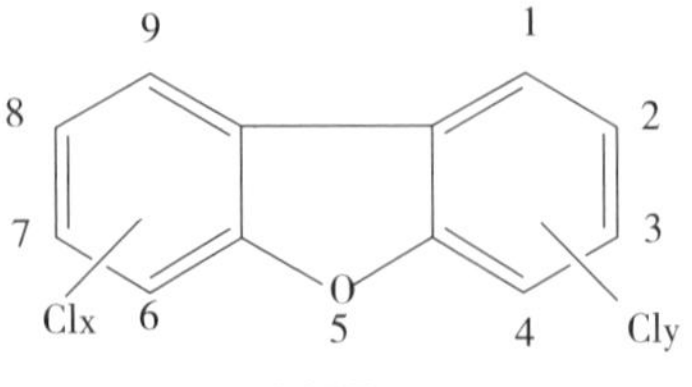　　PCDFs

PCDDs 和 PCDFs 的每个苯环可以被 1~4 个氯原子取代。按照氯原子取代的数量和位置不同，可分别形成 75 和 135 种同类物（congener），具体见表 1。常温常压下，二噁英类以固态形式存在，具有半挥发性和热稳定性，熔沸点和脂溶性随氯原子取代数增加而增加，蒸气压和溶解度随氯原子取代数增加而降低。一些物理性质的具体数值见表 2。

表 1　二噁英类同系物及所含同类物个数

氯代数	同系物名称	同类物个数		总计
		PCDD	PCDF	
1	MoCDD/F	2	4	6
2	DiCDD/F	10	16	26
3	TrCDD/F	14	28	42
4	TeCDD/F	22	38	60
5	PeCDD/F	14	28	42
6	HxCDD/F	10	16	26
7	HpCDD/F	2	4	6
8	OCDD/F	1	1	2
	总计	75	135	210

表 2　PCDD/Fs 的物理参数

同类物	沸点 /℃	蒸气压（25℃）/ Pa	log K_{ow}	溶解度（25℃）/（mg/L）
MoCDD	313	7.2×10^{-2}	5.1	3.5×10^{-1}
DiCDD	358	6.7×10^{-3}	5.6	1.5×10^{-2}
TrCDD	375	1.6×10^{-3}	6.0	8.4×10^{-3}
TeCDD	447	9.2×10^{-4}	6.4	3.5×10^{-4}
PeCDD	459	1.9×10^{-4}	6.6	1.2×10^{-4}
HxCDD	487	7.4×10^{-5}	7.3	4.4×10^{-6}
HpCDD	507	2.1×10^{-5}	8.0	2.4×10^{-6}
OCDD	510	3.6×10^{-6}	8.2	7.4×10^{-8}

同类物	沸点 /℃	蒸气压（25℃）/ Pa	$\log K_{ow}$	溶解度（25℃）/（mg/L）
MoCDF	316	6.8×10^{-1}	5.2	—
DiCDF	375	4.0×10^{-2}	5.4	—
TrCDF	408	3.6×10^{-3}	5.8	—
TeCDF	438	5.2×10^{-4}	6.2	4.2×10^{-4}
PeCDF	454	8.8×10^{-5}	6.4	2.4×10^{-4}
HxCDF	488	1.4×10^{-5}	7.0	1.3×10^{-5}
HpCDF	507	1.6×10^{-6}	7.9	1.4×10^{-6}
OCDF	537	1.8×10^{-7}	8.8	1.4×10^{-6}

PCDD/Fs 的物理化学性质决定了其在环境和人体中的持久性。二噁英类进入人体后容易分配并蓄积在脂肪组织中，在体内的半衰期为 1~10 年，平均约为 7 年。如此长的半衰期不仅会对蓄积的人体造成健康损害，也暗示了其可能对下一代产生不良影响的潜在可能。另外，当 PCDD/Fs 进入沉积物和土壤时，容易分配在有机质中，并长期稳定存在。在生物的作用下，有可能通过食物链逐级富集放大，进入人类食谱，影响生态系统与人类健康。

测定土壤、沉积物中的二噁英类化合物首选高分辨气相色谱 - 高分辨质谱法，但高分辨气相色谱 - 高分辨质谱设备昂贵且维护费用高，在一定情况下可用高分辨气相色谱 / 低分辨质谱法来进行初步筛查。如美国环保局的 EPA 8280、日本环境省的底质调查测定程序均使用高分辨气相色谱 / 低分辨质谱联来测定二噁英类。

二、标准方法解读

1 适用范围

1.1 本标准规定了采用同位素稀释高分辨气相色谱 - 高分辨质谱联用法（HRGC-HRMS）对 2,3,7,8- 氯代二噁英类以及四氯 ~ 八氯取代的多氯代二苯并－对－二噁英（PCDDs）和多氯代二苯并呋喃（PCDFs）进行定性和定量分析的方法。

1.2 本标准适用于全国区域土壤背景、农田土壤环境、建设项目土壤环境评价、土壤污染事故以及河流、湖泊与海洋沉积物的环境调查中的二噁英类分析。

1.3 方法检出限取决于所使用的分析仪器的灵敏度、样品中的二噁英类浓度以及干扰水平等多种因素。2,3,7,8-T_4CDD 仪器检出限应低于 0.1 pg，当土壤及沉积物取样量为 100 g 时，本方法对 2,3,7,8-T_4CDD 的最低检出限应低于 0.05 ng/kg。[1]

2 规范性引用文件

本标准内容引用了下列文件或其中的条款。凡是不注日期的引用文件，其有效版本适用于本标准。

GB/T 8170　数值修约规则与极限数值的表示和判定

GB 17378.3　海洋监测规范　第 3 部分：样品采集、储存与运输

GB 17378.5　海洋监测规范　第 5 部分：沉积物分析

HJ/T 166　土壤环境监测技术规范

3 术语和定义、符号和缩略语

3.1 术语和定义

3.1.1 二噁英类 polychlorinated dibenzodioxins（PCDDs）and polychlorinated dibenzofurans（PCDFs）

多氯代二苯并－对－二噁英（PCDDs）和多氯代二苯并呋喃（PCDFs）的统称。

要点分析

[1] 本方法计算目标物浓度时涉及的样品质量为所取风干样品烘干后的干重。

3.1.2 异构体 isomer

在本标准中，具有相同化学组成但氯取代位置不同的二噁英类互为异构体。

3.1.3 同类物 congener

二噁英类所有化合物互为同类物。二噁英类共有 210 种同类物。

3.1.4 2,3,7,8- 氯代二噁英类 isomer substituted at 2, 3, 7, 8-positions

所有 2,3,7,8- 位置被氯原子取代的二噁英类同类物。包括 7 种四氯 ~ 八氯代二苯并 - 对 - 二噁英以及 10 种四氯 ~ 八氯代二苯并呋喃，共有 17 种，见表 3。

表 3 2,3,7,8- 氯代二噁英类

序号	异构体名称	简称
1	2,3,7,8-四氯代二苯并 – 对 – 二噁英	2,3,7,8-T_4CDD
2	1,2,3,7,8-五氯代二苯并 – 对 – 二噁英	1,2,3,7,8-P_5CDD
3	1,2,3,4,7,8-六氯代二苯并 – 对 – 二噁英	1,2,3,4,7,8-H_6CDD
4	1,2,3,6,7,8-六氯代二苯并 – 对 – 二噁英	1,2,3,6,7,8-H_6CDD
5	1,2,3,7,8,9-六氯代二苯并 – 对 – 二噁英	1,2,3,7,8,9-H_6CDD
6	1,2,3,4,6,7,8-七氯代二苯并 – 对 – 二噁英	1,2,3,4,6,7,8-H_7CDD
7	八氯代二苯并 – 对 – 二噁英	O_8CDD
8	2,3,7,8-四氯代二苯并呋喃	2,3,7,8-T_4CDF
9	1,2,3,7,8-五氯代二苯并呋喃	1,2,3,7,8-P_5CDF
10	2,3,4,7,8-五氯代二苯并呋喃	2,3,4,7,8-P_5CDF
11	1,2,3,4,7,8-六氯代二苯并呋喃	1,2,3,4,7,8-H_6CDF
12	1,2,3,6,7,8-六氯代二苯并呋喃	1,2,3,6,7,8-H_6CDF
13	1,2,3,7,8,9-六氯代二苯并呋喃	1,2,3,7,8,9-H_6CDF
14	2,3,4,6,7,8-六氯代二苯并呋喃	2,3,4,6,7,8-H_6CDF
15	1,2,3,4,6,7,8-七氯代二苯并呋喃	1,2,3,4,6,7,8-H_7CDF
16	1,2,3,4,7,8,9-七氯代二苯并呋喃	1,2,3,4,7,8,9-H_7CDF
17	八氯代二苯并呋喃	O_8CDF

3.1.5 二噁英类内标 internal standard for PCDDs/PCDFs analysis

质量浓度已知的同位素（^{13}C 或 ^{37}Cl）标记的二噁英类标准物质壬烷（或癸烷、甲苯等）溶液，见表 4。

表 4　可供选用的二噁英类内标

氯原子取代数	PCDDs	PCDFs
四氯	$^{13}C_{12}$-1,2,3,4-T_4CDD	$^{13}C_{12}$-2,3,7,8-T_4CDF
	$^{13}C_{12}$-2,3,7,8-T_4CDD	$^{13}C_{12}$-1,2,7,8-T_4CDF
	$^{37}Cl_4$-2,3,7,8-T_4CDD	
五氯	$^{13}C_{12}$-1,2,3,7,8-P_5CDD	$^{13}C_{12}$-1,2,3,7,8-P_5CDF
		$^{13}C_{12}$-2,3,4,7,8-P_5CDF
六氯	$^{13}C_{12}$-1,2,3,4,7,8-H_6CDD	$^{13}C_{12}$-1,2,3,4,7,8-H_6CDF
	$^{13}C_{12}$-1,2,3,6,7,8-H_6CDD	$^{13}C_{12}$-1,2,3,6,7,8-H_6CDF
	$^{13}C_{12}$-1,2,3,7,8,9-H_6CDD	$^{13}C_{12}$-1,2,3,7,8,9-H_6CDF
		$^{13}C_{12}$-2,3,4,6,7,8-H_6CDF
七氯	$^{13}C_{12}$-1,2,3,4,6,7,8-H_7CDD	$^{13}C_{12}$-1,2,3,4,6,7,8-H_7CDF
		$^{13}C_{12}$-1,2,3,4,7,8,9-H_7CDF
八氯	$^{13}C_{12}$-1,2,3,4,6,7,8,9-O_8CDD	$^{13}C_{12}$-1,2,3,4,6,7,8,9-O_8CDF

3.1.6 毒性当量因子 [2] toxicity equivalency factor（TEF）

指各二噁英类同类物与 2, 3, 7, 8- 四氯代二苯并 - 对 - 二噁英对 Ah 受体的亲和性能之比。

要点分析

[2] 国际上通用的有 I-TEF 和 WHO-TEF 两套 TEF 值，计算时根据需求进行选择，报告中必须备注说明。

3.1.7 毒性当量[3] toxic equivalent quantity（TEQ）

各二噁英类同类物质量分数折算为相当于2,3,7,8-四氯代二苯并-对-二噁英毒性的等价质量分数，毒性当量（TEQ）质量分数为实测质量分数与该异构体的毒性当量因子的乘积。

3.2 符号和缩略语

3.2.1 PCDDs polychlorinated dibenzo-*p*-dioxins

多氯代二苯并-对-二噁英。有75种同类物。

3.2.2 PCDFs polychlorinated dibenzofurans

多氯代二苯并呋喃。有135种同类物。

3.2.3 T_4CDDs tetrachlorodibenzo-*p*-dioxins

四氯代二苯并-对-二噁英。有22种异构体。

3.2.4 P_5CDDs pentachlorodibenzo-*p*-dioxins

五氯代二苯并-对-二噁英。有14种异构体。

3.2.5 H_6CDDs hexachlorodibenzo-*p*-dioxins

六氯代二苯并-对-二噁英。有10种异构体。

3.2.6 H_7CDDs heptachlorodibenzo-*p*-dioxins

七氯代二苯并-对-二噁英。有2种异构体。

3.2.7 O_8CDD octachlorodibenzo-*p*-dioxin

八氯代二苯并-对-二噁英。有1种异构体。

3.2.8 T_4CDFs tetrachlorodibenzofurans

四氯代二苯并呋喃。有38种异构体。

要点分析

[3] 本标准根据使用的毒性当量因子WHO-TEF和I-TEF不同，分别对应WHO-TEQ和I-TEQ。

3.2.9 P_5CDFs pentachlorodibenzofurans

五氯代二苯并呋喃。有 28 种异构体。

3.2.10 H_6CDFs hexachlorodibenzofurans

六氯代二苯并呋喃。有 16 种异构体。

3.2.11 H_7CDFs heptachlorodibenzofurans

七氯代二苯并呋喃。有 4 种异构体。

3.2.12 O_8CDF octachlorodibenzofuran

八氯代二苯并呋喃。有 1 种异构体。

3.2.13 RRF relative response factor

相对响应因子。

3.2.14 HRGC high resolution gas chromatography

高分辨气相色谱法。

3.2.15 HRMS high resolution mass spectrometry

高分辨质谱法。

3.2.16 HRGC-HRMS high resolution gas chromatography and high resolution mass spectrometry

高分辨气相色谱 - 高分辨质谱法。

3.2.17 PFK perfluorokerosene

全氟代煤油。

3.2.18 SIM selective ion monitoring

选择离子检测。

3.2.19 EI electron impact ionization

电子轰击离子化。

3.2.20 S/N Signal/Noise ratio

信噪比。

3.2.21 PCBs

多氯联苯。

4 方法原理

本方法采用同位素稀释高分辨气相色谱－高分辨质谱法测定土壤及沉积物中的二噁英类，规定了土壤及沉积物中二噁英类的采样、样品处理及仪器分析等过程的标准操作程序以及整个分析过程的质量管理措施。按相应采样规范采集样品并干燥。加入提取内标后使用盐酸处理。分别对盐酸处理液和盐酸处理后样品进行液液萃取和索氏提取，萃取液和提取液溶剂置换为正己烷后合并，进行净化、分离及浓缩操作。加入进样内标后使用高分辨色谱－高分辨质谱法（HRGC-HRMS）进行定性和定量分析，见附录 A“二噁英类分析流程图”。

5 试剂和材料

除非另有说明，分析时均使用符合国家标准的农残级试剂，并进行空白试验。有机溶剂浓缩 10 000 倍不得检出二噁英类。

5.1 甲醇

5.2 丙酮

5.3 甲苯

5.4 正己烷

5.5 二氯甲烷

5.6 壬烷或癸烷

5.7 水：用正己烷（5.4）充分洗涤过的蒸馏水[4]。除非另有说明，本标准中涉及的水均指经过上述处理的蒸馏水。

要点分析

[4] 可以使用符合要求的超纯水作为替代。

5.8 25% 二氯甲烷－正己烷溶液：二氯甲烷（5.5）与正己烷（5.4）以体积比 1∶3 混合。

5.9 提取内标：二噁英类内标物质（溶液），一般选择 ^{13}C 标记或 ^{37}Cl 标记化合物作为提取内标，参见附录 B，每样品添加量一般为：四氯～七氯代化合物 0.4~2.0 ng，八氯代化合物 0.8~4.0 ng，并且以不超过定量线性范围为宜[5]。

5.10 进样内标：二噁英类内标物质（溶液），一般选择 ^{13}C 标记或 ^{37}Cl 标记化合物作为进样内标，参见附录 B，每样品添加量为 0.4~2.0 ng。

5.11 标准溶液[6]：指以壬烷（或癸烷、甲苯等）为溶剂配制的二噁英类标准物质与相应内标物质的混合溶液。标准溶液的质量浓度精确已知，且质量浓度序列应涵盖 HRGC-HRMS 的定量线性范围，包括 5 种质量浓度梯度，参见附录 C。

5.12 盐酸：优级纯。

5.13 浓硫酸：优级纯。

要点分析

[5]①使用微量注射器吸取内标时，应当反复抽提，排出针尖及针管内的气泡，避免加入的体积不准确；②微量注射器应当单支独立存放，每种内标配置专用的微量注射器，并定期维护清洗；③向样品中添加内标时，使用快速推放的方式，防止微量注射器针头上有液体残留。

[6] 标准溶液，市售。一般这些标准溶液的保质期是 6~7 年，必须在此期间使用。所有标准溶液应有详细清单和使用记录，装入双重密封盖的容器内，放入冰箱内保管。

5.14 无水硫酸钠[7]：分析纯以上，在 380℃温度下处理 4 h，密封保存。

5.15 氢氧化钾：优级纯。

5.16 硝酸银：优级纯。

5.17 硅胶[8]：层析填充柱用硅胶 0.063~0.212 mm（70~230 目），在烧杯中用甲醇（5.1）洗净，甲醇挥发完全后，在蒸发皿中摊开，厚度小于 10 mm。130℃下干燥 18h，然后放入干燥器冷却 30 min，装入试剂瓶中密封，保存在干燥器中。

5.18 2% 氢氧化钾硅胶：取硅胶（5.18）98 g，加入用氢氧化钾（5.16）配制的 50 g/L 氢氧化钾溶液 40 ml，使用旋转蒸发装置在约 50℃温度下减压脱水，去除大部分水分后，继续在 50~80℃减压脱水 1 h，硅胶变成粉末状。所制成的硅胶含有 2%（质量分数）的氢氧化钾，将其装入试剂瓶密封，保存在干燥器中。

5.19 22% 硫酸硅胶：取硅胶（5.18）78 g，加入浓硫酸（5.14）22 g，充分混合后变成粉末状[9]。将所制成的硅胶装入试剂瓶密封，保存在干燥器中。

要点分析

[7] 处理无水硫酸钠时所需温度较高，使用陶瓷纤维马弗炉前应检查相关线路安全问题。避免直接用手接触坩埚，以防烫伤。处理完的无水硫酸钠用玻璃瓶密封，干燥器中保存。如果发现无水硫酸钠结块，需要重新处理。

[8] 冲洗硅胶所用溶剂量和硅胶的体积比为 1：1。

[9] 由于浓硫酸黏性比较强，硫酸硅胶制备过程中出现大体积的结块，需要边滴加边振荡，使浓硫酸先均匀分布，最后再在摇床上振荡成均匀细颗粒。

5.20 44% 硫酸硅胶：取硅胶（5.18）56 g，加入浓硫酸（5.14）44 g，充分混合后变成粉末状。将所制成的硅胶装入试剂瓶密封，保存在干燥器中。

5.21　10% 硝酸银硅胶：取硅胶（5.18）90g，加入用硝酸银（5.17）配制的 400 g/L 硝酸银溶液 28 ml，使用旋转蒸发装置在约 50℃温度下减压充分脱水。配制过程中应使用棕色遮光板或铝箔遮挡光线。所制成的硅胶含有 10%（质量分数）的硝酸银，将其装入棕色试剂瓶密封，保存在干燥器中[10]。

5.22　氧化铝：层析填充柱用氧化铝（碱性，活性度 I），可以直接使用活性氧化铝。必要时可以如下步骤活化。将氧化铝在烧杯中铺成厚度小于 10 mm 的薄层，在 130℃温度下处理 18 h，或者在培养皿中铺成厚度小于 5 mm 的薄层，在 500℃下处理 8 h，活化后的氧化铝在干燥器内冷却 30 min 后，装入试剂瓶密封，保存在干燥器中。氧化铝活化后应尽快使用[11]。

5.23　活性炭或活性炭硅胶：活性炭可选用下述两种配制方法，或使用市售活性炭硅胶成品。

（1）Carbopack C/Celite 545（18%）。混合 9.0 g 的 Carbopack C 活性炭与 41 g 的 Celite545，于附聚四氟乙烯内衬螺帽的 250 ml 玻璃瓶中混合均匀，使用前于 130℃活化 6 h，冷却后储于干燥箱内保存备用。

（2）AX-21/Celite 545（8%）。混合 10.7 g 的 AX-21 活性炭与 124 g 的 Celite 545 于附聚四氟乙烯内衬螺帽的 250 ml 玻璃瓶中，使其完全混合均匀，使用前于 130℃活化 6 h，冷却后储于干燥箱内保存备用。

要点分析

[10] 用 180℃的温度在马弗炉中处理 12 h，密封避光保存在干燥器中。

[11] 氧化铝应现烘现用，空气中易吸水失活，干燥条件下最多保存一周。

使用前，以甲苯为溶剂索氏提取 48 h 以上，确认甲苯不变色，若甲苯变色，重复索氏提取。索氏提取后，在 180℃温度下干燥 4h，再用旋转蒸发装置干燥 1 h（50℃）。在干燥器中密封保存备用。

5.24 石英棉：使用前在 200℃下处理 2 h，密封保存。

以上材料均可选择符合二噁英类分析要求的市售商业产品。

6 仪器和设备

6.1 采样装置[12]

6.1.1 采样工具：应符合 HJ/T 166 及 GB 17378.3 的要求，并使用对二噁英类无吸附作用的不锈钢或铝合金材质器具。

6.1.2 样品容器：应符合 HJ/T 166 及 GB 17378.3 的要求，并使用对二噁英类无吸附作用的不锈钢或玻璃材质可密封器具。

6.2 前处理装置

样品前处理装置要用碱性洗涤剂和水充分洗净，使用前依次用甲醇（或丙酮）、正己烷（或甲苯或二氯甲烷）等溶剂冲洗，定期进行空白试验。所有接口处严禁使用油脂。

6.2.1 索氏提取器或性能相当的设备。

6.2.2 浓缩装置：旋转蒸发装置、氮吹仪以及 K-D 浓缩装置等。

6.2.3 填充柱：内径 8~15 mm、长 200~300 mm 的玻璃填充柱管。

6.3 分析仪器

使用高分辨毛细管柱气相色谱－高分辨质谱法（HRGC-HRMS）对二噁英类进行分析。

要点分析

[12] 注意采样装置应使用表面不含油漆等有机涂层的不锈钢装置或木质工具。

6.3.1 高分辨毛细管柱气相色谱：应满足 11.1.1 节要求并具有下述功能：

（1）进样口：具有不分流进样功能，最高使用温度不低于 280℃。也可使用柱上进样或程序升温大体积进样方式。

（2）柱温箱：具有程序升温功能，可在 50~350℃温度区间内进行调节。

（3）毛细管色谱柱：内径 0.10~0.32 mm，膜厚 0.10~0.25 μm，柱长 25~60 m。可对 2,3,7,8- 氯代二噁英类化合物进行良好的分离，并能判明这些化合物的色谱峰流出顺序。

（4）载气：高纯氦气，99.999%。

6.3.2 高分辨质谱仪：应为双聚焦磁质谱，满足 11.1.2 节的要求并具有下述功能：

（1）具有气质联机接口。

（2）具有电子轰击离子源，电子轰击电压可在 25~70 V 范围调节。

（3）具有选择离子检测功能，并使用锁定质量模式（Lock mass）进行质量校正。

（4）动态分辨率大于 10 000（10% 峰谷定义，下同）并至少可稳定 24 h 以上。当使用的内标包含 $^{13}C_{12}$-O_8CDF 时，动态分辨率应大于 12 000。

（5）高分辨状态（分辨率 >10 000）下能够在 1s 内重复监测 12 个选择离子。

（6）数据处理系统：能够实时采集、记录及存储质谱数据。

7 采样

7.1 制定采样方案

在实施土壤或沉积物采样之前，应制定采样方案，采样方案包括采样目的和要求、采样程序、安全和质量保证、采样记录等。必要时对现场进行事前调查。

7.2 采样方法

土壤样品采集参照 HJ/T 66 执行，沉积物样品采集参照 GB 17378.3 执行。采样人员应熟悉上述标准中关于土壤样品及沉积物采样的技术要求。采样工具应保持清洁，采样前应使用水和有机溶剂清洗，避免采集的样品间的交叉污染。采样时应记录样品的名称、来源、采样量、保存状况、采样点位、采样日期、采样人员等信息。采样人员应及时填写采样记录或采样报告 [13]。样品应尽快送至实验室进行样品制备和样品分析 [14]。

8 样品预处理

8.1 样品的风干及筛分

土壤及沉积物样品风干及筛分参照 HJ/T 166 及 GB 17378.5 相关部分进行操作。采集样品风干及筛分时应避免日光直接照射及样品间的交叉污染。

8.2 含水率的测定

称取 5g 以上的土壤及沉积物样品，105~110℃烘 4 h 后放在干燥器中冷却至室温，称重 [15]。使用下式计算含水率（w，%）。

$$w=\frac{\text{干燥前样品重量}-\text{干燥后样品重量}}{\text{干燥前样品重量}}\times 100\%$$

要点分析

[13] 采样过程中需要精确记录 GPS 坐标信息，采样过程中对周边环境进行拍照记录，以及对于附近可能存在的污染源要进行记录。

[14] 样品在 4℃以下密封避光保存并尽快分析。

[15] 测定含水率的样品应经过风干处理，样品烘干要求达到恒重，然后计算其含水率。

9 样品前处理

9.1 添加提取内标

在样品处理之前添加提取内标。如果样品提取液需要分割使用（如样品中二噁英类预期质量分数过高需要加以控制或者需要预留保存样），提取内标添加量则应适当增加。

9.2 盐酸处理

称取一定量样品于滤筒中，用 2 mol/L 的盐酸进行处理。盐酸的用量为每 1 g 样品至少加 20 mmol HCl。搅拌样品，使其与盐酸充分接触并观察发泡情况，必要时再添加盐酸，直到不再发泡为止[16]。用布氏漏斗过滤盐酸处理液，并用水充分冲洗滤筒[17]，再用少量甲醇（或丙酮）淋洗去除滤筒及样品中的水分，将冲洗好的滤筒放入烧杯中转移至洁净的干燥器中充分干燥。

9.3 样品提取

9.3.1 液液萃取

将样品前处理的处理液（9.2）合并，按照每 1 L 盐酸处理液使用 100 ml 二氯甲烷的比例进行振荡萃取，重复 3 次，萃取液使用无水硫酸钠脱水干燥。

要点分析

[16] 取经过前处理的玻璃纤维滤筒，加入称量好的样品，缓慢加入足量的盐酸，使盐酸没过样品，充分浸泡 4 h 以上，确保样品酸化完全。加入盐酸的过程中要采用逐步滴加的方式，以免气泡产生过快将样品带出。

[17] 当最终冲洗样品滴下的溶液经用 pH 试纸测试接近中性时，可以认为已经冲洗完全。

9.3.2 样品提取

滤筒[18]及样品充分干燥后以甲苯为溶剂进行索氏提取[19]，提取时间应在 16 h 以上。

将该提取液和 9.3.1 萃取液溶剂置换为正己烷后合并，作为分析样品，进行净化处理。

若样品中不含碳状物，可以省略盐酸处理，直接进行提取操作。实验室可以通过分析有证参考物质或参加国际能力验证的方法对快速溶剂萃取等其他提取方法的使用进行评估。

9.4 标准溶液的分割

可根据样品中二噁英类预期质量分数的高低分取 25%~100%（整数比例）的样品溶液作为样品储备液，样品储备液应转移至棕色密封储液瓶中冷藏贮存。

10 样品净化

样品净化可以选择硫酸处理 - 硅胶柱净化（10.1）或多层硅胶柱净化（10.2）方法。对干扰物的分离净化可以选择氧化铝柱净化（10.3）或活性炭硅胶柱净化（10.4）方法。

要点分析

[18] 滤筒在使用前要用丙酮超声波清洗 3 遍以上，洗除可能存在的干扰。

[19] 包括布氏漏斗过滤使用的滤膜，与样品一起进行提取。

10.1 硫酸处理－硅胶柱净化

10.1.1 将样品溶液浓缩至 1~2 ml[20]。

10.1.2 将浓缩液用 50~150 ml 正己烷洗入分液漏斗，每次加入适量（10~20 ml）浓硫酸，轻微振荡，静置分层，弃去硫酸层[21]。根据硫酸层颜色的深浅重复操作 1~3 次。

10.1.3 正己烷层每次加入适量的水洗涤，重复洗至中性。正己烷层经无水硫酸钠脱水后，浓缩至 1~2 ml。

10.1.4 填充柱底部垫一小团石英棉[22]，用 10 ml 正己烷冲洗内壁。在烧杯中加入 3 g 硅胶和 10 ml 正己烷，用玻璃棒缓缓搅动赶掉气泡，倒入填充柱，让正己烷流出，待硅胶层稳定后，再填充约 10 mm 厚的无水硫酸钠，用正己烷冲洗管壁上的硫酸钠粉末。

要点分析

[20] 使用旋转蒸发仪减压加热进行浓缩，温度根据溶剂的沸点合理选取，不宜太高，确保溶液浓缩过程中不会出现暴沸。旋转蒸发浓缩的速度也不易过快，尽量保证溶液蒸汽在蛇形冷凝管里冷凝的部位不超过蛇形冷凝管整体高度的 1/3，避免过快的蒸馏过程中溶液将目标物带出，造成损失。

[21] 浓硫酸添加应注意浓硫酸和有机物反应时溶剂会突然沸腾，应先添加数毫升，然后根据着色程度慢慢添加。实验中要做好防护工作，使用手套、口罩等防护装置。

[22] 石英棉的用量要适量，柱子填料太少可能漏出来，太多、太密实可能会导致淋洗速度过慢。

10.1.5 用 50 ml 正已烷淋洗硅胶柱，然后将浓缩液定量转移到硅胶柱上[23]。用 150 ml 正已烷淋洗，调节淋洗速度约为 2.5 ml/min（大约 1 滴 /s）。

10.1.6 洗出液浓缩至 1~2 ml。

10.2 多层硅胶柱净化

10.2.1 在填充柱底部垫一小团石英棉，用 10 ml 正已烷冲洗内壁。依次装填无水硫酸钠 4 g，硅胶 0.9 g，2% 氢氧化钾硅胶 3 g，硅胶 0.9 g，44% 硫酸硅胶 4.5 g，22% 硫酸硅胶 6 g，硅胶 0.9 g，10% 硝酸银硅胶 3 g[24]，无水硫酸钠 6 g，用 100 ml 正已烷淋洗硅胶柱。

10.2.2 将样品溶液浓缩至 1~2 ml。

10.2.3 将浓缩液定量转移到多层硅胶柱上。

10.2.4 用 200 ml 正已烷淋洗，调节淋洗速度约为 2.5 ml/min（大约 1 滴 /s）。

10.2.5 洗出液浓缩至 1~2 ml。

若多层硅胶柱颜色加深较多，应重复上述 10.2.1~10.2.5 节净化操作。样品含硫量较高时，可在索氏提取器的蒸馏烧瓶中加入 5~10 g 铜珠或在多层硅胶柱上端加入适量铜粉。

10.3 氧化铝柱净化

10.3.1 在填充柱底部垫一小团石英棉，用 10 ml 正已烷冲洗内壁。在烧杯中加入 10 g 氧化铝和 10 ml 正已烷，用玻璃棒缓缓搅动赶掉气泡，倒入填充柱，让正已烷流出，待氧化铝层稳定后，再填充约 10 mm 厚的无水硫酸钠，用正已烷冲洗管壁上的无水硫酸钠粉末。用 50 ml 正已烷淋洗氧化铝柱。

要点分析

[23] 盛装浓缩液的容器要用正已烷润洗 3 遍，与样品一起转移到硅胶柱上，以减少样品损失。

[24] 层析柱装有硝酸银硅胶的部分要用铝箔包裹以遮挡光线。

10.3.2 将经过初步净化的样品浓缩液定量转移到氧化铝柱上。首先用100 ml的2%二氯甲烷－正己烷溶液[25]淋洗，调节淋洗速度约为2.5 ml/min（大约1滴/s）。洗出液为第一组分[26]。

10.3.3 用150 ml的50%二氯甲烷－正己烷溶液淋洗氧化铝柱（淋洗速度约为2.5 ml/min），得到的洗出液为第二组分，该组分含有分析对象二噁英类。

10.3.4 将第二组分洗出液浓缩至1~2 ml。

10.4 活性炭硅胶柱净化

10.4.1 在填充柱底部垫一小团石英棉，用10 ml正己烷冲洗内壁。干法填充约10 mm厚的无水硫酸钠和1.0 g活性炭硅胶。注入10 ml正己烷，敲击填充柱赶掉气泡，再填充约10 mm厚的无水硫酸钠，用正己烷冲洗管壁上的无水硫酸钠粉末。用20 ml正己烷淋洗硅胶柱。

10.4.2 将经过初步净化的样品浓缩液定量转移到活性炭硅胶柱上。首先用200 ml的25%二氯甲烷－正己烷溶液淋洗，调节淋洗速度约为2.5 ml/min（大约1滴/s）。洗出液为第一组分。

10.4.3 用200 ml甲苯淋洗活性炭硅胶柱（淋洗速度约为2.5 ml/min），得到的洗出液为第二组分，该组分含有分析对象二噁英类。

10.4.4 将第二组分洗出液浓缩至1~2 ml。

要点分析

[25] 2%指的是二氯甲烷的体积分数，即二氯甲烷和正己烷的体积比为1∶49。

[26] 第一组分里含有和二噁英类结构相似的多氯联苯，可能会导致二噁英定量的不准确。

10.5 其他样品净化方法

可以使用凝胶渗透色谱（GPC）、高压液相色谱（HPLC）、自动样品处理装置以及其他净化方法或装置等进行样品的净化处理。使用前应用标准样品或标准溶液进行分离和净化效果试验，并确认满足本方法质量保证/质量控制要求。

10.6 上机样品制备

10.6.1 样品的浓缩

由 10.3.4 节或 10.4.4 节所得的第二组分洗出液用高纯氮吹除多余的溶剂，浓缩至微湿[27]。

10.6.2 添加进样内标

添加 0.4~2.0 ng 进样内标（5.10），加入壬烷（或癸烷、甲苯）定容至适当体积，使进样内标质量浓度与制作相对响应因子的标准曲线进样内标质量浓度相同，转移至进样瓶后作为最终分析样品[28]。

11 仪器分析

11.1 仪器条件

11.1.1 高分辨气相色谱条件设定

选择适当操作条件来分离 2,3,7,8- 氯代二噁英类化合物，推荐条件为：

进样方式：不分流进样 1 μl;

进样口温度：270℃；

要点分析

[27] 氮吹时要注意气流的速度，不要让溶液飞溅出来，造成样品损失。氮吹到最后要注意剩余样品的量，不要让样品完全变干。

[28] 样品加入进样内标以后充分振荡，使样品和内标混合均匀，密封静置一段时间以后再上机检测。

载气流量：1.0 ml/min；

色质接口温度：270℃；

色谱柱：固定相5%苯基95%聚甲基硅氧烷，柱长60 m，内径0.25 mm，膜厚0.25 μm；

程序升温：初始温度140℃，保持1min后以20℃/min的速度升温至200℃，停留1 min后以5℃/min的速度升温至220℃，停留16 min后以5℃/min的速度升温至235℃后停留7 min，以5℃/min的速度升温至310℃停留10 min。

也可使用其他操作条件，参见附录D。

11.1.2 高分辨质谱条件设定

设置仪器满足如下条件，并使用标准溶液或标准参考物质确认保留时间窗口。

11.1.2.1 使用SIM法选择待测化合物的两个监测峰离子进行监测，如表3所示（$^{37}Cl_4$-T_4CDD仅有一个监测峰离子）。

11.1.2.2 导入质量校准物质（PFK）得到稳定的响应后，优化质谱仪器参数使得表5中各质量数范围内PFK峰离子的分辨率大于10 000，当使用的内标包含$^{13}C_{12}$-O_8CDF时，分辨率应大于12 000。

表5　质量数设定（监测离子和锁定质量数）

同类物	M+	（M+2）$^+$	（M+4）$^+$
T_4CDDs	319.896 5	321.893 6	
P_5CDDs		355.854 6	357.851 7*
H_6CDDs		389.815 7	391.812 7*
H_7CDDs		423.776 7	425.773 7
O_8CDD		457.737 7	459.734 8
T_4CDFs	303.901 6	305.898 7	
P_5CDFs		339.859 7	341.856 8

同类物	M+	（M+2）$^+$	（M+4）$^+$
H_6CDFs		373.820 7	375.817 8
H_7CDFs		407.781 8	409.778 8
O_8CDF		441.742 8	443.739 8
$^{13}C_{12}$-T_4CDDs	331.936 8	333.933 9	
$^{37}Cl_4$-T_4CDD	327.884 7		
$^{13}C_{12}$-P_5CDDs		367.894 9	369.891 9
$^{13}C_{12}$-H_6CDDs		401.855 9	403.853 0
$^{13}C_{12}$-H_7CDDs		435.816 9	437.814 0
$^{13}C_{12}$-O_8CDD		469.778 0	471.775 0
$^{13}C_{12}$-T_4CDFs	315.941 9	317.938 9	
$^{13}C_{12}$-P_5CDFs		351.900 0	353.897 0
$^{13}C_{12}$-H_6CDFs	383.836 9	385.861 0	
$^{13}C_{12}$-H_7CDFs	417.825 3	419.822 0	
$^{13}C_{12}$-O_8CDF	451.786 0	453.783 0	
PFK （Lock mass）	292.982 5（四氯代二噁英类定量用） 354.979 2（五氯代二噁英类定量用） 392.976 0（六氯代二噁英类定量用） 430.972 9（七氯代二噁英类定量用） 442.972 9（八氯代二噁英类定量用）		

注：*可能存在 PCBs 干扰。

11.2 质量校正

仪器分析开始前需进行质量校正。监测表 3 中各质量数范围内 PFK 峰离子的荷质比及分辨率，分辨率应全部达到 10 000 以上，通过锁定质量模式进行质量校正。校正过程完成后保存质量校正文件。

11.3 SIM 检测

11.3.1 按 11.1 节要求设置高分辨气相色谱 - 高分辨质谱联用仪条件。

11.3.2 注入质量校准物质（PFK），响应稳定后，按 11.1 节及 11.2 节要求进行仪器调谐与质量校正后进行最终分析样品分析。每 12 h 对分辨率及质量校正进行验证。不符合 11.1 节及 11.2 节要求时应重新进行调谐及质量校正。

11.3.3 完成测定后，取得各监测离子的色谱图，确认 PFK 峰离子丰度差异小于 20%，检查是否存在干扰以及 2,3,7,8- 氯代二噁英类的分离效果，最后进行数据处理。按各化合物的离子荷质比记录谱图。

11.4 相对响应因子制作

11.4.1 标准溶液测定

标准溶液质量浓度序列应有 5 种以上质量浓度，对每个质量浓度应重复 3 次进样测定。

11.4.2 离子丰度比确认

标准溶液中化合物对应的两个检测离子的离子丰度比应与理论离子丰度比（见表 6）大体一致，变化范围应在 ±15% 以内。

表 6　根据氯原子同位素丰度比推算的理论离子丰度比

化合物	M	M+2	M+4	M+6	M+8	M+10	M+12	M+14
T_4CDDs	77.43	100.0	48.74	10.72	0.94	0.01		
P_5CDDs	62.06	100.0	64.69	21.08	3.50	0.25		
H_6CDDs	51.79	100.0	80.66	34.85	8.54	1.14	0.07	
H_7CDDs	44.43	100.0	96.64	52.03	16.89	3.32	0.37	0.02
O_8CDD	34.54	88.80	100.0	64.48	26.07	6.78	1.11	0.11
T_4CDFs	77.55	100.0	48.61	10.64	0.92			
P_5CDFs	62.14	100.0	64.57	20.98	3.46	0.24		
H_6CDFs	51.84	100.0	80.54	34.72	8.48	1.12	0.07	
H_7CDFs	44.47	100.0	96.52	51.88	16.80	3.29	0.37	0.02
O_8CDF	34.61	88.89	100.0	64.39	25.98	6.74	1.10	0.11

注：1.M 表示质量数最低的同位素；2. 以最大离子丰度作为 100%。

11.4.3 信噪比确认

标准溶液质量浓度序列中最低质量浓度的化合物信噪比（S/N）应大于 10。取谱图基线测量值标准偏差的 2 倍作为噪声值 N。也可以取噪声最大值和最小值之差的 2/5 作为噪声值 N。以噪声中线为基准，到峰顶的高度为峰高（信号 S）。

11.4.4 相对响应因子计算

各质量浓度点待测化合物相对于提取内标的相对响应因子（RRF_{es}）由式（1）计算，并计算其平均值和相对标准偏差，相对标准偏差应在 ±20% 以内，否则应重新制作校准曲线。

$$RRF_{es}=\frac{Q_{es}}{Q_s}\times\frac{A_s}{A_{es}} \tag{1}$$

式中：Q_s——标准溶液中待测化合物的绝对量，pg；

Q_{es}——标准溶液中提取内标物质的绝对量，pg；

A_s——标准溶液中待测化合物的监测离子峰面积之和；

A_{es}——标准溶液中提取内标物质的监测离子峰面积之和。

提取内标相对于进样内标相对响应因子，由式（2）计算。

$$RRF_{rs}=\frac{Q_{rs}}{Q_{es}}\times\frac{A_{es}}{A_{rs}} \tag{2}$$

式中：Q_{es}——标准溶液中提取内标物质的绝对量，pg；

Q_{rs}——标准溶液中进样内标物质的绝对量，pg；

A_{es}——标准溶液中提取内标物质的监测离子峰面积之和；

A_{rs}——标准溶液中进样内标物质的监测离子峰面积之和。

11.5 样品测定

取得相对响应因子之后，对处理好的最终分析样品按下述步骤测定。

11.5.1 标准溶液确认

选择中间质量浓度的标准溶液，按一定周期或频次（每 12 h 或每批样品至少 1 次）测定。质量浓度变化不应超过 ±35%，否则应查找原因，重新测定或重新制作相对响应因子。

11.5.2 测定样品

将空白样品和最终分析样品按照 11.3 节所述的程序进行测定，得到二噁英类各监测离子的色谱图。

12 数据处理

12.1 色谱峰确认

12.1.1 进样内标确认

分析样品中进样内标的峰面积应不低于标准溶液中进样内标峰面积的70%。则应查找原因，重新测定。

12.1.2 色谱峰确认

在色谱图上，对信噪比 S/N 大于 3 的色谱峰视为有效峰。

12.1.3 峰面积：计算 12.1.2 节中确认的色谱峰的峰面积。

12.2 定性

12.2.1 二噁英类同类物

二噁英类同类物的两个监测离子在指定保留时间窗口内同时存在，并且其离子丰度比与表 4 所列理论离子丰度比一致，相对偏差小于 15%。同时满足上述条件的色谱峰定性为二噁英类物质。

12.2.2 2, 3, 7, 8- 氯代二噁英类

除满足 12.2.1 节要求外，色谱峰的保留时间应与标准溶液一致（±3s以内），同时内标的相对保留时间也与标准溶液一致（±0.5% 以内）。同时满足上述条件的色谱峰定性为 2, 3, 7, 8- 氯代二噁英类。

12.3 定量

12.3.1 采用内标法计算分析样品中被检出的二噁英类化合物的绝对量（Q），按式（3）计算 2, 3, 7, 8- 氯代二噁英类化合物的 Q。对于非 2,3,7,8- 氯代二噁英类，采用具有相同氯原子取代数的 2, 3, 7, 8- 氯代二噁英类 RRF_{es} 均值计算。

$$Q = \frac{A}{A_{es}} \times \frac{Q_{es}}{RRF_{es}} \tag{3}$$

式中：Q——分析样品中待测化合物，ng;

A——色谱图待测化合物的监测离子峰面积之和；

A_{es}——提取内标的监测离子峰面积之和；

Q_{es}——提取内标的添加量，ng；

RRF_{es}——待测化合物相对提取内标的相对响应因子。

12.3.2 用式（4）计算样品中的待测化合物质量分数，结果修约为 2 位有效数字。

$$w = \frac{Q}{m(1-W)} \qquad (4)$$

式中：ω——样品中待测化合物的质量分数，ng/kg；

Q——样品中待测化合物总量，ng；

m——样品量，kg；

w——含水率，%。

12.4 提取内标的回收率

根据提取内标峰面积与进样内标峰面积的比以及对应的相对响应因子均值，按公式计算提取内标的回收率并确认提取内标的回收率在表 5 规定的范围之内。若提取内标的回收率不符合表 7 规定的范围，应查找原因，重新进行提取和净化操作。

$$R=\frac{A_{es}}{A_{rs}}\times\frac{Q_{rs}}{RRF_{rs}}\times\frac{100\%}{Q_{es}} \qquad (5)$$

式中：R——提取内标回收率，%；

A_{es}——提取内标的监测离子峰面积之和；

A_{rs}——进样内标的监测离子峰面积之和；

Q_{rs}——进样内标的添加量，ng；

RRF_{rs}——进样内标的相对响应因子；

Q_{es}——提取内标的添加量，ng。

12.5 检出限

12.5.1 仪器检出限

选择制作相对响应因子的系列质量浓度标准溶液中最低质量浓度的标准溶液进行 5 次重复测定[29]，对溶液中 2,3,7,8- 氯代二噁英类进行定量，计算测定值的标准偏差 S，取标准偏差的 3 倍（$3S$），修约为 1 位有效数字作为仪器检出限。仪器检出限限值规定为四氯 ~ 五氯代二噁英类 0.1 pg，六氯 ~ 七氯代二噁英类 0.2 pg，八氯代二噁英类 0.5 pg。当测得仪器检出限高于限值时，应查找原因，重新测定使其满足标准限值的要求。实验室应定期对仪器的检出限进行检验和确认。

12.5.2 方法检出限

使用与实际采样操作相同的试剂，按照本方法进行提取，提取液中添加标准物质，添加量为仪器检出限的 3~10 倍；然后进行与样品处理相同的净化、仪器分析、定性和定量操作。重复上述操作空白测定，共计 5 次。计算测定值的标准偏差，取标准偏差的 3 倍修约为 1 位有效数字作为方法检出限。

表 7　提取内标回收率

氯原子取代数	内标	范围	内标	范围
四氯	$^{13}C_{12}$-2,3,7,8-T_4CDD	25%~164%	$^{13}C_{12}$-2,3,7,8-T_4CDF	24%~169%
五氯	$^{13}C_{12}$-1,2,3,7,8-P_5CDD	25%~181%	$^{13}C_{12}$-1,2,3,7,8-P_5CDF	24%~185%
			$^{13}C_{12}$-2,3,4,7,8-P_5CDF	21%~178%
六氯	$^{13}C_{12}$-1,2,3,4,7,8-H_6CDD	32%~141%	$^{13}C_{12}$-1,2,3,4,7,8-H_6CDF	32%~141%

要点分析

[29] 要求 5 次重复测定必须连续进行，中间不能有间隔。

氯原子取代数	内标	范围	内标	范围
六氯	$^{13}C_{12}$-1,2,3,6,7,8-H_6CDD	28%~130%	$^{13}C_{12}$-1,2,3,6,7,8-H_6CDF	28%~130%
			$^{13}C_{12}$-2,3,4,6,7,8-H_6CDF	28%~136%
			$^{13}C_{12}$-1,2,3,7,8,9-H_6CDF	29%~147%
七氯	$^{13}C_{12}$-1,2,3,4,6,7,8-H_7CDD	23%~140%	$^{13}C_{12}$-1,2,3,4,6,7,8-H_7CDF	28%~143%
			$^{13}C_{12}$-1,2,3,4,7,8,9-H_7CDF	26%~138%
八氯	$^{13}C_{12}$-O_8CDD	17%~157%		

12.5.3 样品检出限

按式（6）计算样品检出限，样品检出限应在评价质量分数的 1/10 以下。

$$\omega_{DL}=\frac{D_L}{1\ 000}\times\frac{1}{m(1-w)} \tag{6}$$

式中：ω_{DL}——样品检出限，ng/kg；

D_L——方法检出限，pg；

m——样品量，kg；

w——含水率，%。

13 报告

13.1 报告格式

结果报告宜采用表格的形式，表中应包括测定对象、实测质量分数、采用的毒性当量因子以及毒性当量（TEQ）质量分数等内容（参见附录 E 中的例子）。

13.2 测定对象

测定对象包括 17 种 2,3,7,8- 氯代二噁英类、四氯 ~ 八氯代二噁英类（T_4CDDs~O_8CDD 和 T_4CDFs~ O_8CDF）的同类物及其总和，见表 8。

表 8　二噁英类测定对象的表示方法

氯取代数	PCDDs		PCDFs	
四氯	T$_4$CDDs	2,3,7,8-T$_4$CDD T$_4$CDDs 总量	T$_4$CDFs	2,3,7,8-T4CDF T$_4$CDFs 总量
五氯	P$_5$CDDs	1,2,3,7,8-P$_5$CDD P$_5$CDDs 总量	P$_5$CDFs	1,2,3,7,8-P$_5$CDF 2,3,4,7,8-P$_5$CDF P$_5$CDFs 总量
六氯	H$_6$CDDs	1,2,3,4,7,8-H$_6$CDD 1,2,3,6,7,8-H$_6$CDD 1,2,3,7,8,9-H$_6$CDD H$_6$CDDs 总量	H$_6$CDFs	1,2,3,4,7,8-H$_6$CDF 1,2,3,6,7,8-H$_6$CDF 1,2,3,7,8,9-H$_6$CDF 2,3,4,6,7,8-H$_6$CDF H$_6$CDFs 总量
七氯	H$_7$CDDs	1,2,3,4,6,7,8-H$_7$CDD H$_7$CDDs 总量	H$_7$CDFs	1,2,3,4,6,7,8-H$_7$CDF 1,2,3,4,7,8,9-H$_7$CDF H$_7$CDFs 总量
八氯	O$_8$CDD	1,2,3,4,6,7,8,9-O$_8$CDD	O$_8$CDF	1,2,3,4,6,7,8,9-O$_8$CDF
Σ（四氯～八氯）	PCDDs 总量		PCDFs 总量	
	Σ（PCDDs+PCDFs）			

13.3 计算

13.3.1 实测质量分数

大于样品检出限的二噁英类同类物质量分数直接记录，低于样品检出限的质量分数记为 N.D.（低于样品检出限）。同类物总量质量分数根据各异构体质量分数累加计算，二噁英类总量质量分数则根据各同类物质量分数累加计算。

13.3.2 毒性当量（TEQ）质量分数

2,3,7,8- 氯代二噁英类的实测质量分数进一步换算为毒性当量（TEQ）质量分数，毒性当量（TEQ）质量分数为实测质量分数与该同类物的毒性当量因子（表 9）的乘积。对于低于样品检出限的测定结果如无特别指明，使用样品检出限的 1/2 计算毒性当量（TEQ）质量分数。

表 9　二噁英类的毒性当量因子（TEF）

二噁英类		WHO-TEF（2005）	I-TEF
PCDDs	2,3,7,8-T_4CDD	1	1
	1,2,3,7,8-P_5CDD	1	0.5
	1,2,3,4,7,8-H_6CDD	0.1	0.1
	1,2,3,6,7,8-H_6CDD	0.1	0.1
	1,2,3,7,8,9-H_6CDD	0.1	0.1
	1,2,3,4,6,7,8-H_7CDD	0.01	0.01
	O_8CDD	0.000 3	0.001
	其他 PCDDs	0	0
PCDFs	2,3,7,8-T_4CDF	0.1	0.1
	1,2,3,7,8-P_5CDF	0.03	0.05
	2,3,4,7,8-P_5CDF	0.3	0.5
	1,2,3,4,7,8-H_6CDF	0.1	0.1
	1,2,3,6,7,8-H_6CDF	0.1	0.1
	1,2,3,7,8,9-H_6CDF	0.1	0.1
	2,3,4,6,7,8-H_6CDF	0.1	0.1
	1,2,3,4,6,7,8-H_7CDF	0.01	0.01
	1,2,3,4,7,8,9-H_7CDF	0.01	0.01
	O_8CDF	0.000 3	0.001
	其他 PCDFs	0	0

13.3.3 质量分数单位

实测质量分数单位以 ng/kg 表示，毒性当量（TEQ）质量分数单位以 ng/kg 表示。

13.3.4 数值修约与表达

报告检出限按数值修约规则 GB/T 8170 修约为 1 位有效数字。质量分数结果位数应不多于检出限位数，按数值修约规则 GB/T 8170 修约为 2 位或 1 位有效数字。

可以根据监测的要求使用不同的 TEF 来计算二噁英类的毒性当量

（TEQ）质量分数，在监测报告中须注明使用的 TEF 的版本。

14 质量控制和质量保证

使用本方法的实验室应具备合乎要求的样品分析能力、标准物质和空白操作以及数据评价和质量控制能力，所有分析结果应符合本方法所规定的质量保证要求。

14.1 数据可靠性保证

14.1.1 内标回收率

提取内标的回收率：应对所有样品提取内标的回收率进行确认。

14.1.2 检出限确认

针对二噁英类分析的特殊性，本方法规定了三种检出限，即仪器检出限、方法检出限和样品检出限。应对三种检出限进行检验和确认。

14.1.2.1 仪器检出限：定期进行检查和调谐仪器[30]，当改变测量条件时应重新确认仪器检出限。

14.1.2.2 方法检出限：定期检查和确认方法检出限，当样品制备或测试条件改变时应重新确认方法检出限。需要注意的是不同的实验条件或操作人员可能得到的方法检出限不同。

14.1.2.3 样品检出限：样品检出限应低于评价质量分数的 1/10。对每一个样品都要计算样品检出限。如果排放标准或质量标准中规定了分析方法的检出限，则本方法的样品检出限应满足相关规定要求。

要点分析

[30] 每次进样前都要对仪器进行调谐，确认其分辨率符合要求。一次性进样数量太多时也要查看仪器状态是否符合要求，如对上一个样品的峰型、基线进行确认，如果偏离太多需要重新进行调谐后再进样。

14.1.3 空白实验

空白实验分为试剂空白与操作空白。试剂空白用于检查分析仪器的污染情况；操作空白用于检查样品制备过程的污染程度。

14.1.3.1 试剂空白：任何样品的仪器分析都应该同时分析待测样品溶液所使用的溶剂作为试剂空白。所有试剂空白测试结果应低于方法检出限。

14.1.3.2 操作空白：为评价实验环境的污染干扰水平，应定期进行操作空白实验。除不使用实际样品外，操作空白试验的样品制备、前处理、净化、仪器分析和数据处理步骤与实际样品分析步骤相同，结果应低于评价质量分数的 1/10。在样品制备过程有重大变化时（如使用新的试剂或仪器设备，或者仪器维修后再次使用时）或样品间可能存在交叉污染时（如高质量分数样品）应进行操作空白的分析。

14.1.4 平行实验

平行实验频度取样品总数的 10% 左右。对于 17 种 2, 3, 7, 8- 氯代二噁英类，对大于检出限 3 倍以上的平行实验结果取平均值，单次平行实验结果应在平均值的 ±30% 以内。

14.1.5 标准溶液

标准溶液应当在密封的玻璃容器中避光冷藏保存，以避免由于溶剂挥发引起的质量浓度变化[31]。建议在每次使用前后称量并记录标准溶液的重量。

要点分析

[31] 上次使用后和下次使用前两次测量标准溶液，如发现偏差较大时需要重新配制标准溶液。

14.2 操作要求

14.2.1 采样

14.2.1.1 采样器材的准备和保存：采样设备和材料在使用之前应充分洗净避免污染。

14.2.1.2 采样器的使用：采样工具应冲洗干净以减少引起污染的可能性，可使用水和有机溶剂清洗，从而避免样品间的交叉污染。

14.2.1.3 样品的代表性：应根据相应样品的采样标准或规范确认样品的代表性。

14.2.1.4 样品的贮存和运输[32]：样品采集后应贮存在密闭容器内以避免损失及污染。应在避光条件下运输或贮存样品。

14.2.2 样品制备

14.2.2.1 样品提取：使用液液萃取时，应严格控制萃取条件，确认萃取完全。使用索氏提取时，提取之前应充分干燥，条件允许时应选择带有水分分离功能的索氏提取器[33]。

要点分析

[32] 样品瓶（袋）内外均应该有详细记录样品信息的标签。

[33] 索氏提取前可以将滤筒中的样品在冷冻干燥机中进行干燥处理。冷冻干燥时间 24 h 以上，确保样品已经完全干燥，然后进行索氏提取。

14.2.2.2 硫酸处理－硅胶柱净化或多层硅胶柱净化：应确认淋洗后的样品溶液无明显着色。改变净化柱的填充材料的类型或用量时，以及改变淋洗溶剂的种类或用量时，应通过制作淋洗曲线等方法优化实验条件，避免样品中的二噁英类在净化过程中的损失。

14.2.2.3 氧化铝柱净化：在氧化铝活性较低时，可能发生1,3,6,8-T_4CDD和1,3,6,8-T_4CDF被淋洗到第一组分以及第二组分中的O_8CDD和O_8CDF未被淋洗出来等异常情况。生产批次以及开启封口后的贮存时间和贮存条件的不同对氧化铝的活性会产生较大影响。上述问题产生时，应通过制作淋洗曲线等方法优化实验条件。

14.2.2.4 活性炭硅胶柱：活性炭硅胶使用前应通过制作淋洗曲线等方法确认分离效果，优化实验条件。

14.2.3 定性和定量

14.2.3.1 气相色谱：应定期确认响应因子是否稳定、待测化合物的保留时间是否在合理的范围内以及色谱峰是否能够有效分离。如果出现异常，可以尝试把色谱柱的一端或两端截掉10~30 cm或重新老化色谱柱；如果问题仍没有解决，则应更换新的色谱柱。

14.2.3.2 质谱仪：使用质量校准物质（PFK）调谐并进行质量校正，确认动态分辨率满足要求。定期检查并记录仪器的基本参数。

14.2.3.3 参数设置：根据标准溶液的色谱峰保留时间对时间窗口进行分组，使得待测化合物以及相应内标的色谱峰在适当的时间窗口中出现。每组时间窗口中的选择离子的检测周期应小于1 s。

14.2.3.4 仪器维护：为保证气相色谱－质谱联用仪的工作性能，应定期检查和维护 HRGC-HRMS 系统，定期清洗和更换进样口以及离子源等易受到污染的部件[34]。

14.2.3.5 仪器稳定性：定期测定并计算相对响应因子，同使用的相对响应因子值比较，变化范围应在 ±35% 范围内，否则应查找原因，重新制作相对响应因子。

14.3 分析记录

实验室应记录、整理并保存下列信息。

14.3.1 采样工具、采样材料和试剂的准备、处理和贮存条件等。

14.3.2 采样记录：包括采样日期、采样方法、采样点位信息、采样量、样品编号及名称等信息。

14.3.3 样品处理：包括分析时间、提取和净化、提取液分取比例、内标添加记录等信息。

14.3.4 分析仪器记录：包括仪器调谐、操作条件等信息。

14.3.5 质控记录：内标回收率、空白结果等。

要点分析

[34] HRGC-HRMS 系统应有专人维护，并详细记录维护时间和内容。主要涉及水、电、气三方面：要经常检查水管和接头有没有结露现象，检查冷却部件有没有结露现象。仪器需要配置不间断电源（UPS），并定期对 UPS 进行检查，如发现故障或报警记录应及时排查原因，解决问题。密切关注气相色谱载气压力变化，如果压力下降过快，说明可能有漏气发生；留意空气压缩机的启动频率，如果明显发现启动过于频繁，有可能是压缩空气管路有漏气。对于仪器间的温度尽量控制在 20℃左右，湿度控制在 75% 以下，如有必要可以使用除湿机进行除湿。

14.3.6 结果报告。

14.3.7 色谱文件、数据计算表格等电子文档。

14.4 质量管理报告

记录下列与质量管理有关的信息，必要时提交含有下述文件的报告。

14.4.1 气相色谱－质谱联用仪的例行检查、调谐和校准记录。

14.4.2 标准物质的生产商和溯源。

14.4.3 检出限结果及确认。

14.4.4 空白实验结果及确认。

14.4.5 回收率结果及确认。

14.4.6 分析操作的原始记录（全过程）。

15 废物处理

15.1 实验室应遵守各级管理部门的废物管理法律规定，避免废物排放对周边环境的污染。

15.2 气相色谱分流口及质谱机械泵废气应通过活性炭柱、含油或高沸点醇的吸收管排出。

15.3 实验过程中产生的含酸废液应集中收集处理。

15.4 液体及可溶性废物可溶解于甲醇或乙醇中并以紫外灯（波长低于290 nm）照射处理，若无二噁英类检出可按普通废物处置。

15.5 二噁英类在800℃以上可以有效降解。口罩、橡胶手套和滤纸等低质量浓度水平废物可委托具有资质的设施进行焚化处置。

15.6 实验室产生的废物属于危险废物时，按有关法律规定进行处置[35]。

要点分析

[35] 这些危险废物一般包括有机溶剂、废弃净化柱填料、废弃的标样等，专人管理，单独储存，定期清运，出入库制定详细清单。

16 注意事项

本方法中涉及的试剂及化合物具有一定健康风险，应尽量减少分析人员对这些化合物的暴露[36]。

16.1 分析人员应了解二噁英类分析操作以及相关的风险，并接受相关的专业培训。建议实验室的分析人员定期进行日常体检。

16.2 实验室应选用可直接使用的低质量浓度标准物质，减少或避免对高质量浓度标准物质的操作。

16.3 实验室应配备手套、实验服、安全眼镜、面具、通风橱等保护措施。

要点分析

[36] 标准物质的管理要严格，必须要有详细的清单和使用记录，所有标准物质要进行双重密封保存，放入冰箱由专人保管。

附录 A

（规范性附录）

二噁英类分析流程图

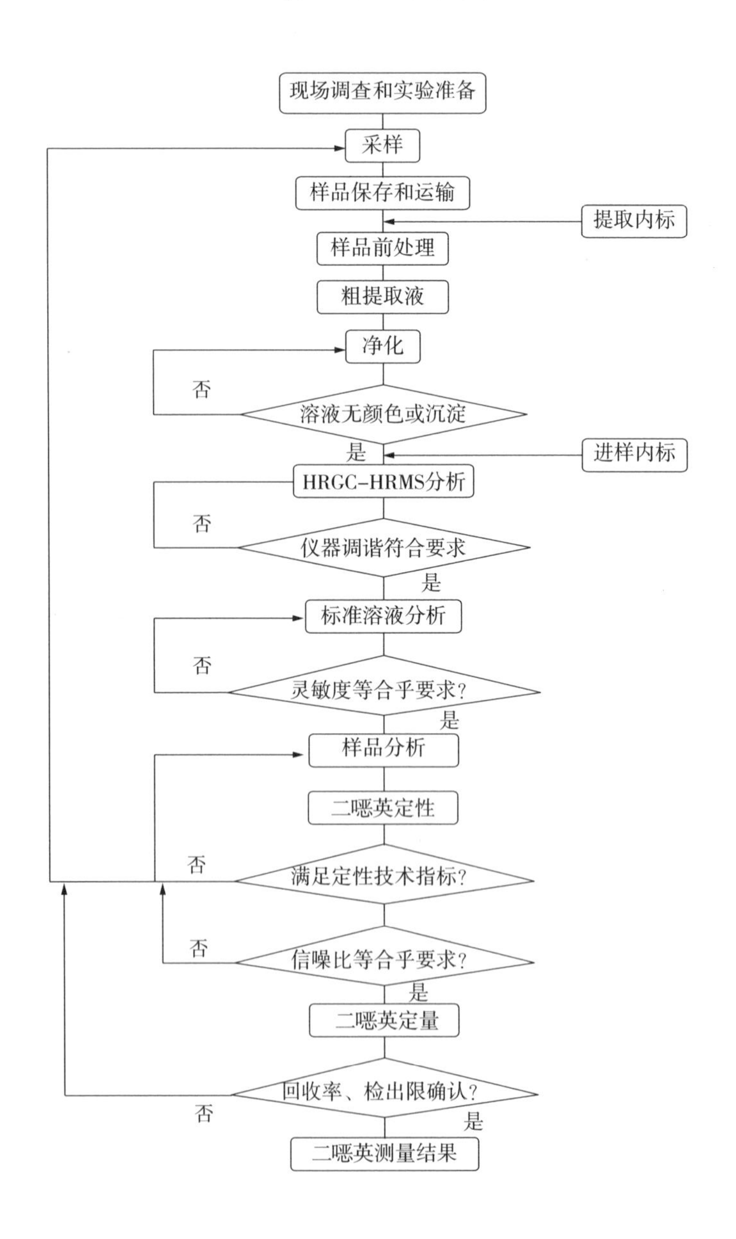

附 录 B

（资料性附录）

二噁英类内标物质使用示例

二噁英类标准物质	例 1		例 2	
	提取内标	进样内标	提取内标	进样内标
$^{13}C_{12}$-2,3,7,8-T_4CDF	○		○	
$^{13}C_{12}$-1,2,3,4-T_4CDD		○		○
$^{13}C_{12}$-2,3,7,8-T_4 CDD	○		○	
$^{13}C_{12}$-1,2,3,7,8-P_5CDF	○		○	
$^{13}C_{12}$-2,3,4,7,8-P_5CDF	○		○	
$^{13}C_{12}$-1,2,3,7,8-P_5CDD	○		○	
$^{13}C_{12}$-1,2,3,4,7,8-H_6CDF	○		○	
$^{13}C_{12}$-1,2,3,6,7,8-H_6CDF	○		○	
$^{13}C_{12}$-1,2,3,7,8,9-H_6CDF	○		○	
$^{13}C_{12}$-2,3,4,6,7,8-H_6CDF	○		○	
$^{13}C_{12}$-1,2,3,4,7,8-H_6CDD	○		○	
$^{13}C_{12}$-1,2,3,6,7,8-H_6CDD	○		○	
$^{13}C_{12}$-1,2,3,7,8,9-H_6CDD		○		○
$^{13}C_{12}$-1,2,3,4,6,7,8-H_7CDF	○		○	
$^{13}C_{12}$-1,2,3,4,7,8,9-H_7CDF	○		○	
$^{13}C_{12}$-1,2,3,4,6,7,8-H_7CDD	○		○	
$^{13}C_{12}$-1,2,3,4,6,7,8,9-O_8CDF	○			
$^{13}C_{12}$-1,2,3,4,6,7,8,9-O_8CDD	○		○	

附 录 C

（资料性附录）

标准溶液浓度序列示例

标准物质和内标物质	质量浓度 /（ng/ml）				
	STD1	STD2	STD3	STD4	STD5
2,3,7,8-T_4CDD 1,2,3,7,8-P_5CDD	0.4	2.0	10	40	200
1,2,3,4,7,8-H_6CDD 1,2,3,6,7,8-H_6CDD 1,2,3,7,8,9-H_6CDD 1,2,3,4,6,7,8-H_7CDD	1.0	5.0	25	100	500
O_8CDD	2.0	10	50	200	1 000
2,3,7,8-T_4CDF 1,2,3,7,8-P_5CDF 2,3,4,7,8-P_5CDF	0.4	2.0	10	40	200
1,2,3,4,7,8-H_6CDF 1,2,3,6,7,8-H_6CDF 1,2,3,7,8,9-H_6CDF 2,3,4,6,7,8-H_6CDF 1,2,3,4,6,7,8-H_7CDF 1,2,3,4,7,8,9-H_7CDF	1.0	5.0	25	100	500
O_8CDF	2.0	10	50	200	1 000
$^{13}C_{12}$-2,3,7,8-T_4 CDD $^{13}C_{12}$-1,2,3,4-T_4CDD $^{13}C_{12}$-1,2,3,7,8-P_5CDD $^{13}C_{12}$-1,2,3,4,7,8-H_6CDD $^{13}C_{12}$-1,2,3,6,7,8-H_6CDD $^{13}C_{12}$-1,2,3,7,8,9-H_6CDD $^{13}C_{12}$-1,2,3,4,7,8,9-H_7CDD	100	100	100	100	100
$^{13}C_{12}$-O_8CDD	200	200	200	200	200

标准物质和内标物质	质量浓度 /（ng/ml）				
	STD1	STD2	STD3	STD4	STD5
$^{13}C_{12}$-2,3,7,8-T_4CDF $^{13}C_{12}$-1,2,3,7,8-P_5CDF $^{13}C_{12}$-2,3,4,7,8-P_5CDF $^{13}C_{12}$-1,2,3,4,7,8-H_6CDF $^{13}C_{12}$-1,2,3,6,7,8-H_6CDF $^{13}C_{12}$-1,2,3,7,8,9-H_6CDF $^{13}C_{12}$-2,3,4,6,7,8-H_6CDF $^{13}C_{12}$-1,2,3,4,6,7,8-H_7CDF $^{13}C_{12}$-1,2,3,4,7,8,9-H_7CDF	100	100	100	100	100
$^{13}C_{12}$-O_8CDF	200	200	200	200	200

附 录 D
（资料性附录）
仪器设定条件示例

例一：

气相色谱	①分析对象：T_4CDDs、T_4CDFs、P_5CDFs 同类物及其 2, 3, 7, 8- 氯代二噁英类 色谱柱：SP-2331，内径 0.32mm，长 60m，膜厚 0.2 μm 柱温 100℃（1.5min）→（20℃ /min）→ 180℃ →（3℃ /min）→ 260℃（25min） 进样口温度：260℃ ②分析对象：P_5CDDs、H_6CDDs、H_6CDFs 同类物及其 2,3,7,8- 氯代二噁英类 色谱柱：SP-2331，内径 0.32mm，长 60m，膜厚 0.2 μm 柱温：100℃（1.5min）→（20℃ /min）→ 210℃ →（3℃ /min）→ 260℃（25min） 进样口温度：260℃ ③分析对象：H_6CDD/Fs、O_8CDD/F 同类物及其 2,3,7,8- 氯代二噁英类 色谱柱：DB-17，内径 0.32mm，长 30m，膜厚 0.15 μm 柱温：100℃（1.5min）→（20℃ /min）→ 200℃ →（10℃ /min）→ 280℃（5min） 进样口温度：280℃ 以上进样方式均为不分流进样（90 s），进样量均为 1 μl
质谱	分辨率：大于 10 000；电子轰击电压：70 V；离子化电流：1 mA； 离子源温度：260℃；检测方法：SIM 法（lock MS）

例二：

气相色谱	①分析对象：T_4CDDs-H_6CDDs、T_4CDFs-H_6CDFs 同类物及其 2, 3, 7, 8- 氯代二噁英类 色谱柱：SP-2331，内径 0.25mm，长 60m，膜厚 0.2μm 柱温：100℃（1 min）→（20℃ /min）→ 200℃ →（2℃ /min）→ 260℃ 进样口温度：260℃

气相色谱	②分析对象：H_6CDD/Fs、O_8CDD/F 同类物及其 2, 3, 7, 8- 氯代二噁英类 色谱柱：HP-5，内径 0.20mm，长 25m，膜厚 0.25μm 柱温：100℃（1min）→（20℃ /min）→ 200℃→（5℃ /min）→ 300℃ 进样口温度：300℃ 以上进样方式均为不分流进样（60s），进样量均为 1 μl
质谱	分辨率：大于 10 000；电子轰击电压：70 V；离子化电流：1mA； 离子源温度：270℃；检测方法：SIM 法（lock MS）

例三：

气相色谱	分析对象：T_4CDDs-O_8CDD、T_4CDFs-O_8CDF 同类物及其总量和 2, 3, 7, 8- 氯代二噁英类 色谱柱：DB-5ms，内径 0.32mm，长 60m，膜厚 0.25 μm 柱温：160℃（2min）→（5℃ /min）→ 220℃（16min）→（5℃ /min）→ 235℃（7min）→（5℃ /min）→ 330℃ 进样口温度：270℃ 进样方式：不分流进样 进样量：1 μl
质谱	分辨率：大于 10 000；色质接口温度：290℃；离子源温度：220℃； 离子化电流：0.6 mA； 离子加速电压：7.5kV；检测方法：SIM 法（lock MS）

附 录 E
（资料性附录）
报告格式示例

二噁英类 /（ng/kg）		实测质量分数（ω）	毒性当量浓度（TEQ）质量分数	
		TEF	ng /kg	
多氯二苯并对二英	2, 3, 7, 8-T_4CDD		×1	
	T_4CDDs		—	—
	1, 2, 3, 7, 8-P_5CDD		×0.5	
	P_5CDDs		—	—
	1, 2, 3, 4, 7, 8-H_6CDD		×0.1	
	1, 2, 3, 6, 7, 8-H_6CDD		×0.1	
	1, 2, 3, 7, 8, 9-H_6CDD		×0.1	
	H_6CDDs		—	—
	1, 2, 3, 4, 6, 7, 8-H_7CDD		×0.01	
	H_7CDDs		—	—
	O_8CDD		×0.001	
	PCDDs 总量		—	
多氯二苯并呋喃	2, 3, 7, 8-T_4CDF		×0.1	
	T_4CDFs		—	—
	1, 2, 3, 7, 8-P_5CDF		×0.05	
	2, 3, 4, 7, 8-P_5CDF		×0.5	
	P_5CDFs		—	—
	1, 2, 3, 4, 7, 8-H_6CDF		×0.1	
	1, 2, 3, 6, 7, 8-H_6CDF		×0.1	
	1, 2, 3, 7, 8, 9-H_6CDF		×0.1	
	2, 3, 4, 6, 7, 8-H_6CDF		×0.1	

二噁英类 /（ng/kg）		实测质量分数（ω）	毒性当量浓度（TEQ）质量分数	
		TEF	ng /kg	
多氯二苯并呋喃	H_6CDFs		—	—
	1, 2, 3, 4, 6, 7, 8-H_7CDF		×0.01	
	1, 2, 3, 4, 7, 8, 9-H_7CDF		×0.01	
	H_7CDFs		—	—
	O_8CDF		×0.001	
	PCDFs 总量		—	
二噁英总量（PCDDs+PCDFs）			—	

注：1. 实测质量分数（ω）：二噁英类质量分数测定值，ng/kg。
2. 毒性当量因子（TEF））：采用国际毒性当量因子 I-TEF 定义。
3. 毒性当量（TEQ）质量分数：折算为相当于 2, 3, 7, 8-T_4CDD 的质量分数，ng/kg。
4. 样品量：______kg。
5. 当实测质量分数低于检出限时用“N.D.”表示，计算毒性当量（TEQ）质量分数时以 1/2 检出限计算。

二噁英类的测定
《土壤、沉积物 二噁英类的测定 同位素稀释/高分辨气相色谱-低分辨质谱法》（HJ 650—2013）技术和质量控制要点

一、二噁英类概述

详见《土壤和沉积物 二噁英类的测定同位素稀释高分辨气相色谱-高分辨质谱法》（HJ 77.4—2008）技术和质量控制要点的二噁英类简介。

二、标准方法解读

警告：实验室中所使用的标准品、有机试剂等均为有毒化合物，其溶剂配制、前处理等均应在通风柜中进行，操作时应按规定要求佩戴防护器具，避免接触皮肤和衣物。

1 适用范围

本标准规定了测定土壤及沉积物中多氯二苯并二噁英和多氯二苯并呋喃同位素稀释/高分辨气相色谱-低分辨质谱方法。

本标准适用于土壤和沉积物中二噁英类物质的初步筛查，主要包括从四氯到八氯的多氯二苯并二噁英、多氯二苯并呋喃的高分辨气相色谱-低分辨质谱方法。事故仲裁、建设项目评价及验收等建议采用 HJ 77.4 等高分辨质谱法。

本标准方法的检出限随仪器的灵敏度、样品中二噁英浓度及干扰水平

等因素变化。当土壤取样为 20g 时，对 2,3,7,8-T_4CDD 的检出限[1]应低于 1.0ng/kg，见表 1。

2 规范性引用文件

本标准内容引用了下列文件或其中的条款。凡是不注日期的引用文件，其有效版本适用于本标准。

GB/T 8170　数值修约规则与极限数值的表示和判定

GB 17378.3　海洋监测规范　第 3 部分：样品采集、储存与运输

HJ 77.4　土壤和沉积物　二噁英类的测定　同位素稀释高分辨气相色谱 / 高分辨质谱法

HJ/T 166　土壤环境监测技术规范

HJ 613　土壤　干物质和水分的测定　重量法

3 术语和定义、符号和缩略语

下列术语和定义使用本标准。

3.1 术语和定义

3.1.1 二噁英类 Polychlorinated dibenzodioxins（PCDDs）and Polychlorinated dibenzofurans（PCDFs）

多氯代二苯并 - 对 - 二噁英（PCDDs）和多氯代二苯并呋喃（PCDFs）的统称。

要点分析

[1] 本标准规定检出限为目标化合物在保留时间内产生 3 倍背景水平峰面积所需的量。方法的检出限随仪器的灵敏度、样品中二噁英浓度及干扰水平等因素变化。实验过程中如果取样量变化，则检出限也会变化。

3.1.2 同类物 congener

二噁英类所有化合物互为同类物。二噁英类共有 210 种同类物。

3.1.3 2,3,7,8- 氯代二噁英类 PCDDs/PCDFs isomer substituted at 2,3,7,8-positions

指 2,3,7,8- 位有氯原子取代的二噁英类同类物。其中多氯二苯 – 对 – 二噁英有 7 种，多氯二苯并呋喃有 10 种，共有 17 种，参见表 1。

3.1.4 二噁英类内标 Internal standard for PCDDs/PCDFs analysis

浓度已知的同位素 ^{13}C 或 ^{37}Cl 标记的二噁英类标准物质，见表 2。包括样品前处理流程中添加的净化内标和进样内标。

3.1.5 毒性当量因子 Toxicity equivalency factor，简称 TEF

指各二噁英类同类物与 2,3,7,8- 四氯代二苯并 – 对 – 二噁英对芳香烃（Ah）受体亲和性能之比。

3.1.6 毒性当量 Toxic equivalent quantity，简称 TEQ

各二噁英类同类物质量分数折算为相当于 2,3,7,8- 四氯代二苯并 – 对 – 二噁英毒性的等价质量分数，毒性当量质量分数为实测质量分数与该异构体的毒性当量因子的乘积。

表 1　2, 3, 7, 8- 氯代二噁英类及方法检出限

序号	异构体名称	简称	检出限 /（ng/kg）
1	2,3,7,8- 四氯代二苯并 – 对 – 二噁英	2,3,7,8-T_4CDD	0.3
2	1,2,3,7,8- 五氯代二苯并 – 对 – 二噁英	1,2,3,7,8-P_5CDD	0.5
3	1,2,3,4,7,8- 六氯代二苯并 – 对 – 二噁英	1,2,3,4,7,8-H_6CDD	0.6
4	1,2,3,6,7,8- 六氯代二苯并 – 对 – 二噁英	1,2,3,6,7,8-H_6CDD	0.6
5	1,2,3,7,8,9- 六氯代二苯并 – 对 – 二噁英	1,2,3,7,8,9-H_6CDD	0.6
6	1,2,3,4,6,7,8- 七氯代二苯并 – 对 – 二噁英	1,2,3,4,6,7,8-H_7CDD	1.2
7	八氯代二苯并 – 对 – 二噁英	O_8CDD	1.7

序号	异构体名称	简称	检出限 /（ng/kg）
8	2,3,7,8- 四氯代二苯并呋喃	2,3,7,8-T_4CDF	0.2
9	1,2,3,7,8- 五氯代二苯并呋喃	1,2,3,7,8-P_5CDF	0.3
10	2,3,4,7,8- 五氯代二苯并呋喃	2,3,4,7,8-P_5CDF	0.3
11	1,2,3,4,7,8- 六氯代二苯并呋喃	1,2,3,4,7，8-H_6CDF	0.4
12	1,2,3,6,7,8- 六氯代二苯并呋喃	1,2,3,6,7,8-H_6CDF	0.4
13	1,2,3,7,8,9- 六氯代二苯并呋喃	1,2,3,7,8,9-H_6CDF	0.4
14	2,3,4,6,7,8- 六氯代二苯并呋喃	2,3,4,6,7,8-H_6CDF	0.4
15	1,2,3,4,6,7,8- 七氯代二苯并呋喃	1,2,3,4,6,7,8-H_7CDF	1.4
16	1,2,3,4,7,8,9- 七氯代二苯并呋喃	1,2,3,4,7,8,9-H_7CDF	1.4
17	八氯代二苯并呋喃	O_8CDF	1.4

表 2　可供选用的二噁英类内标

氯原子取代数	PCDDs	PCDFs
四氯	$^{13}C_{12}$-1,2,3,4-T_4CDD $^{13}C_{12}$-2,3,7,8-T_4CDD $^{37}Cl_4$-2,3,7,8-T_4CDD	$^{13}C_{12}$-2,3,7,8-T_4CDF $^{13}C_{12}$-1,2,7,8-T_4CDF
五氯	$^{13}C_{12}$-1,2,3,7,8-P_5CDD	$^{13}C_{12}$-1,2,3,7,8-P_5CDF $^{13}C_{12}$-2,3,4,7,8-P_5CDF
六氯	$^{13}C_{12}$-1,2,3,4,7,8-H_6CDD $^{1}3C_{12}$-1,2,3,6,7,8-H_6CDD $^{13}C_{12}$-1,2,3,7,8,9-H_6CDD	$^{13}C_{12}$-1,2,3,4,7,8-H_6CDF $^{13}C_{12}$-1,2,3,6,7,8-H_6CDF $^{13}C_{12}$-1,2,3,7,8,9-H_6CDF $^{13}C_{12}$-2,3,4,6,7,8-H_6CDF
七氯	$^{13}C_{12}$-1,2,3,4,6,7,8-H_7CDD	$^{13}C_{12}$-1,2,3,4,6,7,8-H_7CDF $^{13}C_{12}$-1,2,3,4,7,8,9-H_7CDF
八氯	$^{13}C_{12}$-1,2,3,4,6,7,8,9-O_8CDD	$^{13}C_{12}$-1,2,3,4,6,7,8,9-O_8CDF

3.2 符号和缩略语

3.2.1 PCDDs Polychlorinated dibenzo-*p*-dioxins

多氯二苯并 - 对 - 二噁英。有 75 种同类物。

3.2.2 PCDFs Polychlorinated dibenzofurans

多氯二苯并呋喃。有 135 种同类物。

3.2.3 T_4CDDs Tetrachlorodibenzo-*p*-dioxins

四氯二苯并 - 对 - 二噁英。有 22 种异构体。

3.2.4 P_5CDDs Pentachlorodibenzo-*p*-dioxins

五氯二苯并 - 对 - 二噁英。有 14 种异构体。

3.2.5 H_6CDDs Hexachlorodibenzo-*p*-dioxins

六氯二苯并 - 对 - 二噁英。有 10 种异构体。

3.2.6 H_7CDDs Heptachlorodibenzo-*p*-dioxins

七氯二苯并 - 对 - 二噁英。有 2 种异构体。

3.2.7 O_8CDD Octachlorodibenzo-*p*-dioxin

八氯二苯并 - 对 - 二噁英。有 1 种异构体。

3.2.8 T_4CDFs Tetrachlorodibenzofurans

四氯二苯并呋喃。有 38 种异构体。

3.2.9 P_5CDFs Pentachlorodibenzofurans

五氯二苯并呋喃。有 28 种异构体。

3.2.10 H_6CDFs Hexachlorodibenzofurans

六氯二苯并呋喃。有 16 种异构体。

3.2.11 H_7CDFs Heptachlorodibenzofurans

七氯二苯并呋喃。有 4 种异构体。

3.2.12 O_8CDF Octachlorodibenzofuran

八氯二苯并呋喃。有 1 种异构体。

3.2.13 RRF Relative response factor

相对响应因子。

3.2.14 HRGC High-resolution gas chromatography

高分辨气相色谱。

3.2.15 LRMS Low-resolution mass spectrometry

低分辨质谱仪。

3.2.16 SIM Selective ion monitoring

选择离子检测。

3.2.17 EI Electron impact ionization

电子轰击离子化。

3.2.18 S/N Signal/Noise ratio

信噪比。

3.2.19 PCBs Polychlorinated biphenyls

多氯联苯。

4 方法原理

按相应采样规范采集样品并干燥，采用索氏提取、加速溶剂萃取或其他等效并经验证的方法进行提取，提取液用硫酸 / 硅胶柱或多层硅胶柱净化及氧化铝柱或活性炭分散硅胶柱等分离，浓缩后加入进样内标，使用高分辨气相色谱－低分辨质谱法（HRGC-LRMS）进行定性和定量分析。参见附录 A，二噁英类分析流程。

5 试剂和材料

除非另有说明，分析时均使用符合相关标准的农残级试剂，并进行空白试验[2]。有机试剂浓缩 10 000 倍不得检出二噁英类物质。

5.1 丙酮［$(CH_3)_2CO$］

5.2 甲苯（C_7H_8）

要点分析

[2] 二氯甲烷、正己烷、甲苯、丙酮、甲醇等溶剂，农残级，使用前浓缩 1 万倍以上，经仪器分析空白检验，不得对分析结果产生影响。

5.3 正己烷（n-C_6H_{14}）

5.4 甲醇（CH_3OH）

5.5 二氯甲烷（CH_2Cl_2）

5.6 无水硫酸钠[3]（Na_2SO_4），优级纯，使用前在马弗炉中660℃焙烧6 h，待冷却至150℃后，转移至干燥器中，冷却后装入试剂瓶中，干燥保存。

5.7 盐酸溶液：优级纯，1+1。

5.8 硫酸：优级纯，ρ（H_2SO_4）=1.84 g/ml。

5.9 氢氧化钠溶液：c（NaOH）=1 mol/L。

5.10 10%硝酸银硅胶：市售，保存在干燥器中。

5.11 还原铜

使用前用盐酸（5.7）、蒸馏水、丙酮（5.1）、甲苯（5.2）分别淋洗，放入干燥器中保存。

5.12 硅胶[4]

将色谱用硅胶（100~200目）放入烧杯中，用二氯甲烷（5.5）洗净，待二氯甲烷全部挥发后，摊放在蒸发皿或烧杯中，厚度小于10 mm，在130℃的条件下加热18 h，放在干燥器中冷却30 min。装入密闭容器后放入干燥器中保存。

要点分析

[3] 处理无水硫酸钠时所需温度较高，使用陶瓷纤维马弗炉前应检查相关线路安全问题。取出瓷坩埚时，避免直接用手接触坩埚，以防烫伤。

[4] 淋洗硅胶时，二氯甲烷用量应充足，否则会导致硅胶淋洗不彻底，有黄色物质残留。在加热前，应使二氯甲烷挥发完全。

5.13 氢氧化钠碱性硅胶，*w*=33%

取硅胶（5.12）67 g，加入浓度为 1mol/L 的氢氧化钠溶液（5.9）33 g，充分搅拌，使之呈流体粉末状。制备完成后装入试剂瓶中密封，保存在干燥器内。

5.14 硫酸硅胶[5]，*w*=44%

取硅胶（5.12）100 g，加入 78.6 g 的硫酸（5.8），充分振荡后变成粉末状。制备完成后装入试剂瓶中密封，保存在干燥器内。

5.15 氧化铝

色谱用氧化铝（碱性活性度 I ）。分析过程中可以直接使用活性氧化铝。必要时可进行活化，活化方法为：将氧化铝摊放在烧杯中，厚度小于 10 mm，在 130℃的条件下加热 18 h，或者在培养皿中铺成 5 mm 厚度，在 500℃的条件下加热 8 h，放在干燥器内冷却 30 min。装入密闭容器后放在干燥器内保存。活化后应尽快使用[6]。

5.16 活性炭分散硅胶，市售，保存在干燥器中。

5.17 氮气：高纯氮气，99.999%。

5.18 水：用正己烷（5.3）充分洗涤蒸馏水。除非另有说明，本标准中涉及的水均指上述处理的蒸馏水。

5.19 二氯甲烷－正己烷溶液：3%（*V*/*V*）

二氯甲烷和正己烷以 3∶97 的体积比混合。

要点分析

[5] 滴加浓硫酸时应逐滴缓慢地滴加，并边滴加边振摇，否则可能导致硅胶变黑、结块。

[6] 氧化铝在空气中容易吸水失活，建议现烘现用，在干燥器中最多保存 1 周。

5.20 二氯甲烷－正己烷溶液：50%（V/V）

二氯甲烷和正己烷以 1∶1 的体积比混合。

5.21 二氯甲烷－正己烷溶液：25%（V/V）

二氯甲烷和正己烷以 1∶3 的体积比混合。

5.22 氯化钠溶液：ρ（NaCl）＝ 0.15 g/ml。取 150 g 氯化钠溶于水中，稀释至 1 L。

5.23 碱性洗涤剂：市售。

5.24 校准标准[7]：市售二噁英类校准标准物质，需要涵盖 17 种不同氯取代二噁英及呋喃。见附录 B。

5.25 净化内标：市售二噁英类净化内标物质，一般选择 8~17 种 ^{13}C 标记化合物作为净化内标。见附录 B。

5.26 进样内标：市售二噁英类进样内标物质，一般选择 1~2 种 ^{13}C 标记化合物作为进样内标。见附录 B。

5.27 全氟三丁胺（PFTBA）校准调谐标准溶液，市售。

6 仪器和设备

6.1 采样装置

6.1.1 采样工具：应符合 HJ/T 166 和 GB 17378.3 的要求，并使用对二噁英类无吸附作用的不锈钢或铝合金材质器具。

6.1.2 样品容器：应符合 HJ/T 166 和 GB 17378.3 的要求，并使用对二噁英类无吸附作用的不锈钢或玻璃材质可密封器具。

要点分析

[7] 标准溶液，市售。一般这些标准溶液的保质期是 6~7 年，必须在此期间使用。所有标准溶液应有详细清单和使用记录，装入双重密封盖的容器内，放入冰箱内保管。

6.2 前处理装置

样品前处理装置要用碱性洗涤剂（5.27）和水充分洗净，使用前依次用丙酮（5.1）、正己烷（5.3）或甲苯（5.2）等溶剂冲洗，定期进行空白试验。所有接口处严禁使用油脂。

6.2.1 索氏提取器或具有相当功能的设备。

6.2.2 浓缩装置：旋转蒸发浓缩器、氮吹仪以及相当浓缩装置等。

6.2.3 快速萃取装置：带 34 ml 和 66 ml 的萃取池，萃取压力不低于 1 500 psi，萃取温度需大于 120℃。

6.2.4 层析柱：内径 8~15 mm，长 200~300 mm 的玻璃层析柱。

6.3 分析仪器

使用高分辨气相色谱－低分辨质谱（HRGC-LRMS）对二噁英类进行分析。

6.3.1 高分辨气相色谱：进样部分采用柱上进样或不分流进样方式，进样口最高使用温度为 250~280℃。

6.3.1.1 石英毛细管色谱柱[8]：长度为 25~60 m，内径为 0.1~0.32 mm，膜厚为 0.1~0.25 μm 石英毛细管色谱柱，可对 2,3,7,8- 位氯取代异构体进行良好分离，并能判明这些化合物的色谱峰流出顺序。为保证对所有的 2,3,7,8- 位氯取代异构体都能很好地分离，宜选择 2 种不同极性的毛细管柱分别测定。

6.3.1.2 柱箱温度：温度控制范围在 50~350℃，能进行程序升温。

要点分析

[8] 市售常见色谱柱需经过实验来确定合适的升温条件，能对 2,3,7,8- 位氯取代异构体进行良好分离，并能判明这些化合物的色谱峰流出顺序即可使用。本标准的色谱条件主要针对 DB-5ms 毛细管色谱柱。

6.3.2 低分辨质谱

离子源温度，250℃；电子轰击（EI）模式；电子轰击能，70 eV；选择离子检出方法（SIM 法）。

6.3.3 载气：高纯氦气（纯度为 99.999% 以上）。

7 样品[9]

7.1 采集与保存

7.1.1 按照 HJ/T 166 和 GB 17378.3 要求进行采样。采样后，避光保存，尽快送到实验室进行样品制备和样品分析。用于样品采集的器械、材料等应保持清洁，采样前应使用水和有机溶剂清洗。

7.1.2 按照 HJ/T 166 和 GB 17378.3 要求，将采集后的样品在实验室中风干、破碎、过筛。保存在棕色玻璃瓶中。

7.1.3 含水率测定

参照 HJ 613 测定土壤含水率[10]。

7.2 试样的制备

7.2.1 试样的制备主要包括净化内标的加入、样品的提取、提取液的多种净化、净化液的浓缩、进样内标的加入，前处理过程流程图见附录 C。

要点分析

[9] 用于样品采集的器械、材料、试剂等必须被净化处理过，空白浓度不得对检测结果有影响。采集样品风干及筛分时应避免日光直射及样品间的交叉污染。样品采集后，40 d 之内必须完成萃取。

[10] 本标准中含水率测定的是风干土壤样品。试验过程中应避免具盖容器内土壤细颗粒被气流或风吹出。土壤烘干冷却完毕后应立即称量，防止吸收水分而影响结果。

7.2.2 样品的提取

7.2.2.1 索氏提取法

称取约 20g 风干过筛样品放入索氏提取器的提取杯中，在每个样品中加入 1ng 的 $^{13}C_{12}$- 标记的净化内标[11]。用 200~300 ml 左右的甲苯（5.2）提取 16 h 以上。将提取液浓缩[12]至 1~2 ml，定容到 5 ml，待净化。

7.2.2.2 快速萃取法

在小烧杯中称取约 20 g 的风干过筛样品，加入一定量的无水硫酸钠（5.6），将样品转移至快速萃取装置的萃取池中，同时加入一定量的 $^{13}C_{12}$- 标记的净化内标。设定的萃取条件为：压力 1 500 psi，温度 120℃，提取溶剂甲苯（5.2），100% 充满萃取池模式，高温高压静置 5 min，循环 3 次。提取后的样品按 7.2.2.1 方法浓缩定容，待净化。

7.2.2.3 如沉积物样品含大量的硫化物[13]，需要进行脱硫净化。脱硫方法如下：将样品提取液浓缩至 50 ml 左右，加入处理后的还原铜，充分振荡，过滤，收集滤液，按照 7.2.2.1 方法浓缩定容。

要点分析

[11] ①使用微量注射器吸取内标时，应当反复抽提，排出针尖及针管内的气泡，避免加入的体积不准确。②微量注射器应当单支独立存放，每种内标配置专用的微量注射器，并定期清洗。③向样品中添加内标时，使用快速推放的方式，防止微量注射器针头上有液体残留。

[12] 样品浓缩可使用旋转蒸发仪和氮吹仪，浓缩时，应控制浓缩速度，避免目标物损失。

[13] 当样品含有大量硫化物时，溶液颜色偏黄，且浓缩后硫会结晶析出，此时需要进行脱硫净化。

7.2.3 样品的净化

7.2.3.1 硫酸－硅胶柱净化：当样品颜色较深，干扰较大时，采用硫酸－硅胶柱[14]净化。

7.2.3.1.1 将7.2.1浓缩后的样品放入250 ml的分液漏斗中，加入75 ml正己烷（5.3），用30 ml硫酸（5.8）[15]振摇约10 min，静置后弃去水相，重复操作直至硫酸层为无色。正己烷层用50 ml 15%氯化钠溶液（5.22）反复洗至中性，经无水硫酸钠（5.6）脱水后，浓缩到2 ml以下，按照7.2.3.1.2或7.2.3.2方法继续净化处理。

7.2.3.1.2 在玻璃层析柱的底部添入玻璃棉，填入3 g硅胶（3.12），再在其上部加入约10 mm厚的无水硫酸钠（5.6）。

要点分析

[14] 硫酸－硅胶柱净化不是样品制备的必需步骤，主要用于分解去除大部分的有机质，如着色物、多环芳烃、强极性物质等。一般用于颜色较深或者基质复杂的样品。

[15] 使用浓硫酸时应使用手套和面罩等保护工具。由于硫酸和有机物反应时溶剂会突然沸腾，应先添加数毫升，然后根据着色程度再慢慢添加，同时注意放气。

7.2.3.1.3 用 50 ml 的正己烷（5.3）冲洗硅胶柱，液面保持在无水硫酸钠层以上。将样品浓缩液缓慢转入硅胶柱，再用 1 ml 正己烷反复洗涤浓缩瓶，同样转移至硅胶柱上，待液面降至无水硫酸钠层以下，用 120 ml[16] 正己烷以 2.5 ml/min（每秒 1 滴）的流速进行淋洗。淋洗液用浓缩器浓缩到 1 ml 左右，用于下一步处理。

注 1：玻璃柱层析时，分步收集馏分的条件随着填充剂的种类、活性或者溶剂的种类、溶剂量的变化而变化，在操作之前，用煤灰提取液等包含全部二噁英的样品进行分步实验，以确定条件。

7.2.3.2 多层硅胶柱净化

7.2.3.2.1 在玻璃层析柱（内径 15 mm）底部添加一些玻璃棉，依次称取 3 g 硅胶（5.12）、5 g 33% 氢氧化钠碱性硅胶（5.13）、2 g 硅胶（5.12）、10 g 44% 硫酸硅胶（5.14）、2 g 硅胶（5.12）、5 g 10% 硝酸银硅胶[17]（5.10）和 5 g 无水硫酸钠（5.6）[18]。

要点分析

[16] 玻璃柱层析时，分步收集馏分的条件随着填充剂的种类、活性或者溶剂的种类、溶剂量的变化而变化。在操作之前，可应用煤灰提取液等包含全部二噁英的样品进行分步实验，以确定条件。硫酸－硅胶柱净化、多层硅胶柱净化和活性氧化铝净化，将浓缩液转移至层析柱时要始终保持液面高于柱子填充部分上端，否则层析柱会出现气泡，从而影响分离效果。

[17] 在层析柱上装填 10% 硝酸银硅胶时应注意使用锡箔纸遮挡光线。

[18] 多层硅胶柱各层试药的添加量根据实际样品状态决定，标准中给出的是推荐值，根据实际情况可增加或减少添加量。添加量有显著变化时，淋洗液的淋洗量也应有相应的变化，需进行分离试验确定添加量变化后所需的淋洗体积。分离条件会由于使用的填充剂种类及其活性程度，或溶剂的种类及用量的不同而有所不同，如果以上所列项目中有一项发生改变，则必须用煤灰提取液等包含全部二噁英的样品进行淋洗试验，以确定最佳实验条件，保证样品中的二噁英类不会发生个别损失。

7.2.3.2.2 用 50 ml 正己烷淋洗，保持液面在无水硫酸钠层上面。

7.2.3.2.3 取 7.2.2 的提取液，用氮气除去甲苯，剩余液体量约为 0.5 ml。将该浓缩液缓慢注入玻璃柱中，液面保持在柱子填充部分的上端。用 1 ml 的正己烷反复洗涤浓缩瓶，同样转移到玻璃柱上。

7.2.3.2.4 将 120 ml 正己烷装入分液漏斗置于硅胶柱上方，以 2.5 ml/min（每秒 1 滴）的流速缓慢滴入硅胶柱中进行淋洗。

7.2.3.2.5 淋洗液用浓缩器浓缩到 1 ml，用于下一步处理。如果充填部分的颜色变深或出现穿透现象，则应重复 7.2.3.2 的操作。

7.2.3.3 活性氧化铝净化

7.2.3.3.1 在玻璃层析柱的底部添入玻璃棉，填入 20 g 活化后氧化铝（5.16），并在其上部加入 10 mm 厚的无水硫酸钠，用 50 ml 正己烷淋洗后。液面保持在硫酸钠的上部。

7.2.3.3.2 将 7.2.3.1 或 7.2.3.2 净化后的样品溶液适量缓慢移入氧化铝柱，用 1ml 正己烷反复清洗容器，洗脱液也转移入氧化铝柱上。待样品溶液液面在硫酸钠层的下部时，加入 70 ml 甲苯溶液淋洗，甲苯流出后，弃去所有的淋洗液。再加入 30 ml 正己烷，收集该部分淋洗液为 A 部分，主要含多氯联苯等物质。然后用 220 ml 50%（*V*/*V*）二氯甲烷－正己烷溶液（5.20）以 2.5 ml/min（每秒 1 滴）的速度进行淋洗，得到淋洗液 B 部分，此部分溶液含有二噁英类物质。然后用 50 ml 的二氯甲烷淋洗层析柱直至不再流出，得到淋洗液 C 部分。保留 A 部分和 C 部分直至测定结束（A 部分和 C 部分溶液可以合并在一起）。

7.2.3.3.3 将B部分淋洗液用浓缩器浓缩到1 ml以下，转移至5 ml浓缩管中（或者直接进行7.2.2.4步操作），用氮气吹至近干[19]，添加进样内标，并用壬烷或甲苯定容至20 μl，转移入100 μl小样品管[20]中，封装待仪器分析[21]。

注2：氧化铝的活性随着生产批号和开封后的保存时间不同而有很大的变化。活性降低时1,3,6,8-T_4CDD和1,3,6,8-T_4CDF可能会在第一部分淋洗液中溶出，而八氯代物用50%二氯甲烷-正己烷溶液用规定的量在第二部分淋洗液中不能洗脱出来。所以在操作之前，用煤灰提取液等包含全部二噁英的样品进行分步实验，以确定条件。

7.2.3.4 小活性氧化铝柱净化

当用7.2.3.3方法不能较好地净化时，可以操作本步骤。在一次性滴管的头部添加少量的玻璃棉，再称取1 g的活性氧化铝（5.15）于滴管上，加入5 ml的正己烷淋洗层析管。待正己烷溶液在氧化铝上部时，将7.2.3.3中的浓缩样品转移入柱上，用0.5 ml的正己烷清洗样品瓶3次，清洗液同时转移到层析柱上。待样品溶液液面在氧化铝层上部时，弃去淋洗液，依次加入12 ml 3%（*V*/*V*）二氯甲烷-正己烷溶液（5.19）、17 ml 50%（*V*/*V*）二氯甲烷-正己烷溶液（5.20）和5 ml二氯甲烷（5.5）进行淋洗，收集的淋洗液分别标注为B（a）部分、B（b）部分和B（c）部分，其中B（b）部分含有二噁英，将B（a）和B（c）部分合并存放直至分析结束。按7.2.2.3.3浓缩B（b）部分溶液，待仪器分析。

要点分析

[19] 进行氮气吹扫操作时，氮气的流速不宜过快，温度也不宜过高，注意不要使溶液飞溅，只需保持液面上下微微波动即可，并且不要让溶液完全变干。

[20] 样品加入进样内标以后应充分振荡，使样品和内标混合均匀，密封静置一段时间以后再上机检测。

[21] 浓缩后的样品在仪器上机分析前应放入密闭的容器内冷藏保存。

7.2.3.5 活性炭分散硅胶柱净化[22]

取一根内径 8 mm 的玻璃管，由下至上分别加入玻璃棉、10 mm 无水硫酸钠、1g 的活性炭分散硅胶（5.16）、10 mm 无水硫酸钠、玻璃棉。固定架安装好层析柱，用甲苯充分洗净后，再用正己烷置换柱内的甲苯。将 7.2.3.1 或 7.2.3.2 处理后的样品进一步浓缩至 0.5 ml，转移该浓缩样品至层析柱上，清洗样品瓶一次，清洗液同时转移到层析柱上，停留 15 min，再清洗样品瓶两次，同样转移到层析柱上。待样品溶液在玻璃棉层以下时，加入 25 ml 正己烷，弃去该淋洗液，然后加入 40 ml 25%（*V*/*V*）二氯甲烷 - 正己烷（5.21）混合溶液，收集该片段溶液保存。将活性炭柱反转，用 50 ml 甲苯淋洗该柱，收集甲苯溶液，二噁英主要在此步骤中淋洗下来，按 7.2.2.3.3 浓缩待分析。

7.2.3.6 其他净化方法

可以使用凝胶渗透色谱（GPC）、高效液相色谱（HPLC）、自动样品处理装置（FMS）等自动净化技术代替手工净化方式进行样品的净化处理。使用前必须用焚烧设施布袋除尘器底灰样品提取液进行分离和净化效果试验，并经验证确认满足本方法质量控制 / 质量保证要求后方可使用。

8 分析步骤

8.1 测定条件

8.1.1 气相色谱参考条件的条件

毛细管色谱柱，60 m×0.32 mm，膜厚 0.1 μm（二苯基 -95% 二甲基

要点分析

[22] 活性炭分散硅胶柱净化与活性氧化铝净化作用相似，两种净化方法二选一即可。

硅氧烷固定液），或其他相当毛细管色谱柱；色谱柱温度：100℃（2min）→（25℃/min）→200℃→（3℃/min）→280℃（5min）；载气：氦气；流速：1.4 ml/min；进样口温度：280℃；接口温度：280℃；进样量：1 μl，不分流进样。

8.1.2 质谱仪（MS）校正及测定

在仪器开机状态下，设定必要的条件后，注入PFTBA或其他校正调谐标准溶液依照仪器内部质量校正程序进行操作，质量数调谐范围 *m/z* 35~550 amu，关键离子丰度应满足相应的规范要求。保留质量校正结果。

使用选择离子测定方法（SIM法），选定的质量数及离子丰度比见表3。记录各氯代物色谱图，确认2,3,7,8-氯取代物能够得到有效分离。

表3 二噁英类测定的质量数（检测离子）及离子丰度比

氯代物		M^+	$(M+2)^+$	$(M+4)^+$	离子丰度比/%
待测物质	T_4CDDs	320	322*		0.77±0.12
	P_5CDDs	354	356*		1.55±0.13
	H_6CDDs		390*	392	1.24±0.19
	H_7CDDs		424*	426	1.04±0.16
	OCDD		458	460*	0.89±0.13
	T_4CDFs	304	306*		0.77±0.12
	P_5CDFs	338	340*		1.55±0.13
待测物质	H_6CDFs		374*	376	1.24±0.19
	H_7CDFs		408*	410	1.04±0.16
	OCDF		442	444*	0.89±0.13
内标物质	$^{13}C_{12}$-T_4CDDs	332	334*		
	$^{13}C_{12}$-P_5CDDs	366	368*		
	$^{13}C_{12}$-H_6CDDs		402*	404	
	$^{13}C_{12}$-H_7CDDs		436*	438	
	$^{13}C_{12}$-OCDD		470	472*	
	$^{13}C_{12}$-T_4CDFs	316	318*		

氯代物		M^+	$(M+2)^+$	$(M+4)^+$	离子丰度比 /%
内标物质	$^{13}C_{12}$-P_5CDFs	350	352*		
	$^{13}C_{12}$-H_6CDFs		386*	388	
	$^{13}C_{12}$-H_7CDFs		420*	422	
	$^{13}C_{12}$-OCDF		454	456*	

注："*"标注为定量离子。

8.2 标准曲线的建立

8.2.1 标准溶液的测定

按照资料性附录 B 配制的标准校准溶液或其他标准校准系列将按照 SIM 测定操作进行。

8.2.2 峰面积强度比确认

从得到的色谱图上，确认各个标准物质对应的两个监测离子的峰面积强度比与通过氯原子同位素丰度比推算的离子强度比几乎一致。见表 3 和表 4。

表 4 氯原子同位素存在的丰度比推断离子强度比

	M	M+2	M+4	M+6	M+8	M+10	M+12	M+14
T_4CDDs	77.43	100.00	48.74	10.72	0.94	0.01		
P_5CDDs	62.06	100.00	64.69	21.08	3.50	0.25		
H_6CDDs	51.79	100.00	80.66	34.85	8.54	1.14	0.07	
H_7CDDs	44.43	100.00	96.64	52.03	16.89	3.32	0.37	0.02
OCDD	34.54	88.80	100.00	64.48	26.07	6.78	1.11	0.11
T_4CDFs	77.55	100.00	48.61	10.64	0.92			
P_5CDFs	62.14	100.00	64.57	20.98	3.46	0.24		
H_6CDFs	51.84	100.00	80.54	34.72	8.48	1.12	0.07	
H_7CDFs	44.47	100.00	96.52	51.88	16.80	3.29	0.37	0.02
OCDF	34.61	88.89	100.00	64.39	25.98	6.74	1.10	0.11

8.2.3 相对响应因子的计算

8.2.3.1 按照式（1）计算净化内标相对响应因子 RRF_{cs}。

$$RRF_{cs} = \frac{Q_{cs}}{Q_s} \times \frac{A_s}{A_{cs}} \tag{1}$$

式中：RRF_{cs}——净化内标的相对响应因子；

Q_{cs}——校准标准溶液中净化内标质量，ng；

Q_s——校准标准溶液中待测物质质量，ng；

A_s——校准标准溶液中待测物质峰面积；

A_{cs}——校准标准溶液中净化内标峰面积。

8.2.3.2 按照式（2）计算进样内标的相对响应因子 RRF_{rs}。

$$RRF_{rs} = \frac{Q_{rs}}{Q_{cs}} \times \frac{A_{cs}}{A_{rs}} \tag{2}$$

式中：RRF_{rs}——进样内标相对响应因子；

Q_{rs}——校准标准溶液中进样内标质量，ng；

Q_{cs}——校准标准溶液中净化内标质量，ng；

A_{cs}——校准标准溶液中净化内标峰面积；

A_{rs}——校准标准溶液中进样内标峰面积。

8.3 样品测定

将预处理后的样品，按照与标准曲线相同的条件进行测定。根据峰面积进行定量。

9 结果计算与表示

9.1 色谱峰的检出

确认 8.3 样品测定中分析样品进样内标的峰面积是标准溶液中同等浓

度进样内标的峰面积的70%~130%，超出该范围，要查明原因[23]后重新测定。

9.2 定性

9.2.1 二噁英类同类物

二噁英类同类物的两个监测离子在指定的保留时间窗口内同时存在，并且其离子丰度比与表4所列理论离子丰度比相对偏差小于15%（浓度在3倍检出限时在 ±25% 以内）。同时满足上述条件的色谱峰定性为二噁英类物质。

9.2.2 2, 3, 7, 8- 氯取代二噁英类的定性

除满足9.2.1条件要求之外，色谱峰的保留时间应与标准溶液一致（±3s 以内），同时内标的相对保留时间也与标准溶液一致（±0.5% 以内）。同时满足上述条件的色谱峰定性为2, 3, 7, 8- 氯代二噁英类。

9.3 二噁英类物质定量

9.3.1 2, 3, 7, 8- 氯取代异构体的量（Q_i）。

按式（3）以对应的净化内标的添加量为基准，采用内标法求出。非2, 3, 7, 8- 氯代二噁英类，采用具有相同氯原子取代数的2, 3, 7, 8- 氯代二噁英类 RRF_{cs} 均值计算。

$$Q_{\mathrm{i}} = \frac{A_i}{A_{\mathrm{cs}i}} \times \frac{Q_{\mathrm{cs}i}}{\mathrm{RRF}_{\mathrm{cs}}} \tag{3}$$

式中：Q_i——提取液中 i 异构体的量，ng；

A_i——色谱图上 i 异构体的峰面积；

$A_{\mathrm{cs}i}$——对应净化内标物质的峰面积；

要点分析

[23] 首先应确认进样内标是否在有效期内，浓度是否正确。然后，检查仪器状态是否正常，如进样针吸取体积是否正常，仪器响应是否正常等。

Q_{csi}——对应净化内标物质的添加量，ng；

RRF_{cs}——对应净化内标物质的相对响应因子。

9.3.2 浓度计算

按式（4）计算样品中的各异构体的浓度。

$$C_i = (Q_i - Q_t) \times \frac{1}{M} \tag{4}$$

式中：C_i——样品中 i 异构体的浓度，ng/kg；

Q_i——提取液总量中 i 异构体的质量，ng；

Q_t——空白实验中 i 异构体的质量，ng；

M——干基样品量[24]，kg。

9.4 结果的表示

9.4.1 结果的标示方法

二噁英类化合物浓度测定结果，要有 2, 3, 7, 8- 氯取代异构体的浓度，四氯～八氯代物（T_4CDDs-OCDD 和 T_4CDFs-OCDF）同族体的浓度，并记录它们的总和。

当各异构体的浓度大于检出限时，原值记录；低于检出限的，按照低于检出限记录。

各同族体的浓度和它们的总和按照被检出的异构体浓度计算。样品的检出限也要明确记录。

要点分析

[24] 干基样品量可通过以下公式计算得出：$M = \frac{m_1 - m_2}{w}$，式中 m_1 是带盖容器及风干土壤试样的总质量，m_2 是带盖容器及烘干土壤的总质量，w 是水分含量。

9.4.2 浓度单位 二噁英类实测值用 ng/kg 表示

9.4.3 毒性当量的换算

当二噁英类化合物的浓度换算成毒性当量时，用测定浓度乘以毒性当量因子（TEF），以 TEQ ng/kg 表示。

9.4.3.1 毒性当量因子（TEF）

没有特殊指定的时候，二噁英类化合物的毒性当量因子见附录 D。

9.4.3.2 毒性当量的计算

计算各个异构体的浓度，计算总毒性当量。当高于检出限时按照原值进行计算，低于检出限时按照 0 值计算毒性当量，最后加和计算总的毒性当量。

计算各个异构体的浓度，计算总毒性当量。当高于检出限时按照原值进行计算，低于检出限时按照 0 值计算毒性当量，最后加和计算总的毒性当量。

10 精密度和准确度

10.1 精密度

5 家实验室分别对含二噁英类污染物毒性当量浓度为 64.8 ng/kg 的土壤样品进行了测定：实验室间 17 种不同二噁英类同类物相对标准偏差变化范围在 3.1%~24.4%，毒性当量相对标准偏差为 5.4%。

10.2 准确度

5 家实验室分别在土壤样品中加入 1.0 ng 不同同位素内标，8 种同位素内标平均加标回收率范围在 48.6%~92.4%。

精密度和准确度结果详见附录 D。

11 质量保证和质量控制

11.1 校准曲线相对校正因子

制作校准曲线的净化内标相对响应因子 RRF_{cs} 相对标准偏差需控制在

±20% 以内，超出范围需要重新调整仪器或者重新配置标准系列。

11.2 连续校准

选择标准曲线的中间浓度点，每天至少一次进行 SIM 测定，计算各个异构体对应的净化内标相对响应因子 RRF_{cs} 和进样内标相对响应因子 RRF_{rs}，将此结果与 8.2.3 的计算结果进行对比，确认变化值在 ±20% 以内。如果超过这个范围，应查找原因，重新测定。如果保留时间在一天内变化超过 ±5%，或者与内标物的相对保留时间在 ±2% 以上，应查找原因，重新测定。

11.3 确认内标物质的回收率

按照式（5）确认净化内标的回收率。

作为定量的 $^{13}C_{12}$ －标记的同类物的信噪比＞ 20：1

$$R_c = \frac{A_{csi}}{A_{rsi}} \times \frac{Q_{rsi}}{RRF_{rs}} \times \frac{100}{Q_{csi}} \tag{5}$$

式中：R_c——净化内标的回收率，%；

A_{csi}——净化内标的峰面积；

A_{rsi}——对应的进样内标的峰面积；

Q_{rsi}——对应的进样内标的添加量，ng；

RRF_{rs}——对应的进样内标的相对响应因子；

Q_{csi}——净化内标的添加量，ng。

每个样品中单个 2,3,7,8- 氯代 PCDDs/PCDFs 的净化内标回收率需满足：四氯代至六氯代同类物回收率为 50%~130%；七氯代至八氯代同类物回收率为 40%~130%。若某种同类物的回收率超过此要求，但对总的 I-TEQ 的毒性贡献不超过 10%，其回收率的范围可放宽到：四氯代至六氯代同类物回收率为 30%~150%；七氯代至八氯代同类物回收率为 20%~150%。若净化内标的回收率不在上述范围之内，需重新进行前处理，再测定。

11.4 仪器的检出限

制作标准曲线的标准溶液的最低浓度（四氯代及五氯代二噁英类同类物 10~50 pg，六氯代及七氯代二噁英类同类物 20~100 pg，八氯代二噁英类同类物 50~250 pg）。对 2,3,7,8- 氯代异构体进行定量，这样的操作反复进行 5 次以上，计算测定结果的标准偏差，标准偏差的 3 倍为仪器检出限。

如果仪器的检出限[25]超过下列值：四氯代及五氯代二噁英类同类物 10 pg，六氯代及七氯代二噁英类同类物 25 pg，八氯代二噁英类同类物 50 pg，重新检查器具、仪器，要调整仪器的检出限低于以上值。

仪器的检出限随着使用 GC/MS 的状态[26]而变化，一定周期内要进行确认。在使用仪器和测定条件变化的时候必须进行确认。

11.5 样品

11.5.1 每批样品至少应采集一个运输空白和全程序空白样品。空白中目标化合物浓度应小于下列条件的最大值：

（1）方法检出限[27]；

要点分析

[25] 二噁英类分析是极低浓度的测定，测定精度随所使用的仪器、分析条件和操作情况而改变。仪器检出限很大程度上取决于分析仪器的灵敏度和精确度。

[26] 若仪器的检出限无法达到要求，应对仪器进行维护，如进样口隔垫、衬管的更换、色谱柱的老化、离子源的清洗等。

[27] 方法检出限取决于样品制备等操作在内的全部分析过程的精密度，随仪器的灵敏度、样品中二噁英浓度及干扰水平等因素变化。我国目前尚未制定土壤中二噁英类污染物环境质量控制标准，但参照加拿大农业用地土壤 4 pg I-TEQ/g 的环境质量控制标准，方法的检出限至少在该控制值之下。

（2）相关环保标准限值的 5%；

（3）样品分析结果的 5%。

若空白试验未满足以上要求，则应采取措施排除污染并重新分析同批样品。

每批样品应至少进行一次试剂空白分析，样品数量多于 20 个时，每 20 个样品应分析一个试剂空白。

11.5.2 每批样品应进行一次平行样分析，样品数量多于 20 个时，每 20 个样品应进行一个平行样分析。平行样分析时目标化合物的相对偏差应小于 30%，同位素内标物质的回收率应满足 11.3 要求。

12 检测报告

结果报告宜采用表格的形式，表中应包含测定对象、实测质量分数、采用的毒性当量因子以及毒性当量质量分数等内容（见附录 E）。

13 废物处理

13.1 实验室应遵守各级管理部门的废物管理法律规定，避免废物排放对周边环境的污染。

13.2 气相色谱分流及质谱机械泵废气应通过活性炭柱、含油或高沸点醇的吸收管后排放。

13.3 实验过程中产生的含酸废液应集中收集处理。

13.4 液体及可溶性废物可溶解于甲醇或乙醇中并以紫外灯（波长低于 290 nm）照射处理，若无二噁英类检出可按照普通废物处置。

13.5 二噁英类在 800℃以上可以有效分解。口罩、橡胶手套和滤纸数低质量浓度水平的废物可委托具有资质的设施进行焚化处置。

13.6 实验室产生的废物属危险废物时，按有关法律规定进行处置。

三、实验室注意事项

（1）二噁英实验室应有合理的布局和分区，分析仪器室应与样品制备实验室分离，二噁英类浓度差别较大的不同来源的样品应分区处理，以防止交叉污染。样品制备实验室必须保持较低的背景空白值，并定期监测。

（2）实验室应配备齐全的安全防护设备，分析仪器室要有合乎仪器要求的温度和湿度、合理的布线方案、稳定的电源和断电保护措施。

（3）所有实验人员在实验室内应穿着专用的实验衣，作业时戴手套和安全镜。

（4）分析用的样品要密封保管，浓缩后的萃取液放入密闭的容器内冷藏保存。

（5）气相色谱分流及质谱机械泵废气应通过活性炭柱、含油或高沸点醇的吸收管后排出。

（6）测定时产生的危险废物，需放入专门的容器内保管，定期委托专业公司处理。

附 录 A

（规范性附录）

二噁英类分析流程图

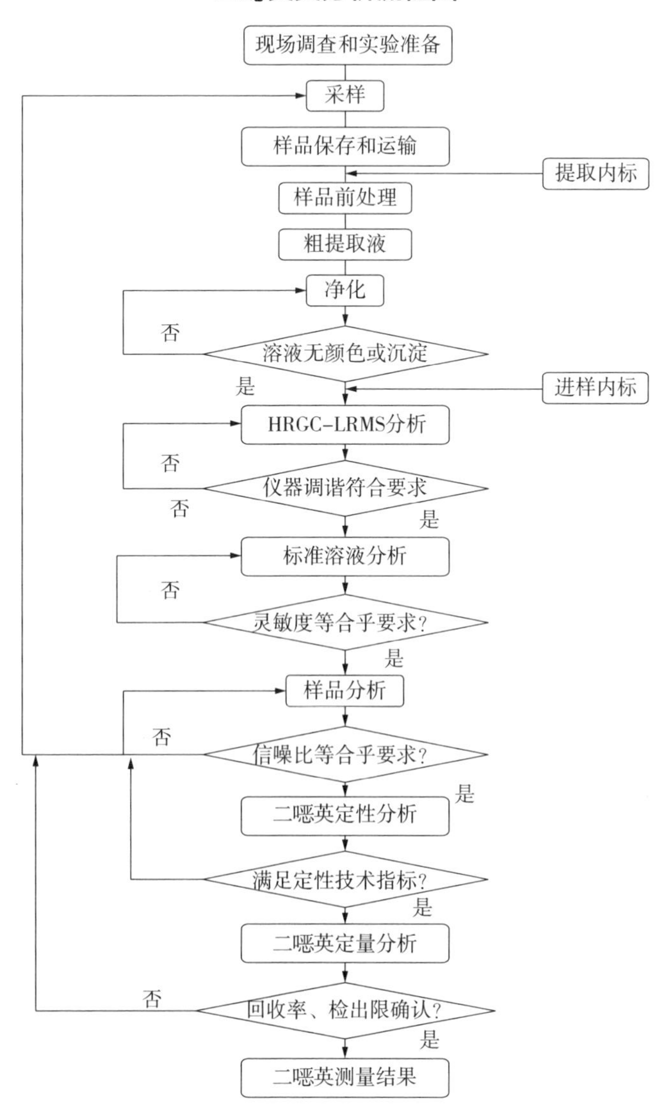

附 录 B

（资料性附录）

二噁英类校准物质使用例

校准溶液编号	浓度 /（ng/ml）				
	CC1	CC2	CC3	CC4	CC5
未标记物质					
2,3,7,8-T_4CDD	10	20	40	100	200
2,3,7,8-T_4CDF	10	20	40	100	200
1,2,3,7,8-P_5CDD	50	100	200	500	1 000
1,2,3,7,8-P_5CDF	50	100	200	500	1 000
2,3,4,7,8-P_5CDF	50	100	200	500	1 000
1,2,3,4,7,8-H_6CDD	50	100	200	500	1 000
1,2,3,6,7,8- H_6CDD	50	100	200	500	1 000
1,2,3,7,8,9- H_6CDD	50	100	200	500	1 000
1,2,3,4,7,8-H_6CDF	50	100	200	500	1 000
1,2,3,6,7,8-H_6CDF	50	100	200	500	1 000
1,2,3,7,8,9-H_6CDF	50	100	200	500	1 000
2,3,4,6,7,8-H_6CDF	50	100	200	500	1 000
1,2,3,4,6,7,8-H_7CDD	50	100	200	500	1 000
1,2,3,4,6,7,8-H_7CDF	50	100	200	500	1 000
1,2,3,4,7,8,9-H_7CDF	50	100	200	500	1 000
OCDD	100	200	400	1 000	2 000
OCDF	100	200	400	1 000	2 000
净化内标					
$^{13}C_{12}$-2,3,7,8- T_4CDD	100	100	100	100	100
$^{13}C_{12}$-2,3,7,8- T_4CDF	100	100	100	100	100
$^{13}C_{12}$-1,2,3,7,8- P_5CDD	100	100	100	100	100
$^{13}C_{12}$-1,2,3,7,8- P_5CDF	100	100	100	100	100
$^{13}C_{12}$-2,3,4,7,8- P_5CDF	100	100	100	100	100
$^{13}C_{12}$-1,2,3,6,7,8-H_6CDD	100	100	100	100	100

校准溶液编号	浓度 /（ng/ml）				
	CC1	CC2	CC3	CC4	CC5
$^{13}C_{12}$-1,2,3,4,7,8- H_6CDD	100	100	100	100	100
$^{13}C_{12}$-1,2,3,6,7,8- H_6CDF	100	100	100	100	100
$^{13}C_{12}$-1,2,3,4,7,8- H_6CDF	100	100	100	100	100
$^{13}C_{12}$-1,2,3,7,8,9- H_6CDF	100	100	100	100	100
$^{13}C_{12}$-1,2,3,4,6,7,8-H_7CDD	100	100	100	100	100
$^{13}C_{12}$-1,2,3,4,6,7,8- H_7CDF	100	100	100	100	100
$^{13}C_{12}$-1,2,3,4,7,8,9- H_7CDF	100	100	100	100	100
$^{13}C_{12}$-OCDD	200	200	200	200	200
进样内标					
$^{13}C_{12}$-1,2,3,4-T_4CDD	100	100	100	100	100
$^{13}C_{12}$-1,2,3,7,8,9-H_6CDD	100	100	100	100	100

附 录 C

（资料性附录）

样品前处理及分析流程图

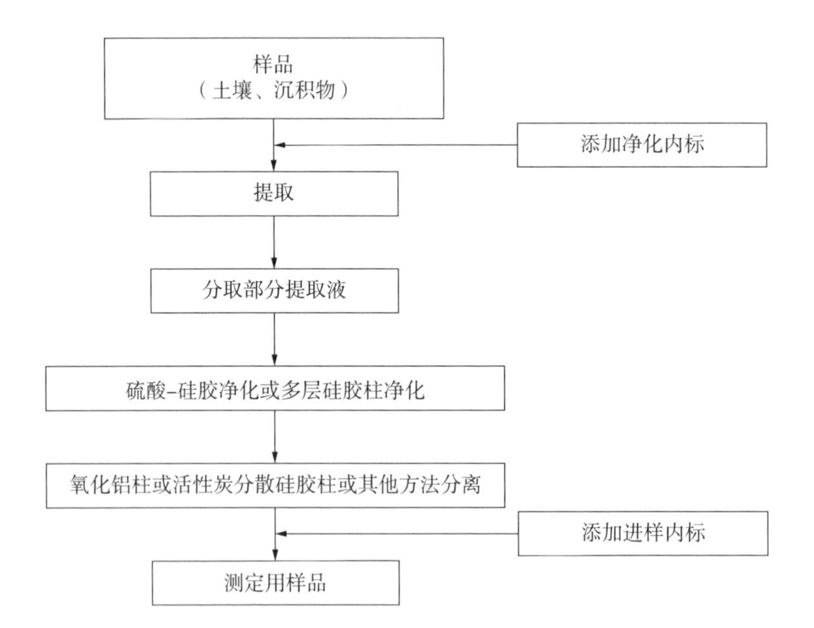

附 录 D
（资料性附录）
方法精密度和准确度

附表 D.1 中给出了方法的精密度指标。

附表 D.1　方法的精密度

序号	化合物	平均 /（ng/kg）	实验室间相对标准偏差
1	2,3,7,8−T_4CDD	1.88	20.9%
2	1,2,3,7,8−P_5CDD	12.4	19.7%
3	1,2,3,4,7,8−H_6CDD	5.29	4.5%
4	1,2,3,6,7,8−H_6CDD	19.4	9.0%
5	1,2,3,7,8,9−H_6CDD	19.1	10.9%
6	1,2,3,4,6,7,8−H_7CDD	91.9	3.9%
7	OCDD	337	5.7%
8	2,3,7,8−T_4CDF	22.4	9.3%
9	1,2,3,7,8−P_5CDF	70.3	5.8%
10	2,3,4,7,8−P_5CDF	54.0	4.2%
11	1,2,3,4,7,8−H_6CDF	89.9	7.8%
12	1,2,3,6,7,8−H_6CDF	42.6	5.6%
13	1,2,3,7,8,9−H_6CDF	4.41	22.8%
14	2,3,4,6,7,8−H_6CDF	13.9	24.4%
15	1,2,3,4,6,7,8−H_7CDF	192	3.1%
16	1,2,3,4,7,8,9−H_7CDF	24.3	22.7%
17	OCDF	113	6.0%
18	I−TEQ	63.8	5.4%

附表 D.2 中给出了测定土壤样品时，方法的平均加标回收率、标准偏差及加标回收率最终值等准确度指标。

附表 D.2　方法的准确度

序号	化合物	加标量 / ng	$\overline{P(\%)}$	$S_{\overline{P}}$	$\overline{P\%}\pm2S_{\overline{P}}$
1	$^{13}C_{12}$-2,3,7,8-T_4CDD	1.0	78.0	4.1	78.0±8.2
2	$^{13}C_{12}$-1,2,3,7,8-P_5CDD	1.0	64.4	5.6	64.4±11.2
3	$^{13}C_{12}$-1,2,3,6,7,8-H_6CDD	1.0	92.4	7.6	92.4±15.2
4	$^{13}C_{12}$-1,2,3,4,6,7,8-H_7CDD	1.0	77.3	4.0	77.3±8.0
5	$^{13}C_{12}$-OCDD	2.0	48.6	2.9	48.6±5.8
6	$^{13}C_{12}$-2,3,7,8-T_4CDF	1.0	76.5	6.7	76.5±13.4
7	$^{13}C_{12}$-1,2,3,7,8-P_5CDF	1.0	67.7	9.8	67.7±19.6
8	$^{13}C_{12}$-1,2,3,6,7,8-H_6CDF	1.0	93.0	9.4	93.0±18.8
9	$^{13}C_{12}$-1,2,3,4,6,7,8-H_7CDF	1.0	85.1	11.5	85.1±23.0

附 录 E

（资料性附录）

测定结果记录

化合物		土壤、沉积物			
		实测质量分数 /（ng/kg）	方法定量下限 /（ng/kg）	毒性当量因子	毒性当量 I-TEQ/（ng/kg）
多氯二苯并二噁英	2,3,7,8-T_4CDD			1	
	T_4CDDs			—	
	1,2,3,7,8-P_5CDD			0.5	
	P_5CDDs			—	
	1,2,3,4,7,8-H_6CDD			0.1	
	1,2,3,6,7,8-H_6CDD			0.1	
	1,2,3,7,8,9-H_6CDD			0.1	
	H_6CDDs			—	
	1,2,3,4,6,7,8-H_7CDD			0.01	
	H_7CDDs			—	
	OCDD			0.001	
	总 PCDDs		—	—	
多氯二苯并呋喃	2,3,7,8-T_4CDF			0.1	
	T_4CDFs			—	
	1,2,3,7,8-P_5CDF			0.05	
	2,3,4,7,8-P_5CDF			0.5	
	P_5CDFs			—	
	1,2,3,4,7,8-H_6CDF			0.1	
	1,2,3,6,7,8-H_6CDF			0.1	
	1,2,3,7,8,9-H_6CDF			0.1	
	2,3,4,6,7,8-H_6CDF			0.1	
	H_6CDFs			—	
	1,2,3,4,6,7,8-H_7CDF			0.01	
	1,2,3,4,7,8,9-H_7CDF			0.01	
	H_7CDFs			—	
	OCDF			0.001	
	总 PCDFs		—	—	
总 PCDDs+ PCDFs			—	—	
I-TEQ					

参加本书编写的单位及人员

参加单位（排名不分先后）	人员名单（按姓氏笔画排序）
中国环境监测总站	于勇、王业耀、田志仁、陆泗进、赵晓军、姜晓旭、夏新、李宗超、杨楠、封雪
天津市生态环境监测中心	于晓晴
河北省环境监测中心站	赵峥
河南省环境监测中心站	郭丽
内蒙古自治区环境监测中心站	孙文静
辽宁省环境监测实验中心	东明、付友生、李元宜
沈阳市环境监测中心站	杜治舜
黑龙江省环境监测中心站	姚常浩
南京市环境监测中心站	杨丽莉
湖北省环境监测中心站	贺小敏、吴昊、施敏芳
湖南省环境监测中心站	张艳
广西壮族自治区环境监测中心站	洪欣
海南省环境监测中心站	何书海
四川省环境监测总站	谢振伟、王英英、张渝、王俊伟
成都市环境监测中心站	刘蓉
重庆市环境监测中心	吴庆梅、邹家素、张晓龄、乌云图雅、蒋月
陕西省环境监测中心站	王婷
甘肃省环境监测中心站	马可婧
赣州市环境监测中心站	于雯
环境保护部华南环境科学研究所	黎玉清
北京科技大学	倪晓坤、徐伊莎、李 好